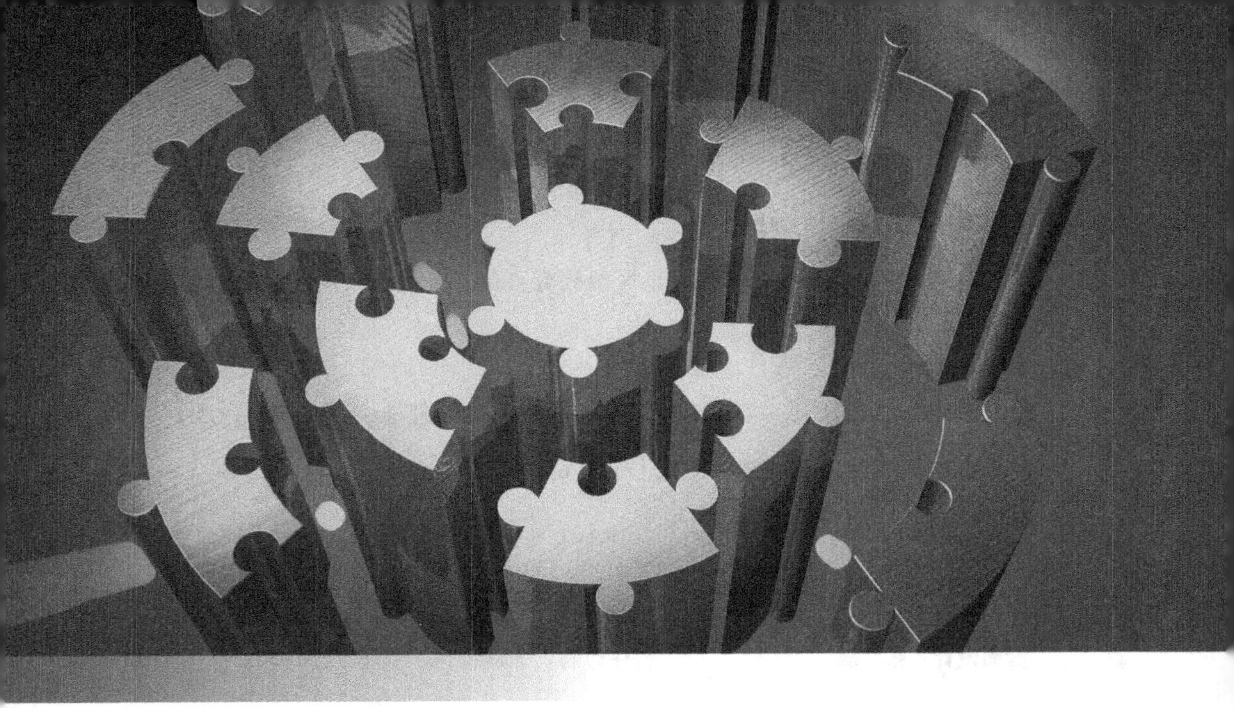

基于知识管理的组织变革研究

以区域教育科研J组织的八年探索为例

张熙 等◎著

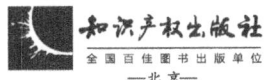
—北京—

图书在版编目（CIP）数据

基于知识管理的组织变革研究：以区域教育科研 J 组织的八年探索为例/张熙等著. —北京：知识产权出版社，2021.9
ISBN 978-7-5130-7654-8

Ⅰ. ①基… Ⅱ. ①张… Ⅲ. ①科学研究组织机构—教育理论—研究 Ⅳ. ①G311

中国版本图书馆 CIP 数据核字（2021）第 163332 号

责任编辑：高　超　　　　　责任校对：潘凤越
封面设计：张　冀　　　　　责任印制：孙婷婷

基于知识管理的组织变革研究
以区域教育科研 J 组织的八年探索为例
张熙　等　著

出版发行：知识产权出版社有限责任公司		网　　址：http://www.ipph.cn	
社　　址：北京市海淀区气象路 50 号院		邮　　编：100081	
责编电话：010-82000860 转 8383		责编邮箱：morninghere@126.com	
发行电话：010-82000860 转 8101/8102		发行传真：010-82000893/82005070/82000270	
印　　刷：北京建宏印刷有限公司		经　　销：各大网上书店、新华书店及相关专业书店	
开　　本：720mm×1000mm　1/16		印　　张：16.5	
版　　次：2021 年 9 月第 1 版		印　　次：2021 年 9 月第 1 次印刷	
字　　数：260 千字		定　　价：88.00 元	
ISBN 978-7-5130-7654-8			

出版权专有　侵权必究
如有印装质量问题，本社负责调换。

前　言

当今中国经济进入新常态发展时期，创新驱动已经上升到国家战略的高度。驱动力的转变，使得知识的地位日益重要，"知识就是力量"在当今的意义更为凸显。教育研究机构是知识密集型组织，组织变革升级优化对教育理论、实践指导、智库建设都至关重要。本书从个案角度呈现知识密集型组织的成长故事，对于知识论、组织变革论的进一步丰富都有重要意义。由于组织成长史本身又具有强烈的反思性，因此本书对于组织自身以及类似的组织机构的运营与发展具有重要的实践价值。

本书以一个八年前不得不开始变革的研究组织即J组织为对象，试图还原该组织当时面临的困境，追溯其基于知识管理进行的战略转型，描述其逐渐从不得不变革到主动选择变革的历程，讨论组织的战略定位、相关影响因素、隐性知识如何成为显性知识、个人与团队的关系等命题，形成了"知识流"三阶段、组织变革战略地图等模型，勾勒出不同时期的组织结构图，简述知识型员工成长等机制的形成。首先，通过对相关概念和文献的梳理，确认概念的边界和研究的起点。其次，采用战略分析法对J组织的未来战略进行定位分析，分析J组织结构存在科研价值链的弱化和缺失、"知识流"的路径依赖、个人知识组织化程度不高、对实际需求相应能力弱以及缺乏战略联盟等问题，并阐述这些问题背后的影响因素。再次，阐述基于知识管理的J组织变革的总体思路、总体目标与构建J组织变革的战略地图，讨论战略转型的条件，并具体分析防御型战略、多元型战略的重点领域和实施要点。最后，分阶段结合实践案例阐述"知识流"的生产、创新、应用过程和绩效。

本书主要形成以下观点。

1. 组织变革首先是战略转型

战略转型不是挂在墙上的设计规划，也并非是外显的组织结构变化，它具有思想性、前瞻性和行动性。J组织的变革本质上是根据对知识的新理解而进行的变革，是知识的创造和流动的过程。知识是促进J组织变革的源动力，知识管理的目的在于更好地促进变革。本书构建了基于知识管理的J组织变革战略地图，将知识管理在战略转型中的作用更好地体现出来。

2. 构建以知识为基础的组织变革理论

本书在文献综述的基础上，系统梳理了知识管理、组织变革以及区域教育科研的涵义，指明了组织变革中的诸多问题均围绕知识而起，由此，理性分析了不同知识观、知识活动对组织变革和创新的影响，从而提出了组织变革的假设模型。本书绘制出组织防御型、多元型战略地图，聚焦重点发展领域以及归纳实施要点，用实践案例呈现知识管理各要素对组织变革和创新的绩效。

3. 提出一系列有行动力的实施策略

本书运用交互式动态影响图的方法，构建知识流三阶段模型。具体讨论在知识流三个阶段中的个人知识与组织知识、隐形知识与显性知识如何关联和具体转化，得到J组织基于知识管理的一系列变革策略，并在实践中加以修正和调整，不断改善组织变革的效果。

4. 形成良好的内部、外部运行机制

组织变革的机制由内部机制和外部机制组成。本书主要阐述了构建战略联盟的外部机制和提升集体效能的内部机制，描述了良好的知识资源管理体系以更好地整合和运用资源。

基于上述研究，本书认为只有基于知识管理的组织变革才能有效地应对现实变化和挑战，履行好组织职能，不断提高组织核心竞争力，真正从跟随性的研究服务转向前瞻性的研究服务。

目 录

| 上 编 |

绪 论 ··· 001

一、背景和意义 / 001
    （一）研究背景 / 002
    （二）研究意义 / 007

二、思路和方法 / 008
    （一）研究思路 / 008
    （二）研究方法 / 008

三、内容和框架 / 010
    （一）研究内容 / 010
    （二）研究框架 / 010

四、研究特色 / 011
    （一）为科研院所的整体组织变革提供新视角 / 011
    （二）力求构建新的分析框架和研究范式 / 012
    （三）首次尝试构建学术本位和问题本位统一的教育研究组织变革模式 / 012
    （四）首次以典型机构为例尝试对学术机构的建设和学术产出关系做系统梳理 / 014

小 结 / 014

第一章 概念和相关文献 ………………………………………………… 015

一、关于知识管理的概念界定及研究现状 / 015
（一）概念内涵 / 015
（二）研究现状 / 018

二、关于组织变革的概念界定及研究现状 / 028
（一）概念内涵 / 028
（二）研究现状 / 030

三、关于区域教育科研的概念及研究现状 / 041
（一）概念内涵 / 041
（二）研究现状 / 045

四、简要评述 / 053
（一）主要贡献 / 053
（二）主要不足 / 053

小　结 / 054

第二章 J 组织变革的需求分析 ………………………………………… 055

一、J 组织的基本概况 / 055
（一）J 组织的历史沿革 / 055
（二）J 组织的职能及组织架构 / 057
（三）J 组织的工作现状 / 058

二、J 组织战略定位中存在的问题 / 059
（一）战略管理三阶段 / 059
（二）战略管理的分析方法 / 061
（三）J 组织的 SWOT 分析 / 062

三、J 组织结构中存在的问题 / 064
（一）组织的价值 / 064
（二）组织的核心竞争力 / 068
（三）组织的管理 / 070

（四）组织中的成员 / 073
　　（五）组织间的知识共享与联盟 / 075
四、原因分析 / 078
　　（一）外部环境导致 J 组织需要重新明确战略价值 / 078
　　（二）自身发展要求 J 组织构建与战略导向匹配的组织结构 / 078
小　结 / 079

第三章　基于知识管理的 J 组织变革思路与战略地图 ········ 080
一、J 组织变革的总体思路和目标 / 080
　　（一）J 组织变革的总体思路：实施战略转型 / 080
　　（二）J 组织变革的总体目标 / 084
二、构建 J 组织发展的战略地图和基本原则 / 086
　　（一）构建 J 组织发展的战略地图 / 086
　　（二）基本原则 / 087
三、J 组织变革的防御型战略地图和实施要点 / 089
　　（一）防御型战略地图简述 / 089
　　（二）三大重点领域 / 090
　　（三）调整组织结构，倡导扁平化管理 / 095
四、J 组织变革的多元型战略地图和实施要点 / 096
　　（一）多元型战略地图简述 / 096
　　（二）三大重点领域 / 098
　　（三）优化组织结构，组建任务型群体 / 102
小　结 / 103

| 下　编 |

第四章　新知识流生产案例研究 ········ 105
一、新知识流生产的表现 / 105
二、新知识流的产生机制 / 107

　　　　（一）从结构化的个人知识到组织知识 / 107
　　　　（二）从非结构化的个人知识到组织知识 / 108
　　三、案例研究 / 110
　　　　（一）结构化转化案例 / 110
　　　　（二）非结构化转化案例 / 125

第五章　知识创新服务案例研究 ·············· 143
　　一、知识创新转化为政策服务 / 143
　　　　（一）从数据、信息提供到循证研究 / 143
　　　　（二）成为"证据"的知识的主要特征 / 144
　　　　（三）案例研究 / 146
　　二、知识创新转化为基层服务 / 175
　　　　（一）从理论普及到改善实践 / 175
　　　　（二）成为"改善实践"的知识的主要特征 / 176
　　　　（三）案例研究 / 177

第六章　知识共享联盟案例研究 ·············· 218
　　一、从研究合作到知识共享 / 218
　　　　（一）构建 J 组织与 H 高校的知识共享机制 / 219
　　　　（二）构建 U-S 的知识共享机制 / 220
　　二、案例研究 / 224

第七章　结语与展望 ························· 243

参考文献 ··································· 247

附　　录 ··································· 251

上 编

绪 论

一、背景和意义

1996年，世界经济合作与发展组织（OECD）在《以知识为基础的经济》的报告中明确提出了"以知识为基础的经济"。20世纪中叶之前对经济增长贡献最大的是资本和劳动力，而今，体现在人力资本和技术中的知识成为经济发展的核心。可以说，以往人们心目中的核心资源，诸如土地、劳动、金融资本等的重要地位正在下降，知识正在逐步成为更重要的经济资源，知识成为这个时代的显著性标志。

知识经济被定义为建立在知识的生产、分配和使用（消费）之上的经济。所谓知识，包括人类迄今为止所创造的一切知识，最重要的部分是科学技术、管理及行为科学知识。[1] 尽管很多经济学家并不认为"知识经济"是一个严格的经济学概念，但似乎这并不妨碍大多数研究者和公众对它的理解，他们都比较一致地认同"知识经济"区别于物质经济和资本经济的观点，与依靠物资和资本等一些生产要素投入的经济增长不同，现代经济的增长则更多依赖其中知识含量的增长。

从这个意义上讲，"知识就是力量"在当今的价值愈加凸显。

---

[1] https://baike.baidu.com/item/知识经济/22646.

（一）研究背景

1. "知识就是力量"的时代呼唤

近现代以来，人类社会从未停止过对科学技术的追求，科学技术发展日新月异，科学技术领域取得的新成就不断突破人类的认知。人们通过科学技术的进步改造世界，改变人类社会的生产生活。"知识就是力量"的观念越来越为人们所共识。

如果说蒸汽机的发明标志着人类社会进入了工业时代、电灯的发明标志着人类社会进入了电气化时代的话，20世纪40年代中期美国科学家发明的世界上第一台电子计算机，则标志着人类社会进入了电子信息时代，也表明人类社会发展又向前迈进了巨大的一步。20世纪90年代以来，科学技术在人类社会发展中的重要性更加突出。纵观人类历史的发展，每个强大国家崛起的背后都伴随着科技的发展。在不断竞争的世界中，谁掌握了先进的技术，谁就掌握着这个世界的主动权。因此，21世纪以来，科学技术更成为衡量一个国家强弱的核心指标之一，以知识为导向的技术创新成为提高企业核心竞争力的关键。在经济和科技全球化的背景下，知识不仅是重要的战略资源，更是技术创新和效益的源泉。

1996年，经合组织《以知识为基础的经济》的报告以一个新的视角看待当代社会，同时使"知识经济"这个概念扩展开来，由此人们自发地对"知识经济"给予了前所未有的关注，随之涌现出各种角度的研究文献，怎么样定义知识、怎么样管理知识、怎么样让知识更有力量逐渐成为人们热议的话题。

如果我们把知识的管理问题作为一门研究学科看待的话，那么，它的发展可以追溯到20世纪70年代，现代管理之父德鲁克对"管理人"的设想。德鲁克在《管理：任务、责任和实践》（1973）一书中阐述了其经典观点，即管理人员付诸实践的是管理学而不是经济学，不是计量方法，不是行为科学，该著作被誉为"管理学"的"圣经"。作为第一个提出"管理学"概念的人，德鲁克的思考可谓非常有预见性，早在1950年信息技术初露端倪之际，德鲁克就曾指出计算机终将彻底改变商业；1969年，他又预言将有一种新的类型的劳动者出现——知识员工，他们的职业将由自己所学的知识来决定，不再依靠出卖体力来养家糊口。1985年，他出版了《创新与企业家精神》，该著作被誉为《管理：任务、责任和实践》推出后德鲁克最重要的著作之一。在该著作中，他强调，当前的经济已由"管理的经济"转变为"创新的经济"。随后，他在《21世纪的管理挑战》一书中，将"新经济"的挑战直接清楚地定义为"提高知识工作的生产力"。因此在全球掀起了一阵"知识型企业"的风潮。所谓知识型企业，是指运用新知识、新技术，创造高附加值产品的企业；进行企业知识管理、重视创新研发和学习的企业；以知识产权战略和知识发展战略以及知识运营为主要发展战略的企业；以知识服务为导向，充分利用和组合国际国内现有的成熟技术和管理工具，通过知识服务、创新和各种经营模式达到高附加值的知识产业，创造高附加值的产品和品牌及重视无形资产的企业；以高新技术和现代服务咨询业等知识产业为重点发展的企业。❶尽管呼吁"对知识进行管理"的浪潮不断高涨，但是因其应用受限于新技术的解决方案、组织结构的适应能力以及领导者、管理者的认知等多重因素，实践中的失败案例很多，因此实践应用和推广受到限制。不过，知识的重要地位、信息的共享和转化等观念已经越来越为人们所共识。2005年11月，联合国教科文组织在《迈向知识社会》的报告里系统阐述了构建知识型社会的愿景。报告指出，知识社会不同于信息社会，信息社会是建立在技术进步基础上的，而知识社会的概念则包含着更加广泛的社会、伦理和政治方面的内容。报告强调，知识社会是建立在多样性和知识共享的基础上的，是人类可持续发展的源泉，提高对全民教育的投资、增加公众获取知识的渠道、重视多样性等措施有助于迈向知识社会。❷

2. "科教兴国"的国家战略

鸦片战争爆发以后，帝国主义用坚船利炮打开了清政府封闭已久的国门，

---

❶ 彼得·德鲁克. 21世纪的管理挑战 [M]. 朱雁斌，译. 北京：机械工业出版社，2009：44-48.
❷ 罗晖，程如烟. 建设知识社会是人类可持续发展的必由之路：对联合国教科文组织《迈向知识社会》报告的述评 [J]. 中国软科学，2006 (6).

也警醒了近代中国的有识之士，他们秉持着思想家严复"师夷长技以制夷"的理念进行了科技文化运动，试图通过学习西方先进的科技文化知识，以达到"强我国、富我民"的目的，著名的洋务运动和维新运动都是如此。虽然这些运动由于种种原因都以失败而告终，但无数仁人志士前仆后继，不断付出科教救国的努力，也由此拉开了中国科技教育现代化转型的序幕，为教育救国、科教兴国战略提供了可资借鉴的宝贵经验。

中华人民共和国成立以后，党的八大迅速做出了把党和国家的工作重心转移到经济建设上来的重要决定。此时，以毛泽东同志为核心的党中央意识到科技、教育在经济和社会发展中的重要作用。毛泽东同志曾深刻地指出："我国人民应该有一个远大的规划，要在几十年内，努力改变我国在经济上和科学文化上的落后状况，迅速达到世界上的先进水平。为了实现这个伟大的目标，决定一切的是要有干部，要有数量足够的、优秀的科学技术专家。"[1]

邓小平同志进一步对马克思主义原理进行了创造性发展，提出了"科学技术是第一生产力"的思想，深刻揭示出当代科技与经济发展的辩证关系，为中国依靠科技进步加速经济发展指明了方向，也明确了科技发展在经济建设中的重要作用。在他的主导下，狠抓教育，尊重知识、尊重人才，优先发展教育成为中国实现现代化的必然选择和实践指南。1977年国家恢复高考制度，这一制度为我国经济社会的发展提供了强大的人才支撑，使我国人才培养和科教兴国逐渐步入健康发展的轨道。

1995年5月，江泽民同志在全国科技大会上发表讲话，正式提出国家实施科教兴国战略，强调科技和教育是振兴国家的手段和方针。他强调，振兴国家就必须培养一大批尖端科技人才，而要培养出优秀人才，就必须重视教育，尤其是基础教育。对教育和科技的投入是"功在当代，利在千秋"的大事。1998年5月，江泽民同志参加北京大学百年校庆活动时，直接提到了"我们正在走进知识经济时代"，这一发言极大地促进了学界对知识经济、知识管理的研究，也促进了"纸上谈兵"的理论研究向实践的转化。这一时期，国内的大型企业几乎都开始建立知识管理方案体系，学习国外知识管理的成

---

[1] 毛泽东文集：第7卷 [M]. 北京：人民出版社，1996.

功案例，尝试运用知识管理的方法来提高市场竞争力，并展开和国外的知识管理方面的合作。

2018年5月2日，习近平同志在北京大学考察时，再次表达了对科教兴国的重要认识和对人才的渴望，强调："教育兴则国家兴，教育强则国家强。高等教育是一个国家发展水平和发展潜力的重要标志。今天，党和国家的发展对高等教育的需要，对科学知识和优秀人才的需要，比以往任何时候都更为迫切。"❶"重大科技创新成果是国之重器、国之利器"，❷习近平同志还对加强中国特色新型智库建设多次做出重要论述，党的十九大报告中也明确提出"加快构建中国特色哲学社会科学，加强中国特色新型智库建设"。在同年9月10日召开的全国教育大会上，习近平同志提出了"教育是国之大计、党之大计"的重要论断，进一步强化科教兴国的历史自觉和责任担当，加快实施人才强国战略，早日实现中华民族的伟大复兴，为世界和平、发展与繁荣提供坚强保障。

3. 研究机构的使命与担当

教育科学研究有着悠久的发展历史，从零散的经验总结到系统的科学体系，走过了一个漫长的探索过程。纵观教育科学研究的发展历史，学者一般从两个视角进行分析。一是作为学科（学术）建设的发展之路，二是作为一个工作体系的机构或者组织的发展变化。显然，两者是互相交织、互相作用和互相影响的。

21世纪以来，党中央和国务院迎着新科技浪潮，站在历史的新高度，颁布了《国家中长期科学和技术发展规划纲要（2006—2020年）》（以下简称《规划纲要》）。《规划纲要》以自主创新为主线，努力建设创新型国家，进行了长达15年的科技远景规划，是指导我国科技发展的纲领性文件。2010年2月，根据党的十七大关于"优先发展教育，建设人力资源强国"的战略部署，为促进教育事业科学发展，全面提高国民素质，加快社会主义现代化进

---

❶ 习近平在北京大学师生座谈会上的讲话 [EB/OL]. (2018-05-03) [2018-05-03]. http://politics.people.com.cn/nl/2018/0503/c1024-29961468.htm.

❷ "大国重器"，习近平为何如此重视 [EB/OL]. (2018-05-09). http//www.xinhuanet.com/politics/2018-05/09/c-1122803439.htm.

程，制定和颁布了《国家中长期教育改革和发展规划纲要（2010—2020年）》，再次提出教育是国家发展的基石，明确知识成为提高综合国力和国际竞争力的决定性因素，人力资源成为推动经济社会发展的战略性资源，人才培养与储备成为各国在竞争与合作中占据制高点的重要手段等观点。我国是人口大国，教育振兴直接关系国民素质的提高和国家振兴。只有一流的教育，才有一流的国家实力，才能建设一流国家。2015年，中共中央办公厅、国务院办公厅印发了《关于加强中国特色新型智库建设的意见》，文件中明确提出"智力资源是一个国家、一个民族最宝贵的资源""中国特色新型智库是国家治理体系和治理能力现代化的重要内容""中国特色新型智库是国家软实力的重要组成部分"等论断。因此，对于一个教育研究的专职机构而言，如何进行新型智库的建设并成为国家软实力的重要组成部分，是摆在机构面前的重大任务和挑战。

科研院所作为专职研究机构，具有知识密集型的特征。随着大数据时代的到来，数据、信息、知识不断更新，海量涌现，如何对显性和隐形知识进行整合、积累、沉淀，为科研服务，是每个科研院所自身发展必须思考的问题。实际上，科研院所由于研究工作的特殊性，会比其他机构更早、更容易感受到时代的巨大挑战。

北京教育科学研究院基础教育科学研究所的前身为北京市教育局下设的北京市基础教育科学研究所，1996年合并入北京教育科学研究院，本书简称J组织。合并前的学前教育研究室、德育研究室、评价研究室分别是教科院早教所、德育中心、评价中心等部门的雏形。这样一个成立时间长、研究范围广、职能变化大、人员流动强的基层科研机构，在发展中面临着巨大的挑战。例如，信息技术的发展使各种信息更容易被高速获取和共享，这就有可能导致组织的战略优势很容易被竞争对手获得并且超过，如何加速生产新知、充分利用和转化隐性知识以保证组织竞争优势？又如，"单打独斗"已经不能够在当今时代取得竞争优势，组织内部和组织之间如何有效进行知识交流和整合，促进知识共享？再如，复杂性和不确定性是知识服务的显著特征，如何克服时间和空间的障碍，在产品、服务、管理方面不断创新？这些问题和挑战使得研究者深刻认识到知识管理的重要意义，认识到构建知识管理系统是一个组织可持续发展的关键,因而不断思考如何变革组织管理体系以适应时代要求、寻找知识管理的有效途径。

(二) 研究意义

1. 理论价值

首先,本书丰富了知识论的研究。

本书着眼于一个典型的基层研究组织的变革与学术发展之路,通过追踪 J 组织八年来的内部变革和学术成就,试图说明基层研究部门"知识观"的变化以及如何进行知识管理。换言之,就是组织在变革背景下如何形成新知识观,如何看待"知识""生产知识""创新知识"以及"知识管理和服务",从抽象到具体地说明"象牙塔中的知识是如何走到实践中的"。

其次,本书丰富了组织管理变革的理论研究。

目前,关于组织管理变革的研究很多,主要还是针对金字塔式的层级管理变革为主,对其固化管理模式进行批判,并试图提出改进方案,提倡诸如扁平化、网络化等主张。事实上,尽管"科层体制"受到猛烈批判,但是在现实中依然屹立不倒,这说明只单独对组织管理模式进行研究是不充分的。因为组织管理仅是组织战略的外显部分,不谈战略就没有管理,不谈战略也就没有组织管理的变革。因此,本书试图以战略转型为切入点,引入知识管理这个概念,说明组织变革动因、发展脉络、重点领域以及组织架构变化的关系,进而通过系列的实践推进研究进程,取得研究成果,以说明组织变革的成效,对组织变革理论做进一步丰富和发展,有利于组织变革理论的进一步完善。

最后,本书创造性地构建了基于知识管理的组织变革的战略地图和知识流三阶段模型。

战略地图实际上是组织战略的可视化,描述的是实现组织战略的逻辑路径图。在知识流三阶段模型的基础上,阐述作为知识密集型组织如何在战略转型中基于知识生产和创新,发挥组织优势以提升竞争力,进一步透视个人知识向组织知识、隐性知识向显性知识转化的机制,揭示组织架构与战略的匹配模式。

2. 实践意义

第一，本书具有极强的反思性。追踪一个发展时间长、几经变化的研究机构的演变，厘清发展的关键点，阐述"关于知识"的隐性或者显性的认识对组织变革的影响，不仅对该机构的进一步发展有着极其重要的价值，而且能够为同类机构组织变革的设计和实施提供重要的参考。

第二，本书分析一个专职机构的组织运营、变化的现实情况，应用理论知识分析其在知识生产、创新、转化以及应用等方面存在的问题，对该机构的进一步发展有着重要的实践价值。

二、思路和方法

（一）研究思路

本书着眼于知识管理如何影响组织变革的问题，首先，通过对相关概念和文献的梳理，确认问题的边界和研究的起点。其次，采用战略分析法对组织的未来战略进行定位分析，分析组织结构内科研价值链的弱化和缺失、"知识流"的路径依赖、个人知识组织化程度不高、对实际需求相应能力弱以及缺乏战略联盟等问题，并分析影响因素。再次，阐述基于知识管理的组织变革的总体思路、总体目标与构建变革战略地图，讨论转型的条件、具体防御型战略、多元型战略的重点领域和实施要点。最后，分阶段结合实践案例阐述"知识流"的生产、创新、应用过程和绩效。

（二）研究方法

1. 研究样本

本书以北京教育科学研究院（以下简称北京教科院）下设 J 组织为研究对象进行研究，选择的主要原因有两点。

第一，J 组织是典型的区域科研机构，有很长的发展历史，前身是北京市基础教育研究所，经过机构改革合并入北京教育科学研究院，它的发展历史与很多区域教育研究机构的发展历史相类似，因此具有历史代表性。

第二，J组织在转型过程中遇到了一些其他组织不曾经历过的困难。组织从最初人心不稳到如今对未来发展充满信心，从丧失组织核心竞争力到重新生成竞争力，这涉及组织重生、变革信心等，具有发展的典型性。

因此，本书以J组织为研究对象进行研究，对其基本建制、业务结构以及2013年以来的成果进行梳理和分析，阐述知识管理和组织变革之间的关系。由于组织变革的成果主要体现在内部组织建设上，八年来学术成果众多，不可能一一呈现，因此仅对典型案例进行分析。从时间上讲，主要选取的是近八年以来的探索；从内容上讲，主要突出反映当前的教育学理论体系和受众面大且影响广泛的教育研究成果。

2. 具体方法

本书主要采用了以下方法。

文献分析法：运用文献分析方法，以中国知网、国家图书馆等教育学数据库为查找渠道，在检索"知识管理""组织变革"以及"区域教育科研"等相关概念的基础上，对关键词进行交叉检索。在掌握详尽资料的基础上，对文献进行仔细分析、研读。

历史研究法：本书运用历史资料，了解组织变革发展的历史脉络，以时间为线索找寻"知识管理"和"组织变革"之间的关系。试图考察"组织变革"的真实发展轨迹，寻找研究范式转变、发展的基本规律，从而为构建组织变革的合理性和科学性提供可借鉴的经验。

文本分析法：搜集、鉴别、整理成果文献，并通过对成果文献的研究，形成对事实科学认识的方法。本书的研究对象是J组织的变革以及学术成果，主要采用文本分析的方法，对近八年的成果进行整理、分析，最终得出研究结论。

案例研究法：在对整个组织结构进行模型构建以后，针对具体的、比较有特色的变革成果进行案例分析，更容易看到每一个案例的特点、优势，并对每一个案例的流程和方法进行更细致的分析，更好地呈现组织变革中的知识生产、转化以及应用的过程。

比较研究法：通过观察、分析，找出研究对象的相同点和不同点。比较法是认识事物的一种基本方法。本书采用比较法对不同年份、不同作者的教材进行比较分析，通过对其中相同点和不同点的整理，列出图表并进行特征、问题及原因的分析，最终得出结论。

三、内容和框架

（一）研究内容

按照上述研究思路，本书在分别回顾了知识管理理论和组织变革理论的历史发展的基础上，梳理了区域教育科研研究的边界和发展线索，进而提出新的分析视角，构建以知识管理为基础的组织变革模型，并具体阐述了以知识管理为线索的特定组织（教科研机构）的变革以及演进过程。在搜集整理典型的相关案例研究，依据特定事件、研究方法的分类介绍与使用的基础上，对组织变革的各个重要阶段做了翔实的介绍。

（二）研究框架

基于上述内容，本书包括上、下编两个部分。上编主要在阐述研究背景和意义的基础上，说明J组织面临的挑战、发展思路和战略地图；下编则主要以案例的形式呈现战略落实和实施成效。

上编包括以下四个部分。

绪论：主要阐述本书的背景和研究意义、思路和方法、内容和框架。

第一章：概念和相关文献。主要是对"知识管理""组织变革"以及区域教育科研等相关概念进行阐述，并在国内外文献的基础上进行简要评述。

第二章：J组织变革的需求分析。主要在梳理J组织发展概况的基础上，进行了SWOT分析，从而指出组织发展出现的问题及其原因。

第三章：基于知识管理的J组织变革思路与战略地图。主要阐释J组织变革的总体思路、目标和战略地图。

下编包含以下四个部分。

第四章：新知识流生产案例研究。主要阐述新知识流是组织竞争力的核心、介绍新知识流的特征和机制，以及个人结构化知识和非结构化知识转化为组织知识的案例。

第五章：知识创新服务案例研究。主要阐述知识创新如何服务决策和服务基层，分别论述了能够成为"证据"和"改善实践"的知识的主要特征，以不同案例呈现"顶天"和"立地"的创新型服务。

第六章：知识共享联盟案例研究。主要阐述研究合作到知识共享的原因，如何构建与高校知识共享的机制和 U-S 知识共享机制，并呈现不同的案例研究。

第七章：结语与展望。通过对区域教育科研 J 组织的八年探索进行分析，试图阐述 J 组织的知识观是如何变化的，以及在此基础上如何进行组织变革。

四、研究特色

（一）为科研院所的整体组织变革提供新视角

科研院所作为知识型组织机构，其本质是智力资源借助信息资源进行知识产品的研发和创造，为使用者（决策者、实践者等）提供高质量、高水平的情报服务。❶ 知识管理能够促进组织变革的持续创新和不断升级，促进形成组织的核心竞争力，也是一个组织产生创新性知识成果的重要保障。❷ 我国教育科研院所可以分为中央级科研院所和地方科研机构。中央级科研院所类似于国外的国立科研机构，根据科研机构研究活动的特点，又可以分为基础类、技术开发类和社会公益类。这些年来的科研院所改制改革更多的是技术开发类，对于社会公益类的科研机构，很少从科研机构自身的职能、知识生产的投入产出角度开展研究工作。正如前文所述，知识管理可以影响组织的人员、变革的流程、组织的产品以及整个组织绩效等，但是已有研究往往是对某一个方面进行分析，鲜有文献从科研院所层面上对知识管理的要素与流程进行

---

❶ 张心源，赵蓉英，邱均平. 面向决策的美国：一流智库智慧产品生产流程研究［J］. 重庆大学学报（社会科学版），2016，22（2）：132-138.

❷ 刘春艳，赵丽梅. 我国智库知识管理与情报服务创新研究现状与展望［J］. 现代情报，2018，38（2）：48-52，61.

分析研究，没有揭示各要素之间的相互关系和作用，更未从知识管理视角对科研院所创新知识生产进行阐述。因此本书选择从知识管理方面对组织施加影响，促进组织知识管理的合理高效，最终从维持或者提升组织竞争优势的角度审视组织的发展，具有非常重要的意义，为科研院所的组织变革提供了新的视角。

（二）力求构建新的分析框架和研究范式

所谓"范式"，首见于美国科学史家托马斯·库恩的《科学革命的结构》一书，主要用于表达范畴、模式等含义，而后涵盖了包括范例等在内的重大科学成就以及科学共同体成员所遵循着的一整套原则。

库恩是分三个要素对"范式"进行分析和解读的，这三个要素分别是"科学理论要素""社会心理要素"和"形而上学要素"。他认为这三个要素组成了复杂的结构网络，是理论、规律、方法等构成的信念的总和。通俗来说，就是某一学科领域研究学者的世界观，决定了某一时刻学者所共同秉持的价值标准、理论背景和研究方法等。这一理论给我们带来很大的启示。一般来讲，学科的研究范式可分为理论研究范式（研究学科、人员和学科自身的关系，方法论研究等）和实践研究范式（实际问题的研究与解决，基础与应用研究）两种基本类型。❶ 本书所用的"范式"，则试图将学科的研究范式和实践的研究范式以知识管理为主线串联在一起。

（三）首次尝试构建学术本位和问题本位统一的教育研究组织变革模式

我们知道，教育研究有着悠久的历史，经验型、零散型的教育思想和实践在历史长河中熠熠发光。形成教育学科是教育科研独立的标志。教育科学研究作为一个科学体系的时间并不算长。17世纪以来，为了挣脱中世纪精神奴役的西方世界，致力发展新的科技文化，一批大师做出了不懈的努力。夸美纽斯发表的《大教学论》，运用感觉、观察、归纳和经验总结等方法，研究了复杂的教育现象，得出了较为科学的结论，称得上近代教育科学研究的创

---

❶ 王世忠. 教育管理学 [M]. 2版. 北京：科学出版社，2011.

始人,《大教学论》堪称第一部严格意义上的教育学著作。裴斯泰洛齐、赫尔巴特等人,对独立形态的教育科学的发展也都做出了突出贡献。

随着教育科学研究的不断深入,研究者对于教育研究的取向产生了争议,即产生了学科取向与问题取向之分。一部分学者主张和热衷于构造体系,另一部分学者则强烈呼吁,应该"多研究些问题,少谈论些体系"。❶

两种取向之争并非我国所专有,几乎可以算作全球性问题。有学者对1931—2000年《哈佛教育评论》所发表的学术论文进行了统计分析,发现教育科学研究的价值取向也出现过由"学科本位"到"问题本位"的重心转移。简单地讲,1960年是一个分水岭,之前的教育研究特别注重"学科本位"研究,之后则越来越体现出"问题本位"的研究趋势,最突出的表现为对教育政策的关注。我们可以理解为,20世纪60年代后更表现出学术或知识能够解决什么问题的倾向。❷ 当然,也有一部分学者认为:"问题研究和体系建构并不是截然对立的,不存在根本的或本质上的冲突。实际上,它们之间是相互依赖、相互联系、相互制约、相互促进的相辅相成、互为条件的关系。把二者对立起来,是人们在思想上对教育研究目标的全面性认识不足,对研究问题与构建体系之间作了非此即彼的理解。"❸ 辩证地看待两者的关系固然得到了很多学者的认同,但是在有限时间、有限条件下如何统一确实是公认的难题。

2019年10月,教育部印发的《关于加强新时代教育科学研究工作的意见》(简称《意见》),全面系统地规划和部署了新时代教育科研工作,对教育科学研究要创新理论、服务决策、指导实践、引导舆论、凝聚战线、国际交流等方面提出了要求,在全国教育科研战线引起了强烈反响。以一个区域研究机构为例,分析如何处理好学科本位和问题本位之间的关系,从而产出更好的成果,这是组织变革的重要方面。

---

❶ 董标. 教育哲学的学科地位及其生长点的再辨析:与桑新民同志商榷 [J]. 教育研究, 1993 (8).

❷ 杜晓利. 教育研究价值取向重心的转移:从"学科本位"到"问题本位":以《哈佛教育评论》为例 [J]. 教育理论与实践, 2007 (23): 7-11.

❸ 刘振天. "研究问题"还是"构造体系":关于教育学研究的一点思考 [J]. 中国教育学刊, 1998 (4): 39-42.

（四）首次以典型机构为例尝试对学术机构的建设和学术产出关系做系统梳理

教育科研院所作为知识密集、人才密集、技术密集的科研创新实体，从诞生之日起就肩负着发展科学技术，提高人民物质文化生活水平，提升我国在国际产业垂直分工体系中的地位的历史重任。我国的科研院所管理体系一直是独有的，科研院所通过技术进步与技术创新推动经济体制不断改革，同时关于科研院所的宏观管理体制变革又是国民经济发展的直接结果。在计划经济时期，我国产研分离的管理体制有利于迅速集中人力、物力搞攻关，科研资源、科研成果全社会共享，也在短时间内培养和造就了大批科研人才。随着改革开放的深入发展，市场机制在我国逐步发展和完善起来，继续实行产研分离、条块划分，通过行政和计划手段使科研院所和特定的企业、行业进行产研合作来促进科研成果转化、实现技术进步已经不能适应市场经济发展的需要。因此，党和国家不断根据国民经济发展的需要对科研院所管理体制进行改革。

正如前文所言，本书尝试用非工作报告和成果集的思路对以往的组织变革以及成果进行梳理和反思分析，这是一个组织自我反思能力的提升，也是组织系统自我更新的重要方面。系统梳理已有的成果，与组织的职能对标对表，反思自身不足，是一个专业研究机构责无旁贷的使命和担当。

小　结

本书绪论揭示了当今中国经济进入新常态发展时期，创新驱动已经上升到国家战略的高度。驱动力的转变，使得知识的地位日益重要，逐渐成为挖掘、整合、拓展资源的重要法宝。在"知识就是力量"的时代呼唤、"科教兴国"的国家战略以及研究机构的使命与担当的背景下，讨论教育研究组织变革的艰难历程，从个案角度讲述知识密集型组织的成长故事，对知识论、组织变革论的进一步丰富都有着重要意义，而由于其强烈的反思性，对自身以及类似机构的组织运营、变化也有重要的实践价值。

第一章
概念和相关文献

一、关于知识管理的概念界定及研究现状

(一) 概念内涵

1. 知识

知识,一是指人们在社会实践中所获得的认识和经验的总和,比如知识就是力量。二是指学术、义化或学问,比如他的知识面很宽。❶

学界普遍认为,知识源于智者的思想,是人们在认识世界和改造世界的实践活动中的所有认识和经验的总和。从认识论上讲,知识一直是哲学家最为关注的概念之一,很多哲学家对知识的内涵和广阔的外延进行了阐述。随着时代的发展,知识的传承问题逐渐被人们所重视,知识问题在教育学界得到了极大的关注,而后拓展到心理学、管理学等领域。学界对"知识"的看法和理解并不像词典解释的那样简单。

很多学者根据不同的学术背景给出了关于知识的界定。例如,现代认知心理学认为,知识就是个体通过与外部环境相互作用后获得的关于外部世界的反映与观念的总和,是通过符号系统进行表达的。❷ 瞿丽则认为,知识具有

---

❶ https://kns.cnki.net/kns/brief/default_result.aspx.
❷ 杨锡怀. 企业战略管理:理论与案例 [M]. 北京:高等教育出版社,1999.

价值，从经验中来，具有复杂性，含有判断的成分，通过经验和直觉起作用，与价值观和信念融为一体。❶ 德鲁克（1993）提出，知识是一种能改变某些人或事物的信息，既包括基本的使信息成为行动的基础方式，也包括通过运用信息使个体或机构进行改变或进行更有效行为的方式。格林森（1998）则认为，知识是组织成员对他们的客户、产品、过程、错误以及成功等信息的了解。达文波特（1998）进一步认为，知识不仅存在于文档数据库中，而且嵌入了组织的日常工作中，它起源于认识者的思想，对认识者的思想也起作用。霍尔（2002）则认为知识包括所有可能影响人的思想和行为的因素，以及可以解释、预测并控制物理现象的信息。

也有很多学者是通过"知识"与其他概念的比较来认识和界定"知识"概念的。朱祖平（2006）就对数据、信息和知识等概念进行了比较和辨析。他认为，数据是形成信息的基础，也是信息的组成部分，数据只有经过处理、建立相互关系并给予明确意义后才能形成信息。信息是进行判断、决策所需的资料。知识则是对信息的推理、验证，从中得出的系统化的规律、概念和经验，它是言行的基础。❷ 还有的学者是从知识的分类来定义"知识"的。

波兰尼（M. Polanyi）在显性知识（explicit knowledge）和隐性知识（tacit knowledge）分类的基础上，提出了著名的"冰山"理论。他认为，隐性知识是大量存在的，显性知识如同浮在水面上的冰山一角。"冰山"这一隐喻恰如其分地描绘了显性知识和隐性知识之间的关系，即同一项知识既存在显露的部分，也存在隐含的部分，它们处在一个共同体内，在组织的创造性活动中相互作用、相互补充、相互转化，但是它们之间显然无法相互转化。我国学者戚永红、宝贡敏认同波兰尼将知识分为显性知识和隐性知识的观点，并将其进一步深化。❸ 他们认为，显性知识可以被准确地加以描述，并可以典化于组织的程序、政策、手册和计划之中。隐性知识来源于经验，不能被明确地加以描述，是一种潜意识的理解和应用。它涉及个人的经验、信念、观点和价值，存在于专家的技能之中、员工的头脑之中，也存在于被广泛接受但却

---

❶ 翟丽. 企业知识创新管理 [M]. 上海：复旦大学出版社，2001.
❷ 朱祖平. 企业管理模式的探索 [J]. 福建论坛，2006（11）：15.
❸ 戚永红，宝贡敏. 企业成长阶段及其划分标准：一个评论性回顾 [J]. 商业研究，2004（4）.

不能转化的组织实践之中。不过二者之间并无明确区分，在一定条件下还可相互转化。

普杰曼（Louis P. Pojman）则将知识分为三种类型，在《知识论：古典和当代读物》一书里具体叙述为：一种是亲知的知识（knowledge by acquaintance），也被称为描述的知识（descriptive knowledge）；一种是能力的知识（competence knowledge），又称为技能的知识（skill knowledge）；还有一种是过程性知识（procedural knowledge）。[1] 经济合作与发展组织则发展了这种知识分类，提出了知识的四类划分，具有广泛的传播性。四类知识具体是指：[2]

①Know-What 类，指关于事实方面的知识。

②Know-Why 类，指自然原理和运行规律方面的科学理论。此类知识为研究开发、科技发展和技术进步提供理论基础。

③Know-How 类，指从事某项工作的技能。典型的 Know-How 类是企业发展和保存于其范围内的一类专门技术或诀窍。属于核心能力的重要组成部分。

④Know-Who 类，涉及谁知道和谁知道如何做等信息。

我国学者常荔、邹珊刚则进一步提出，[3] 前两类知识属于显性知识，通常以出版物、数据库、技术文档等形式存在；而后两类知识属于隐性知识，它存储于人们的脑海中，与员工的个人能力息息相关，是个人经验的一种体现。知识管理的难点和重点在于如何对构成企业核心能力的隐性知识进行开发以实现知识共享。

2. 知识管理

20 世纪七八十年代，依托超文本应用系统、人工智能和专家系统，产生了"知识获取""知识工程""以知识为基础的系统"等一系列关于知识的管理理念，在 1986 年的联合国国际劳工大会上，知识管理概念正式出现在公开

---

[1] 曹剑波，葛梯尔. 反例意义的诘难 [J]. 复旦学报（社会科学版），2004 (5)：126-140.
[2] 刘植惠. 知识经济中知识的界定和分类及其对情报科学的影响 [J]. 情报学报，2000 (2).
[3] 常荔，邹珊刚. 知识管理与企业核心竞争力的形成 [J]. 科研管理，2000 (2).

的文件中。❶ 美国《福布斯》杂志还发表一篇题为《迎接知识经济》的文章，阐述了知识管理与信息管理的不同，并指出知识管理本质上是通过知识共享，运用集体智慧提高应变能力和创新能力。也正是由于这样的高调宣传，知识管理的重要性越来越被人们所重视。"知识管理无孔不入，无论它以什么形式定义，比如学习、智力资本、知识资产、智能、诀窍、洞察力或智慧，结论都是一样的：要么更好地管好它，要么衰亡。"❷

很显然，对于知识的不同认识会形成对知识管理的不同思考和认识，研究者的着眼点不同就会有不同的知识管理的定义。例如，有从认识论的角度对知识管理进行定义的，认为知识管理是"利用知识的无形资产创造价值的艺术"。有从组织管理的角度进行定义的，认为"知识管理是在日益加剧的不连续的环境情况下服务于组织适应、生存和能力等关键问题的活动。其实质在于信息技术处理数据与信息的能力以及人们的创造和创新能力有机配合的组织过程"。智库百科中将知识管理的概念界定为："在组织中建构一个人文与技术兼备的知识系统，让组织中的信息与知识，透过获得、创造、分享、整合、记录、存取、更新等过程，达到知识不断创新的最终目的，并回馈到知识系统内，个人与组织的知识得以永不间断地累积，从系统的角度进行思考这将成为组织的智慧资本，有助于企业做出正确的决策，以因应市场的变迁。"❸

(二) 研究现状

1. 关于知识管理的内涵、要素以及阶段的研究

(1) 关于内涵特征的研究

由上述可见，国内外学者关于知识管理概念的内涵表述是多种多样的，

---

❶ 联合国国际劳工组织 [EB/OL]. (2015-12-12) [2020-10-12]. http://www.ilo.org/ilc/ILCSessions/lang-en/index.htm.

❷ AMIDON D M. Innovation strategy for the knowledge economy: The ken awakening [M]. New York: Reed Educational & Professional Publishing Ltd, 2006: 213-226.

❸ https://wiki.mbalib.com/wiki/%E7%9F%A5%E8%AF%86%E7%AE%A1%E7%90%86.

但也有很多学者认为在内涵的关键点上存在着较高程度的一致性。❶ 有学者在整理了国内外关于知识管理的350余篇文章后指出，对知识管理的定义大致可以分为狭义和广义两种。❷ 狭义的知识管理主要是对知识本身的管理，包括对知识的创造、获取、加工、存储、传播和应用的管理。而广义的知识管理不仅包括对知识进行管理，而且包括对与知识相关的各种资源和无形资产的管理，涉及知识组织、知识设施、知识资产、知识活动、知识人员的全方位和全过程的管理。由此，很多专家并不着力于知识管理概念本身，而更着力于分析知识管理的内涵特征，主要有以下三种观点。

第一种观点认为知识管理具有新价值，具体表现为资源价值、组织和个人价值两个方面。

一是资源价值。例如，持续竞争优势来源于其稀缺、有价值、不可完全模仿与替代的资源，无疑，这个资源就是知识。又如，知识已成为创造财富的第一要素，谁掌握了最新的知识、更多的知识，发明和创造了知识，创造了包含更多知识的使用价值，谁就能在未来的竞争中占据优势地位。再如，知识的管理过程变得越来越重要，而且知识战略作为企业技术战略的一个自然扩展，最终将对企业竞争优势的获取产生重要影响，等等。

二是组织和个人价值。例如，努力让知识在正确的时间，正确的地点，在正确的主体身上发挥作用，从而提高员工和组织的绩效。又如，舒尔茨（1998）认为，"知识管理……从事于组织知识的生产、提取、存储、转移、转换、应用和保护，它同时也涉及环境和文化氛围的营造，以便于知识在其中的进化"，等等。

第二种观点认为知识管理是一种战略性管理，具有三个基本特征。

典型的定义："知识管理就是为了完成共同的战略目标，获取、组织和分享员工知识的一种组织性活动。"❸ 三个基本特征：①强调思想上要把知识视为组织和企业当中具有战略意义的无形资产；②强调知识的系统化管理；③强调知识管理的目标是增强组织和企业的绩效。

---

❶ 郭斌. H公司商业模式规划研究 [D]. 武汉：华中科技大学，2013.
❷ 盛小平，曾翠. 知识管理的理论基础 [J]. 中国图书馆学报，2019（9）.
❸ 郭斌. H公司商业模式规划研究 [D]. 武汉：华中科技大学，2013.

第三种认为知识管理是一个复杂的系统过程，具体表现为整体性、非线性和自组织性三个特征。❶

所谓整体性，是指知识管理是一个系统，一般包括获取层次、创新层次、实现层次以及回馈层次。每一层次包含不同的具体内容，但是各个层次之间并非各自为营，而是经过互相配合、互相辅助，由低层次向高层次发展，逐渐构成一个完备的整体系统。

所谓非线性，是指内部知识的不确定性、外部条件的偶然性等都使得知识管理必定包含诸多无法估测、无法管控的随时可能发生变化的要素，有可能导致知识管理实践中原因与结果的对应性关系更加复杂化，呈现非线性特征。

所谓自组织性，是指知识管理的非线性特性直接导致知识管理系统出现一定程度的偏离，远离平衡态。因此，知识管理就是追求合理优化、追求均衡的过程。

其实，无论如何定义知识管理，人们还是觉得对知识管理的要素、阶段、结构等的认识不够清晰，因此，很多专家试图分析其相关要素，并构建分析模型。

（2）关于要素的研究

关于要素的研究，每一个定义者都或多或少地提到，马歇尔的研究比较典型，他认为知识管理包括六个方面的内容：

①通过内部活动或 R＆D 小组创造知识；

②当需要时能从组织内部或外部获得所需的知识；

③通过非正式的培训或社交活动，在知识被使用前就能被转移；

④以报告、图表或演讲的形式呈现知识，提高其易接受程度；

⑤当知识被确证后能够用于过程、体系和控制方面；

⑥通过建立激励和领导机制来培植企业文化，以实现知识的使用、共享和增值。❷ 显然，上述要素带有明显的流程性质。

---

❶ 贾凤亭，刘晓军. 知识管理复杂性分析 [J]. 辽宁工程技术大学学报（社会科学版），2020（2）.
❷ 戚永红，宝贡敏. 国外知识管理研究述评 [J]. 科研管理，2003（6）.

霍尔萨普尔（1999）试图用"泛"和"专"来归纳各个研究者对要素问题的研究状况。所谓"泛"，指的是关注知识管理方面的内容，诸如知识型组织的建立、核心竞争力等；所谓"专"，指的是对某个特定方面给予关注，诸如知识转化过程等。❶ 实际上，这是对知识管理研究现状类别的一种描述，在理论上获得广泛认同，但是在"泛"和"专"的具体标准上还存在争议。从上述马歇尔的研究来看，该研究是以广义的知识管理角度、偏于组织管理流程层面，呈现的是既"泛"又"专"的特征。

正因为"泛"和"专"的标准难以界定，很多学者就主张简化要素，用发展阶段特征规定要素。朱祖平（2000）就认为知识管理有两类基本要素：知识利用要素和知识开发要素。前者指知识在个人、业务及组织间的转移与共享，而后者指通过学习或研发活动创造新知识。❷

（3）关于发展阶段的研究

对于要素的研究也引发了对知识管理阶段的争议。归纳起来看，大致有三种划分方式，即两阶段说、三阶段说和四阶段说，如图1-1、图1-2、图1-3所示。

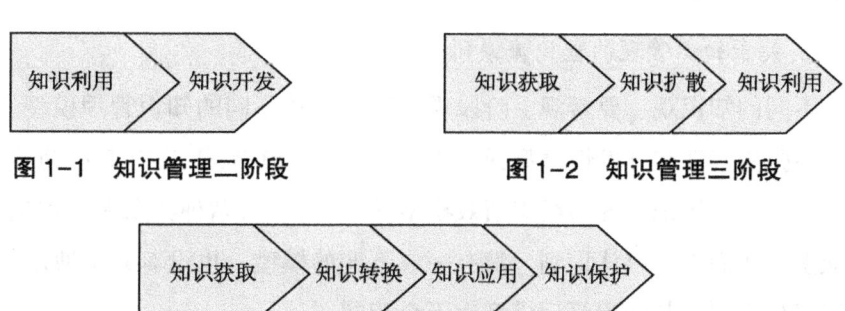

图1-1 知识管理二阶段

图1-2 知识管理三阶段

图1-3 知识管理四阶段

学者达文波特、艾弗斯、朱祖平、李浩等都是两阶段说的代表。朱祖平（2000）认为知识管理包含知识利用要素和知识开发要素两类基本要素，过程也包含知识利用和知识开发两个阶段。达文波特（1998）认为知识管理分为

---

❶ 芮明杰. 中国企业发展的战略选择[M]. 上海：复旦大学出版社，2000.
❷ 朱祖平. 知识进化与知识创新机制研究[J]. 研究与发展管理，2000（12）：30.

两个重要类别，即知识的创造和知识的利用；艾弗斯（1998）则认为知识管理包括知识创造和知识处理两个过程。李浩（2008）认为，知识管理首先是知识的创造阶段，企业通过有效的知识管理来保证有市场价值的、有利于企业目标实现的知识源源不断地产生；其次是知识的转化，知识管理应有利于组织所需的知识与企业其他资源共同作用，最终转化为能盈利的产品服务等。❶ 如果说两阶段说略显粗放的话，三阶段说则较好地填补了这一缺憾。斯彭德（1996）认为知识管理应该包括知识的创造、知识的转移以及知识的利用三个阶段。王德禄（2003）则认为知识管理包含知识获取、知识扩散和知识利用三个阶段，同时他认为这三个阶段是相互依存的，并开发了相应的量表。❷

随着研究的不断深化，很多研究者提出了四阶段说。戈尔德、马尔霍特拉、塞加尔（2001）认为知识管理包括知识获取、知识转换、知识应用以及知识保护四个阶段。我国学者韩维贺、李浩、仲秋雁认为知识管理过程包括知识创造过程、知识组织过程、知识转移过程以及知识应用过程，并开发了相应的测量量表。

2. 关于知识管理的理论流派研究

不同的知识观、要素观、阶段观必定会导致不同的知识管理模型。例如，扎克主张探索性和开发性模型；❸ 博依索的编码模型；❹ 还有斯特勒的动态智力资本模型、知识管理与组织绩效模型；❺ 等等。可谓种类众多，正是由于种类众多，我们也可以认识到，没有一成不变的模型，也没有完全通用的模型。组织情况不同，其知识管理模型也不会相同。

仅从方法论角度看，这些模型可以分为规范型模型和实证型模型两类。所谓规范型模型，重点在于对照基本原理和标准，分析及描述当前组织应如何来规划及实施知识管理，以期达到既定目标，并阐述应注意的重点，提供

---

❶ 李浩. 技术创新中的知识整合规律研究 [J]. 科技进步与对策, 2008 (4): 25.
❷ 王德禄, 宋建敏, 黄波. 知识管理与信息技术 [J]. 洞察, 2003 (5).
❸ 即以新知识产生和知识利用两个维度进行分类。
❹ 即把组织中的知识按照可编码的和不可编码的、扩散的与不扩散的两个维度进行分类。
❺ 邱均平. 知识管理学 [M]. 北京: 科学技术文献出版社, 2006.

实施方案、流程框架和方法。所谓实证型模型则主要是根据研究问题，进行样本搜集与数据分析，从中找出相关因素之间的因果关系或者关键因素，提出或者修订原来的模型或者流程。当然，现实中两者有不断融合的趋势，已经很难截然分开。

由此，我们把知识管理的理论流派大致分为三类：技术流派、战略流派和绩效流派。

（1）技术流派

由于知识产生于海量信息中，本身与海量信息之间存在着千丝万缕的联系，如何通过储存、分析，转化信息为知识，对人、机这两个知识管理的执行者提出了要求。技术流派的主张者认为，知识管理就是信息管理的高级阶段，这一阶段重点着眼于架构合理优化的信息技术处理框架，收集数据分类文件管理，重点建设知识库、数据仓库等，力求能够在正确的时间将正确的知识传递给正确的人。

平台建设和系统整合是技术流派的两个最关键的要素，学者们不同观念的偏重就产生了不同的代表性研究。顾敏就是研究前者的代表，他认为，知识管理是为了解决大量知识或者说大量资讯（信息）的创新、组织与扩散的问题，其主要内容涉及知识创新的处理技术、知识组织的管理方法和知识扩散的路线与途径。❶ 后者的代表则有王伟光、谢康、陈禹、马家培等人。马家培认为："信息管理是知识管理的基础，知识管理是信息管理的延伸与发展""信息管理经历了文献管理、计算机管理、信息资源管理、竞争性情报管理，最终演进到知识管理。"❷

（2）战略流派

战略流派的主张者认为，仅仅把知识管理看作计算机信息系统的编码和传播是远远不够的，必须认识到知识管理是形成知识型组织的重要渠道，其

---

❶ 顾敏. 知识管理与知识领航：新世纪图书馆学门的战略使命［J］. 图书情报工作，2001（5）：55-61.

❷ 谢康，陈禹，马家培. 企业信息化的竞争优势［J］. 经济研究，1999（9）：24-35. Arthur Andersen（2006）甚至还提出了知识管理表达式［表达式为 KM =（P+K)^S］，转引自 AMIDON E M. Innovation strategy for the knowledge economy：The ken awakening［M］. New York：Reed Educational & Professional Publishing Ltd，2006.

管理不仅要关注知识的扩散，更要关注知识的生成。只有促进知识的生产、应用与创造，才能提升核心竞争力。因此，对管理职能和管理流程应非常关注。

着眼于管理职能的白杨❶认为，知识管理既是一种新型的管理模式，又是现代企业管理中的一项重要内容。他认为知识管理也可以被视为一种新的管理理思想或管理理论。邱均平❷也指出，狭义的知识管理主要是对知识本身的管理，包括对知识的创造、获取、加工、存储、传播和应用的管理。广义的知识管理不仅包括对知识进行管理，还包括对与知识有关的各种资源和无形资产的管理，涉及知识组织、知识设施、知识资产、知识活动、知识人员的全方位和全过程管理。美国生产力中心则在文件里明确定义："知识管理是一种有意识的组织战略，它能保证在适当的时间将适当的知识传送给适当的人，协助其共享，并进而将其通过不同方式付诸实践，最终达到提高组织业绩的目的。"❸ 关于流程管理也有很多研究，威格认为知识管理就是一连串协助组织获取自己及他人知识的活动，透过审慎判断以完成组织任务；❹ 蒂姆·科特努尔则认为知识管理是投入人员、流程及工具以帮助知识的创造、吸收、传播与应用；❺ 等等。

（3）绩效流派

该流派主要把知识当作一种重要的资产来进行管理，注重知识附加值，关注知识管理带来的业绩提高。朱飞认为知识管理就是通过注重基于人的知识管理的过程来提升企业竞争力。❻ 阿莱则认为知识管理是将组织内隐知识转化成外显知识以利于更新、分享与补充的过程，也就是研究知识如何形成以

---

❶ 白杨. 企业知识管理理论研究 [D]. 武汉：华中师范大学，2001.
❷ 邱均平. 知识管理学 [M]. 北京：科学技术文献出版社，2006.
❸ GHOSHAL S, MORAN P. Bad for practice：A critique of the tansaction cost theory [J]. Academy of Management Review, 1996, 21（1）：13-47.
❹ WIIG K. Knowledge management foundations [M]. Arlington：Schema Press, 1993.
❺ KOTNOUR T. Organizational learning practices in the project management environment [J]. International Journal of Quality & Reliability Management, 2000, 5（4）：31-36.
❻ 朱飞. 知识型企业的人力资源战略框架：以知识管理为核心 [J]. 改革与战略，2009（3）：36-38.

及人类如何学习善用知识,将知识转化为最大的生产力。❶ 还有很多学者关注具体分析一个企业或者一个组织的管理和绩效之间的关系。

3. 关于知识管理的操作模型和实践应用研究

(1) 关于操作模型的研究

从操作实践角度讲,以下三种模型具有典型的代表性。❷

第一种,基于知识的知识管理模型(knowledge-based model, KBM)。这种模型主要是从"知识"出发,重点关注"知识"在组织中如何存在、如何流动以及转化等,日本学者野中郁次郎和竹内弘高提出的SECI模型就是最典型的代表。该模型认为知识是有显性知识与隐性知识之分的,个人、团队、组织三个层面对知识(显性与隐性)的认识有所不同,提出了四种"知识创新"路径,即社会化、外部化、联合化、内部化。在这个过程中,显性知识和隐性知识并非静止不变,它们之间不断相互转化。

付宏才、邹平受到上述模型启发,提出了企业知识管理的流程框架,构建了企业知识流动的单双循环模型。❸

第二种,基于知识管理工具的知识管理模型(knowledge tools-based model, KTBM)。该模型着眼于"如何管理知识",关注组织的某一层面,如组织环境、组织结构、组织知识,或管理过程的某一环节。我们知道,知识的管理活动必须由若干执行者来实施,这些执行者既可以是人(个人、小组或者整个组织),也可以是计算机系统,还可以是人机系统。因此,有学者提出了语义网格环境下知识管理模型的建立,该模型包括四个层次,即应用层、空间语义层、知识网格服务层和分布式资源。❹

第三种,基于情境的知识管理模型(model of knowledge management integrating context, KMIC)。该模型主张知识就是情境中的信息,有了情境才有正确的知识,正是由于情境的存在,知识才有了各式各样的关系和意义。因

---

❶ 维娜·艾莉. 知识的进化[M]. 刘民慧,等译. 广州:珠海出版社,1997.
❷ KROGH V G, ICHIJO K, NONAKA I. Enabling knowledge creation [M]. Oxford:Oxford University Press,2000.
❸ 付宏才,邹平. 现代企业决策支持的知识管理模型框架[J]. 科技进步与对策,2003(8).
❹ 吴小华. 语义网格环境下知识管理模型的建立[J]. 现代情报,2008(1).

此，知识管理最关键的问题是为使用者提供理解信息的语境，以及信息之间的联系，使知识管理系统具有情境敏感与用户敏感等特性。潘旭伟、顾新建、程耀东、李建明（2006）在这种认识基础上提出了基于情境的知识管理模型，形成了知识主体、知识（项）、知识过程和知识情境，并对这四个要素的建模方法进行了探讨。❶ 综上所述，各种模型都试图对组织结构、组织文化、领导、信息技术、人力资源等因素做详尽分析，不同程度地呈现协同化、系统化、集成化、情境敏感与用户敏感性的统一等特征，都存在合理的部分，都对实践产生了影响。

（2）关于实践应用

自从理论上将知识管理当作比信息管理更先进的一个阶段以后，知识管理很快被行业用来进行转型，出现了一批从知识管理角度建设或者改革的案例，由此也产生了一批个案的研究。例如，《H 公司商业模式规划研究》（2013）就是将 H 公司商业模式创新研究的实践作为案例，从知识管理的角度论述了 H 公司商业模式创新的必要性与可行性，重点阐明了 H 公司商业模式创新方案设计和方案实施，以及 H 公司商业模式创新的融资有效率、客户价值、持续盈利、组织管理等方面的具体办法。❷ 又如，《华为公司知识管理的特点及启示》（2020）一文提到，华为作为科技型企业，知识管理与创新对提高其核心竞争力有重要意义，在对隐性知识、知识创新、知识共享和组织学习等主题进行分析以后，认为华为技术有限公司在知识管理上具有如下特征：以"知本主义"为核心指导理念，实行股权动态分配制度，重视专利保护、知识利用和文档管理，构建了较为合理的自主创新网络和知识管理系统。❸

2004 年，有学者提出要在政府部门进行创新服务，在电子政务中运用知识管理，使政府执政绩效管理结合国际竞争力评比指标，强化学习型政府，培养知识型决策领导和人才，跨政府部门合作建立知识型政府平台。❹ 随之出现了大量具体地域、具体问题和具体领域的研究，诸如基于政府知

---

❶ 潘旭伟，顾新建，程耀东. 集成情境的知识管理模型 [J]. 计算机集成制造系统-CIMS，2006（2）.
❷ 郭斌. H 公司商业模式规划研究 [D]. 武汉：华中科技大学，2013.
❸ 徐拥军，王露露. 华为公司知识管理的特点及启示 [J]. 广西财经学院学报，2020（4）.
❹ 王家斌，张绪. 政府隐性知识转化的实证研究 [J]. 中国行政管理，2009（7）：107-111.

识管理的电子政务优化、政府知识管理的基本内容以及政府信息系统运维等。

陈福集、苏蔚杰（2013）认为国外关于政府知识管理的研究早于国内，同时也更先进，许多重要的基础模型都是由国外学者提出的。❶ 有学者着重对三种比较成熟的国外政府知识管理的框架进行了介绍，主要有三种。❷ 第一种是PPTM政府知识管理框架。这个框架包含人员、流程、技术和管理四个维度。第二种是战略知识管理框架，着重于从战略组织的视角发掘知识，包含个人、团队和组织三个维度。第三种是金字塔知识管理框架，整个模型由技术、领导能力、文化、度量和流程五个方面组成（见图1-4、图1-5、图1-6）。❸ 有学者在对比研究的基础上认为："（国外的）这些模型看起来详细和丰富，但却缺乏实践检验，无法直接运用至政府部门，另一方面则是我国的技术还未成熟，所实现的成果无法达到政府知识管理的真正要求。"❹

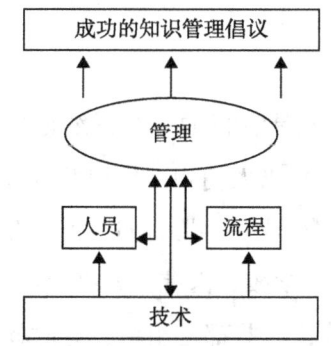

图1-4 PPTM政府知识管理框架

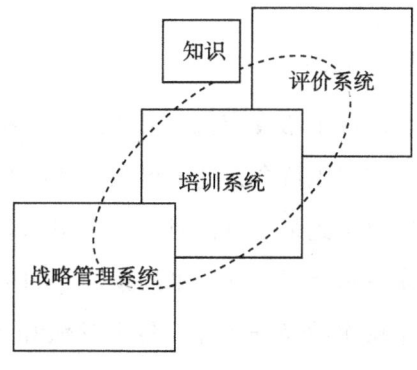

图1-5 战略知识管理框架

---

❶ 陈福集，苏蔚杰. 国内外政府知识管理模型研究对比 [J]. 图书馆学研究，2013（24）.
❷ 胡星，胡康林. 1999—2012年国外政府知识管理研究述评 [J]. 图书馆学研究，2014（4）.
❸ 高洁. 国内外政府知识管理理论研究进展 [J]. 情报资料工作，2007（1）：26-29.
❹ 何树果，张昕光，樊治平. 一种基于知识管理的政府知识构架 [J]. 东北大学学报（社会科学版），2004（1）：36-38.

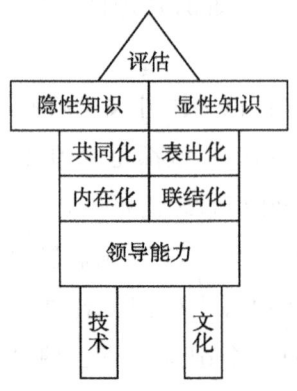

图1-6 金字塔知识管理框架

二、关于组织变革的概念界定及研究现状

(一) 概念内涵

1. 组织

从两个角度定义"组织":一种是动词,就是有目的、有系统地集合起来,如组织群众,这种组织是管理的一种职能。"当人们相互作用并发挥基本功能以达到某个目标时,一个组织就诞生了。"❶另一种是名词,指按照一定的宗旨和目标建立起来的集体,如工厂、机关、学校、医院,各级政府部门、各个层次的经济实体、各个党派和政治团体等,这些都是组织,有时候也称机构。作为名词的组织可以按广义和狭义进行划分。❷英文单词"Organization"最初仅仅是生物学上的一个概念,自企业组织理论出现以后,"组织"一词就在管理学界频频出现,生物学朴素又形象的名词得以恰如其分地应用。也正因如此,关于组织也有了不同视角的定义,有的从目的,有的从结构,有的从形态,还有的从人的角度,卡斯特对组织的定义可谓包罗万象,囊括了各个视角,他认为,组织是一个属于更广泛环境的分系统,并包括有目标

---

❶ 理查德·L.达夫特. 组织理论与设计 [M]. 宋继红,等译. 大连:东北财经出版社,2002.
❷ https://wiki.mbalib.com/wiki/%E7%BB%84%E7%BB%87.

并为目标奋斗的人们；一个技术分系统——人们使用的知识、技术、装备和设施；一个结构分系统——人们在一起进行整体活动；一个社会心理分系统——处于社会关系中的人们；一个管理分系统——负责协调各分系统，并计划与控制全面的活动。❶

2. 组织结构

达夫特教授认为，组织结构是实施发展战略规划的基础，它是管理平台的重要支撑，换句话说，就是组织决定功能。❷ 周三多也持有相同观点，他认为，组织结构是组织的"框架"，而"框架"的合理完善，很大程度上决定了组织目标的顺利实现。❸

伯顿·奥贝尔经过长期研究，发现了影响组织结构的六个要素，即领导及管理模式、组织及文化氛围、组织规模及组织技能、组织的外部环境、组织的技术水平和组织的战略发展。他认为，组织结构的调整实际上就是在调整满足这六个要素的要求。❹ 赫里格尔和斯洛坎姆则从外部环境和内部选择两方面将传统的组织结构分为高度集权制、直线职能制、矩阵组织制、多分部制（又称事业部制）四种类型。韩玉启则认为组织结构设计和应遵循的具体原则有任务目标原则、分工协作原则、统一指挥原则、合理管理幅度原则、责权对等原则、执行部门跟监督部门分设以及协调有效原则。❺ 在这些通识原则上再考虑各个组织的行业特征以及独特性，这样才能更有针对性地进行调整。尹龙森则发现东西方的组织结构遵循着不同的"运行规则"，西方企业的运转更多的是依靠理性和制度，企业上下和横向部门之间往往有非常明确的职能界定和权限划分；而东方企业则更强调灵活性和人治，许多企业往往没有形成一套完整的、可付诸实践的管理制度，"开会"是最常用的管理手段。❻

可见，组织结构是表明组织各部分排列顺序、空间位置、聚散状态、联系方

---

❶ 斯蒂芬·P.罗宾斯，戴维·A.德森佐，亨利·穆恩. 管理学原理 [M]. 毛蕴诗，等译. 北京：中国人民大学出版社，2012：150-152.
❷ 理查德·L.达夫特. 组织理论与设计精要 [M]. 李维安，译. 北京：机械工业出版社，1999.
❸ 周三多. 管理学原理与方法 [M]. 上海：复旦大学出版社，1998.
❹ 伯顿·奥贝尔. 管理与组织行为经典文选 [M]. 北京：机械工业出版社，2000.
❺ 韩玉启. 知识经济与企业组织结构 [J]. 经济师，2002（5）：5-6.
❻ 尹龙森. 企业组织和市场组织的变革 [J]. 中华管理咨询，2002（3）：9-10.

式以及各要素之间相互关系的一种模式,是执行管理模式和经济模式的体制。

3. 组织变革

组织变革是指在某个时间点上,绝大多数管理者需要改变工作场所中的某些事情。埃德加·沙因（Edgar Schein）认为组织变革可分为多种类型：结构变革（改变职权关系、协调机制、员工授权、职位设计等）、技术变革（改变工作程序、方法和设备）和人员变革（改变个体或群体的态度、期望、认知和行为）等。卡纳托（2007）提出基于组织要素的观点,他认为组织变革包含惯例、符号和结构三个方面的变革。各个方面还包括不同的层次：惯例主要指组织变革在物质层次的内涵,如组织资产、组织实践等要素的变化；符号则是组织变革在价值层次的内涵,如组织愿景、组织使命、文化规范等要素的变化；在惯例和符号两个层次之间的则是各种内外联结和复杂关系的结构性要素。❶

学者们认为组织变革的研究起源于20世纪90年代美国的"业务流程再造",❷ 并进一步指出,国外的组织变革研究其实从20世纪70年代起就一直进行着,在经历了结构变革研究、技术应用研究以后,流程再造成为组织变革研究的显学。国内研究至少晚了20年。❸

(二) 研究现状

1. 关于组织变革的相关理论研究

系统开放论、耗散结构理论以及自组织理论是组织变革理论的主要依据。

(1) 系统开放论

系统开放性原理认为系统出现首先必须满足一个前提条件,即保持一定的系统开放性。系统开放包括对内的开放和对外的开放。系统对内开放主要

---

❶ 梅胜军. 转型变革中的组织危机感及其对战略选择的影响机制研究 [D]. 杭州：浙江大学管理学院, 2010.

❷ 邱杨, 孙聃. 实现企业组织变革平稳过渡的主要障碍及对策 [J]. 中国软科学, 1998 (2)：90-93.

❸ 田志龙, 蔡希贤. 西方企业管理组织变革与企业重建的理论及评述：兼谈我国企业重建和管理组织变革的思路 [J]. 华中理工大学学报 (社会科学版), 1998 (1)：29-35.

是指系统通过各子系统相互作用、相互联系，才能形成系统的内部构造；而系统的对外开放则是指通过跟其他系统发生相互作用，进而形成更大规模的系统，从而让自身成为新系统的一个子系统。

贝塔朗菲认为，"在严格的形式中，一般系统论具有公理性质，即在整体概念下概括的观点是严格从系统概念及其所适用的公理中演绎出来的。"❶ 除系统的整体性外，我们会发现系统理论还存在另一个基本假设，那就是系统总是在一定的范围和条件内存在。物质的存在是哲学的最基本假设，一般的哲学理论都是在此基础上展开的。系统在一定的范围和条件内存在就意味着系统有一定的稳定性。系统的发展变化也是在稳定基础上的发展和变化，然后达到新的稳定。系统的稳定性是指在外界环境影响下，开放系统具有一定的自我稳定能力，能够在一定范围内进行自我调节，从而保持和恢复原来的有序状态，保持和恢复原有的结构、性质和功能或达到新的有序状态。任何开放和控制系统都处于内外部环境的作用之中，都受到来自内部和外部的种种干扰。在这种情况下，系统要具有确定的性质和功能，要保持其整体性，就必须具有能抵抗干扰的稳定性，否则系统便不能长久存在。

（2）耗散结构理论

"耗散结构"最早是由普里戈津（I. Prigogine）提出的一个自然科学的概念，这一概念使得自组织现象得到系统而生动的描述。耗散结构理论对自组织理论进行了最基本的阐述与说明。该理论的核心观点：和传统的封闭孤立的系统相比，开放的系统会通过与外部世界进行物质、能量以及信息的交换，自行组织和自行发展成为比之前更加复杂和更加完整的新型系统。

同时，普里戈津认为耗散结构是远离平衡状态的一个开放性系统。在与外部世界不断地进行物质、能量和信息交换的过程中，它从原本的混乱状态变为具有时间和空间或功能秩序的另一种结构。值得注意的是，它的稳定性有必要通过不断消散外部物质、信息或能量来维持。

为了有效地衡量一个系统混乱的程度，通常用熵作衡量的物理量。因此，熵的变化就可以反映系统是处于混乱状态，抑或是处于有序状态。假设系统

---

❶ 查尔斯·汉迪. 超越确定性：组织变革的观念 [M]. 北京：华夏出版社，2000.

由几个弱关联子系统组成，则整个系统熵是子系统熵的总和，弱关联系统更加混乱。如果系统的熵在变化后增加，那么系统就会变得混乱；如果它的熵减少了，那么它就是有序的。正是因为运用了"熵"的概念来进行表达，所以热力学第二定律才能够反映出自发流动的方向。

基于热力学与系统能量的视角，普里戈津经过多年的研究，开创了耗散结构理论。这种耗散结构主要包括三个特点：第一，远离平衡状态；第二，开放性的系统；第三，内部各子系统或要素之间存在普遍的非线性作用关系。即在一个开放性的环境中，在外界环境条件满足特定的临界值时，系统通过非线性的影响作用，将远离平衡状态，从原本的混乱状态变为相对有序的状态。

(3) 自组织理论

自组织的一般定义是"系统在演化过程中，在没有外部力量强行驱使和维持充分的物质、能量、信息交换的情况下，系统内部各要素协调动作，导致空间的、时间的或功能上的联合行动，出现有序的活的结构"。❶系统内各子系统或诸要素之间如何进行竞争和协作是耗散理论研究的空白点，为此，哈肯提出了系统协同学理论。该理论研究的目的是解释如何推动自组织从混乱无序的状态走向有序状态。其中，"涨落波动"是这一理论的关键概念。"涨落波动"是指在实际运行过程中，系统受不同子系统或要素无规则独立运动、关联系统或要素间协同作用以及内外部环境等因素的随机性干扰，常常围绕平均值进行上下波动。基于自组织稳定性理论，托姆提出了一种突变理论。该理论认为系统总是处于一种不稳定的状态中，处于重新构造一种新的稳定状态的过程中。受内外部非线性作用的影响，这种变化过程是一种充满极大不确定性的逐步进行的过程。美国气象学家洛仑兹等科学家基于组织系统的非线性特点提出了混沌理论。这一理论对航空航天、气象、资本市场等具有复杂性特征的领域产生了重大的影响。"蝴蝶效应"就是这一理论的典型事例。混沌理论同时澄清了人们的基本认识误区，即复杂的结果一定是由复杂的原因产生的，混沌理论告诉我们，复杂的结果也可能是由简单的原因造

---

❶ 系统科学大辞典编委会. 系统科学大辞典［M］. 昆明：云南科技出版社，1993.

成的。混沌理论和其他自组织理论有着紧密的联系，其中最关键的一点就是，它们都有推动组织自行从无序走向有序的共同目标。

2. 关于组织变革的目标、形态研究

(1) 关于组织变革的目标研究

组织变革的目标往往与变革动因相联系。根据前人的研究，我们发现，引起组织变革的因素有很多，但大致可以归为外部因素和内部因素两大类。[1]

进入21世纪后，互联网新技术带来了数字革命，推动着产业跨界与重构，促使人们思考互联网影响下的管理方式，一些外部政策的变化，诸如2018年的中美贸易关系的变化，就迫使很多外贸企业进行内部的组织变革。由此可见，外部力量的变化引起了组织的变革，外部力量主要包括技术、产业变迁、国际贸易、企业及政府、人口驱动等。[2]

部分学者更着力研究组织内部关系，认为组织大多是由科层构成的。虽然科层制的控制力较强，但是对个人价值的重视程度不够，人力资源使用效率相对较低。[3]这种弊端必然会引起组织内部的僵化、冲突和低效率，使企业的正常运转或生存受到威胁，呈现周期性的危机。[4]还有的学者认为，组织领导者的素养和理念对组织具有重要价值。领导者新的文化价值理念、社会责任意识、对某种愿景的追求将成为组织变革的直接动因，直接引发组织变革。[5]可见，所谓内部因素，主要包括组织结构、组织流程及人员（领导者和组织成员）行为等。

综合上述可见，组织变革是有不同的原因的，有的似乎是被外力所拉动，更多呈现被动状态；有的则是由内部需求所导致，呈现更多的主动性。但是不管变革是怎么引起的，其根本目的都应该是确定的，就是更好地适应组织

---

[1] 盛琼芳，储小平. 组织变革对员工工作表现的影响机制研究：心理所有权的中介作用 [J]. 经济与管理研究，2009 (12)：117-122.

[2] 陈春花，张超. 组织变革的"力场"结构模型与企业组织变革阻力的克服 [J]. 科技管理研究，2006 (4)：203-206.

[3] 曾楚宏，林丹明. 国内外关于当前企业组织变革的研究综述 [J]. 经济纵横，2003 (5)：44-47.

[4] 张康之. 论组织变革的困境与出路 [J]. 教学与研究，2008 (9)：32-38.

[5] 高天鹏. 基于管理熵的组织变革模型研究 [J]. 西南民族大学学报（人文社科版），2010 (10)：171-174.

所处的环境（包括在现有环境下提高效率），从而获得更强的竞争力和更好的绩效。❶

（2）关于组织变革的形态研究

变革是组织和个人参与和适应的过程。❷最经典的组织变革过程当数库尔特·卢因（1951）基于力场分析提出的"解冻—变革—再冻结"。卢因把组织变革看作各种动力与阻力使组织朝向所希望的平衡状态转变的相互作用过程，解冻阶段：明确变革目标，凝聚共识，并设计组织变革方案，是组织发现变革阻力和形成克服阻力方案的阶段；变革阶段：组织实施变革方案，促使组织从目前的平衡状态向期望状态转变；再冻结阶段：组织需要采取措施固化新的行为模式和组织形态，使组织稳定在新状态，防止组织恢复原有状态。

正是在这样的一个变革过程中产生了组织变革的不同形态，当然存在许多划分方法，比较典型的是二分法、四分法和要素法。

二分法是以动—静关系进行划分的方法，可谓最传统的划分方法。静态关系组织形态又可分为简单静态关系型组织和复杂静态关系型组织。前者包括泰勒与法约尔等代表的科学管理组织结构、梅奥与马斯洛等代表的人际关系组织结构；后者则包括巴纳德等代表的协作系统组织结构，彼得·德鲁克、斯隆等代表的权变组织结构。

尽管有不同的见解，但概括起来讲，传统组织结构理论是一种封闭式的系统理论，强调组织内部的适应性、有效的组织控制及建立明确的职权系统，强调结构分系统和管理分系统，是主张人迎合管理的组织理论。行为组织结构理论则是以人为本的理论，强调人的心理因素对组织结构的影响，主张培养个人价值意识，强调社会心理系统，开展自我管理和控制，建立员工之间平等合作的关系。❸而现代组织结构理论全面研究一切分系统及其相互关系，是一种开放系统理论，强调组织对外部环境的适应性以及对组织行为活动过

---

❶ 逯笑微，原毅军. 基于企业组织变革的产业演化过程 [J]. 大连理工大学学报（社会科学版），2008（4）：31-35.

❷ 达琳·M. 范·提姆，詹姆斯·L. 莫斯利，琼·C. 迪辛格. 绩效改进基础：人员、流程和组织的优化 [M]. 北京：中信出版社，2013.

❸ 李建设. 论世纪之交西方企业组织结构变化的八大趋势 [J]. 管理现代化，2001（3）：27-29.

程的控制，是以组织迎合人的组织理论。❶

动态关系组织形态更强调学习型组织、网络组织、虚拟组织等。美国学者彼得·圣吉（Peter M. Senge）在《第五项修炼》（*The Fifth Discipline*）一书中提出学习型组织的管理观念，他认为企业应建立学习型组织，其含义为面临剧烈变糟的外在环境，组织应力求精简、扁平化、弹性因应、终身学习、不断自我组织再造，以维持竞争力。其五项要素为建立共同愿景、团队学习、改变心智模式、自我超越和系统思考。❷ 因此，所谓学习型组织，就是"实验更多，而且鼓励更多的尝试，允许更多的失败；他们与消费者的交流更多；他们保持着充满大量信息的日常环境。"❸ 与此同时，也有学者指出，成为一个"学习型组织"是一个过程，过程中则有必要使事物不断运动。运动时更容易获得改变，而静止时无法实现转变。❹ "网络"这一概念首先出现在医学界的神经科学领域，而后因信息技术的迅猛发展在计算机领域成为热点。所谓网络，就是指节点之间的联系。❺ 在一个组织中，不同部门之间、部门与员工之间、企业内外部之间都是一个个节点，他们彼此之间依靠网络信息技术联结在一起，组织成员依靠先进的网络技术展开信息传递和交流，缩短了指令传达的时间，使处于各个层级的员工都能便捷地接触到需要的信息，这样就加速了技术和信息的传播。从这个意义上讲，网络组织代表了一种更为先进的组织形式。

虚拟组织则是指两个或者两个以上的组织为了一个共同的目的，建立起信息共享的合作体系，最终形成一种组织边界弱化、跨越空间的商业联盟。❻ 所谓虚拟，一方面是指实体组织的虚拟化，即组织通过网络信息技术连接，在结构上逐渐摆脱实体形态；另一方面则体现为组织的职能虚拟化。换句话

---

❶ 叶克林. 企业竞争战略理论的发展与创新：综论80年代以来的三大主要理论流派 [J]. 江海学刊，1998（6）：28-32.

❷ 彼得·圣吉. 第五项修炼 [M]. 郭进隆，译. 上海：上海三联书店，1998.

❸ POLANYI M. The Public of Science: The Knowing And Being [J]. Harvard Business Review, 1969（3）：49-72.

❹ ALTMAN Y. Learning, Leadership, Team: Corporate Learning and Organizational Change [J]. Journal of Management Development, 1998（7）：87-89.

❺ 蒋志青. 企业组织结构设计与管理 [M]. 北京：电子工业出版社，2004.

❻ 解树江. 虚拟企业的性质及组织机制 [J]. 经济理论与经济管理，2001（5）：32-33.

讲，就是组织依托高度发达的网络技术，保留核心职能，将其他职能分散、外包给其他组织，这样就能够使组织专注于核心职能，使自己的核心竞争力不断得到提高。

3. 关于组织变革的演化模型研究

演化模型主要分为两类，一是规范模型，主要是描述组织演化的完整过程，典型代表是戴明环和决策导向或改良导向评价模式（CIPP）。二是流程模型。❶

（1）规范模型——戴明环

戴明（W. Edwards Deming）博士是世界著名的质量管理专家，对世界质量管理发展做出了卓越贡献。戴明学说对国际质量管理理论和方法有异常重要的影响。他认为，"质量是一种以最经济的手段，制造出市场上最有用的产品。一旦改进了产品质量，生产率就会自动提高。"❷ 他最早提出了 PDCA 循环的概念，所以又称其为戴明环。PDCA 循环是能使任何一项活动有效进行的一种合乎逻辑的工作程序，特别是在质量管理中得到了广泛的应用。P、D、C、A 四个英文字母所代表的意义如下：

P（Plan）——计划。包括方针和目标的确定以及活动计划的制订。

D（Do）——执行。执行就是具体运作，实现计划中的内容。

C（Check）——检查。就是要总结执行计划的结果，分清哪些是对的，哪些是错的，明确效果，找出问题。

A（Act）——行动（或处理）。对总结检查的结果进行处理，对成功的经验加以肯定，并予以标准化，或制定作业指导书，便于以后工作时遵循；对失败的教训也要总结，以免重现。对没有解决的问题，应留给下一个 PDCA 循环去解决。

由此可见，戴明环具有以下三个特征：

①周而复始。PDCA 循环的四个过程不是运行一次就完结，而是周而复始

---

❶ 张熙. 为学校的优质发展而加速——SAP：学校优质加速发展的理论与实验 [M]. 北京：北京出版社，2016.

❷ 马锦洁. 戴明环在教育技术中的应用 [J]. 科学导报，2016（8）.

地进行。一个循环结束了，解决了一部分问题，可能还有问题没有解决，或者又出现了新的问题，再进行下一个 PDCA 循环，依此类推。

②大环带小环。类似行星轮系，一个公司或组织的整体运行体系与其内部各子体系的关系，是大环带动小环的有机逻辑组合体。

③阶梯式上升。PDCA 循环不是停留在一个水平上的循环，不断解决问题的过程就是水平逐步上升的过程。

戴明博士将一系列统计学方法引入美国产业界，以检测和改进多种生产模式，为后来杰克·韦尔奇等人的六个西格马管理法奠定了基础。

(2) 规范模型——CIPP 模式

CIPP 模式又称决策导向或改良导向评价模式，由背景（context）、输入（input）、过程（process）和成果（product）四个评价环节组成，是在泰勒的目标导向模式不能满足教育实际的发展需要时应运而生的。其中，背景评价是对方案目标的合理性进行评价和判断，即对目标本身的诊断性评价，为计划决策服务；输入评价是在背景评价确定了方案目标之后，对各种备选方案的可行性、效用性的评价，为组织决策服务；过程评价是对方案实施情况的监督和检查，目的在于调整和改进实施过程，为实施决策服务；成果评价是测量、判断、解释方案的成就，即终结性评价，为再循环决策服务。CIPP 模式在 21 世纪初有了新的进展，斯塔弗尔比姆把成果评价分解为影响（impact）、成效（effectiveness）、可持续性（sustainability）和可应用性（transportability）评价四个阶段，由此 CIPP 模式成为风靡一时的评价模式。❶

CIPP 模式有着显著的特点。尤其重要的是它的全程性、过程性和反馈性特点。所谓全程性特点，就是它真正将评估活动贯穿整个教学过程的每个环节。或者说，它与培训活动的任何一个步骤都发生连接：背景评估对应着确定培训需求和确定培训目标环节；输入评估对应着决定培训战略与计划培训步骤；过程评估对应着执行培训的步骤。

所谓过程性特点，集中表现为提出了对培训项目的执行过程进行监控。从而使培训项目实施过程中可能导致失败的潜在原因、不利因素以及培训目

---

❶ 一帆. 教育评价的 CIPP 模式 [J]. 教育测量与评价，2013（1）：34.

标之间尚存的距离等情况变得清晰明朗，也更使培训项目在执行过程中能够不断据此做出适时适当的战略、策略调整或方式、方法改进。

所谓反馈性特点，即 CIPP 模式明确提出了成果评估既可以在培训以后进行，也可以在培训过程中进行。也就是说，CIPP 模式不仅希望在培训以后进行成果评估，使其反馈意义更多地作用于后续的培训项目，同样还希望在培训过程中进行成果评估，以使其反馈意义更多地作用于正在实施的培训活动。实践表明，培训执行中的成果评估一方面将为改善和促进培训进程提供了更多有益的依据和动力，另一方面将有助于充分挖掘学员的学习潜能和增强学员的学习动机。

(3) 流程模型

1990 年，麻省理工迈克尔·哈默教授首先把再造工程的思想引入管理领域，提出企业过程再造（BPR）的概念。[1] 1993 年，哈默和钱辟出版了《企业再造：企业革命的宣言书》一书，呼吁美国业界对企业的业务流程进行根本性的再思考和彻底性的再设计，从而使企业在成本、质量、服务和速度等方面获得进一步的改善。该书第一次明确提出企业业务流程再造（Business Process Reengineering, BPR），在企业界和学术界掀起了"业务流程再造"的新浪潮。[2]

流程，英文为"process"，中文也译作"过程"。《朗文当代英语词典》中，流程的定义是"一系列相关的人类活动或操作，有意识地产生一种特定的结果"。即流程由一系列的互动或者事件组成，可以是渐变的连续型流程，也可以是突变的间断型流程。

不同的学者给出了不同的关于"流程"的解释。哈默认为，流程就是把一个或者多个输入转化为对顾客有价值的输出的活动。[3] 达文波特认为，流程是跨越时间和地点的有序的工作活动，有起点和终点，有明确的输入和输出，

---

[1] MICHAEL H. Reengineering work: Do not Automate, Obliterate [J]. Harvard Business Review, 1990 (7): 104-112.

[2] MICHAEL H, CHAMPY J. Reengineering the corporation: a manifestor for business revolution [M]. New York: Harper Business, 1993.

[3] MICHAEL H. Reengineering work: Do not Automate, Obliterate [J]. Harvard Business Review, 1990 (7): 104-112.

是一系列结构化的可测量的活动集合,并为特定的市场或特定的顾客产生特定的输出。[1] 约翰逊认为,流程是把输入转化为输出的一系列相关活动的结合,它增加输入的价值,并创造出对接收者更为有用、有效的输出。[2] 从以上定义中,我们发现,"流程"的组成要素包括输入资源、若干活动、活动间的先后次序、输出结果四个方面。[3]

综合起来,流程是为了完成某一目标而进行的一系列逻辑相关活动的有序集合。或者说,流程是一组共同为顾客创造价值而又相互关联的活动。[4]

我们很容易看出流程具有以下功能:一是实现不同分工活动的结果连接。流程把分别由若干人承担的各项活动,用不同的先后次序连接起来,最终完成特点的产出。否则,各项分工活动的结果将是孤立的,没有实际意义。二是反映活动之间的关系。流程是由一个个活动所组成的系统,可以反映出各个活动之间的逻辑关系。同样的活动,先后次序不同,就可能构成不同的流程。三是界定活动的相关人员的关系。任何活动都有一定的承担者,或是个体,或是群体。按照"责、权、利"相统一的原则,流程能够体现活动的执行者、活动结果的接收者,并清晰地界定他们彼此之间的关系。四是确认活动的要点,以便逐渐逼近目标。

流程再造,也称过程重组或企业重新设计,是一种全新的企业经营模式,它以一种全新的思想审视企业。通过对企业原有业务流程的重新塑造,包括进行相应的资源结构调整和人力资源结构调整,使企业转变为以流程为中心的新型流程导向型企业,实现企业经营方式和管理方式的根本性转变。

流程再造的核心思想原则有三:

原则一:以顾客需求为导向,尽可能缩短流程路线和时间。以顾客为导向,是指在重新设计新流程或修改原有流程时,处处都要站在顾客的角度考虑问题,看看是否有利于顾客和便于顾客使用。建立面向顾客和市场的业务流程体系,实现从传统的职能管理转变为流程管理,尽可能将业务的审核与

---

[1] DAVENPORT T. H, SCHORT J. The new industrial engineering: Information technology and business process redesign [J]. Sloan Management Review, 1990 (4): 11-7.
[2] 梅绍祖, JAMES T. 流程再造:理论、方法和技术 [M]. 北京:清华大学出版社, 2004.
[3] 王玉荣. 流程管理 [M]. 北京:机械工业出版社, 2004.
[4] 梅绍祖, JAMES T. 流程再造:理论、方法和技术 [M]. 北京:清华大学出版社, 2004.

决策点下移，并与业务的处理有机结合起来，建立扁平化的流程型组织结构，以缩短信息的传递渠道与时间，提高企业对顾客和市场的整体反应速度。

原则二：面向流程是流程再造的核心。流程再造与原有管理思想最大的区别就是强调重新设计企业流程，恢复业务流程的本来面目，对原有业务流程进行变革，用高效的流程替代传统的流程。具体来说，就是对企业的原有流程进行效能分析，然后科学地制定流程改进方案，并以此对企业整体流程进行改造。通过对企业核心业务流程的调整，提高企业整体的效率。值得注意的是，流程再造的对象，是企业的业务流程而非某一具体的组织。

在组织结构上，流程再造需要实现层级制向流程型的转变。与层级制相比，流程型组织具有明显更有效率的信息效率。[1] 流程型组织的业务流程，强调各个环节之间的交流；而传统的层级制组织只是单纯地把多种职能按顺序联系在一起，在很大程度上割裂了环节之间的有机连接。

在管理方式上，流程再造要求改变传统的面向职能的管理方式，将其改为面向流程的管理方式。面向职能的管理方式就是从职能部门出发考虑顾客需求；而面向流程的管理方式则是从提供产品和服务的各种业务流程出发考虑各种相应的需求。面向流程比面向职能更加直接地面对顾客需求，对顾客的需求变化更加敏感，从而提高产品或服务的质量和效率。[2]

通过企业流程的再造，企业的业务流程将采用更先进的生产控制系统，生成最优的工序计划，实现优化管理和控制；许多协调、组织、控制工作可以集中进行，不再因人为地分解而导致复杂化。在企业管理方式上，通过企业流程再造，建立科学的决策程序，强调决策的反馈机制，让执行工作者有相应的决策权力，一线工作者可以自行决策，消除信息传递过程中的延时和误差，直接在流程中建立相应的控制，大大消除原有各工作环节之间的摩擦，从而减少费用，降低成本。在企业理念方面：通过企业流程再造，衡量业绩和报酬重点发生的变化——从按照活动变为按照成果；晋升的标准发生了变化——从看工作成绩变为看工作能力。在这种情况下，可以充分发挥个人潜

---

[1] 陈蓉，孟庆国. 电子政务流程再造的必然性和选择性 [J]. 情报杂志，2005 (5)：112-118.
[2] 赵复光. 管理信息化与企业流程再造研究 [J]. 北方经贸，2005 (2)：66-68.

能，从而促进企业不断发展，个人也不断进步的良性循环模式。❶

原则三：系统集成是流程再造的关键。流程再造运用系统集成的思想和方法，以信息技术为手段来达到企业管理流程运行的整体最优化。系统集成，指的是在企业流程的许多活动中广泛应用信息技术、自动化技术，从而缩短流程的响应时间。流程再造强调在企业流程中将各活动尽可能地整合在一起，尽量取消流程中不增值的活动，对于流程中的各项活动，尽量使用协同工作方式解决，减少中间层次，依靠网络技术实现信息共享以及工作人员之间的相互协调。❷

三、关于区域教育科研的概念及研究现状

（一）概念内涵

1. 区域

区域，首先是一个自然地理概念。❸ 地球上任何一个部分均可以称为区域，它没有确切的方位以及严格的边界限制，不管一座村庄还是一座城市，抑或是一个或者多个国家都可以称为区域。

从学术角度来看，区域是指按照某一标准划分的连续有限的地域范围，其划分标准由研究者根据各自的研究目标来确定，因此，不同学科的学者对划分标准往往给予不同的解释。张振助（2003）认为，区域是具有某种经济特征和经济发展任务的"经济地理区域"。❶ 就是说，区域不是指一个纯自然区域，也不是行政区域，区域的范围取决于研究目的和研究范围，可以是跨国家的"国际区域"，也可以指一个城市或一个社区。地理学者认为，区域划分的标准应由地球内部构成物质的连续性和均质性来确定；政治学者则是按

---

❶ 赵伊川. 企业流程再造与管理控制模式研究[J]. 辽宁师范大学学报（自然科学版），2001（2）：152-155.

❷ 赵复光. 管理信息化与企业流程再造研究[J]. 北方经贸，2005（2）：66-68.

❸ 郅庭瑾，赵磊磊. 区域教育竞争力评价[M]. 上海：华东师范大学出版社，2018.

❶ 吴玉鸣，李建霞. 中国区域教育竞争力与区域经济竞争力的关联分析：兼复胡咏梅教授等[J]. 教育与经济，2004（1）.

照行政权力的覆盖面来划分区域；而经济学者一般以内部经济特征的相似性为标准，如相似的经济发展水平、产业结构等。

随着时代的发展，"区域"逐渐从一个单纯的自然地理概念成为一个多学科融合的多元概念。焦瑶光（2004）直接给"区域"下了如下定义："区域是一个多层面、多层次、具有一定范畴和界限的空间单位，它包括地理环境、经济、社会、资源、文化、人口等社会的诸多组成要素。"❶ 由此我们也就能够很好地理解国内很多学者在研究区域问题时，把全国划分为不同区域而普遍采用的三种划分方法：❷ 一种是以自然地理为标准，将全国划分为东、中、西三大区域；第二种是以经济地理为特征的大经济区，包括六大经济区（华北、华东、东北、中南、西南和西北）、八大经济区（东北、北部沿海、东部沿海、南部沿海、黄河中游、长江中游、西南和大西北）等；第三种则是将除港、澳、台以外的省、自治区和直辖市作为单独研究的区域。

可见，尽管学者们对"区域"的理解并不完全一致，但基本上都认同区域是一个整体概念，区域内部具有同质性和联系性，而区域间则存在着差异性，这些差异就构成了我们划分不同区域的标准。❸ 相应地，区域差异是区域之间的差别，也是区域划分的必然结果。

2. 教育科研

2019年10月，教育部印发《教育部关于加强新时代教育科学研究工作的意见》（以下简称《意见》），全面系统地规划和部署了新时代教育科研工作，提出要在创新理论、服务决策、指导实践、引导舆论等方面完善教育科研工作基本制度，在全国教育科研战线引起了强烈反响。❹ 实际上，对于什么是教育科研这个看起来似乎很简单的问题，学界和实践工作者均有不同的回答。

教育科研有着悠久的历史，但从经验型的教育研究上升为科学型的教育

---

❶ 焦瑶光. 区域教育学 [M]. 兰州：甘肃教育出版社，2004.
❷ 李善同，侯永志. 中国大陆：划分8大社会经济区域 [J]. 经济前沿，2003（5）：12-15.
❸ 郝寿义，安虎森. 区域经济学 [M]. 2版. 北京：经济科学出版社，2004.
❹ 田学军. 加强新时代教育科学研究工作，为推进教育治理体系和治理能力现代化提供智力支持 [J]. 教育研究，2020，3（4）.

研究，从依附性的教育研究成为独立的教育研究，还是近一百年的事情。有学者认为，1919年5月初，杜威来华举办的200多场演讲，所涉及的"教育与科学"命题不仅仅在当时，至今都备受关注和热烈讨论。❶事实上，自16世纪欧洲科学革命以来，"科学"一直被尊为成就真理最可靠的途径与方法。通过科学寻求理论，再由理论指导实践，使实践过程具有简约、显效性。没有或者缺乏理论指导的实践是盲动的实践，盲动的实践不可能取得理想效果。这些观念不断地影响人民的头脑和思维，教育科研也在苦苦追寻着"科学"之路，但遗憾的是，"教育研究是否是科学"一直是广大教育工作者职业追求的忧患。

因此，有学者认为，在科学性的问题上，教育学长期以来并且目前仍然无法在自然科学乃至社会科学其他兄弟学科面前抬起头来。❷有学者宣称，教育研究必须向自然科学那样走向实证，教育理论研究需要实证研究提供事实支撑。教育研究应该保持理论研究与实证研究之间的张力，既要以教育目的与理念为指导开展实证研究，也要开展关注本土教育实践的理论研究，从而实现教育研究的科学化。❸与此同时，也有学者并不一味强求教育研究的科学性，宣称"教育是科学与艺术的统一体"。❹

尽管学者们意见不一，但并未停下"重建中国教育学"的脚步，着力探讨教育学的逻辑起点、研究对象、研究内容、研究目的、研究方法，以及教育学的学科体系、教育本质、教育规律、教育原则等教育学的基本问题，由此掀起了一个"是什么""怎么认识"的教育科学研究的热潮。具体表现为教育学教材编写与出版，在20世纪八九十年代达到了高潮，出现了大批精品，诸如，陈桂生的《教育原理》，瞿葆奎主编的《教育学文集》，黄济、王策三主编的《现代教育论》等。有学者统计，到1991年，新编各种名目的

---

❶ 曾荣光，叶菊艳，罗云. 教育科学的追求：教育研究工作者的百年朝圣之旅[J]. 北京大学教育评论，2020，1(135).

❷ 项贤明. 教育学作为科学之应该与可能[J]. 教育研究，2015(1)：16-27.

❸ 母小勇. 教育研究的科学化：保持理论与实证的张力[J]. 湖南师范大学教育科学学报，2020，3(37).

❹ 张诗亚，王伟廉. 教育科学学初探[M]. 成都：四川教育出版社，1990.

"教育学"教材已达165种。❶此后,教育科学研究者对教育转型进行了研究,不仅关注存在于"象牙塔"的知识,更直接关注教师专业发展、教育过程中的生命意识、知识论转换等问题。对教育学研究中长期存在的"无根问题"和"无土栽培现象"进行了反思。❷这也反映出中国教育科学研究的教育理论不仅要回答"是什么""怎么认识"的问题,还要回答"怎么办"的问题,更加体现出教育科学研究的教育价值。

从一定意义上说,教育科学研究是教育事业发展的"助力器"。作为科学研究的主体,教育科学研究队伍的整体质量又决定了教育科学研究的发展水平。1978年7月,邓小平批示、国务院批准,重建中央教育科学研究所。❸同年,成立了全国教育科学规划领导小组,由教育部统管全国教育科学规划工作。1979年,全国性教育学术刊物《教育研究》杂志创办。1980年成立了专门出版教育学术著作的教育科学出版社,此后,全国各地纷纷建立了不同层面的教育科学研究所,一些高等学校则成立了教育科学研究所或高等教育研究所。至此,教育研究队伍壮大起来,研究的内容不断丰富。

综上所述,我们可以得到关于教育科学研究的一项基本认识:教育科学属于哲学社会科学范畴。❹从学科建设角度讲,教育科研对象包括一切教育现象以及相关的对象、特征、关系和过程,经过陈述、梳理、归纳和提升,或提出法则性假设,通过实践验证,产生新的思维理念,构建新的理论体系;或预测教育现象的发展,通过相应的教育手段引领教育的发展。可见,教育科研是一个大概念,包含对一切教育理论与行为的研究,也包含对一切能够引发教育现象的理论与行为的研究,以及教育能够引发的社会现象的理论与行为研究。从工作体系的角度观察教育科研的发展,我们发现,教育科研是教育工作重要组成部分的观念越来越深入人心,教育科研是生产力,能够极

---

❶ 何齐宗. 教育学的内容体系:问题、构想与尝试[J]. 江西师范大学学报(哲学社会科学版),2006(4).

❷ 杨小微,叶澜. 在实践变革与理论创新的互动中发展中国教育学:新世纪第一个五年中我国教育基本理论研究的回顾与反思[J]. 华东师范大学学报(教育科学版),2006(4).

❸ 中央教育科学研究所现名为中国教育科学研究院,其前身是在革命战争时期创建于延安的中央研究院教育研究室。"文化大革命"时期遭受破坏而停办。

❹ 李继怀,钱士奎. 教育科研的功能与使命[J]. 辽宁科技大学学报,2011,6(305).

大地推动教育发展，提高教育质量，为实现中国的复兴奠定坚实基础。

3. 区域教育科研

区域教育科研指的是在一个区域内所进行的教育科研活动。主要有以下两种类型。

一是指在区域中进行的教育科研管理，就是通常所说的立项课题的立项、开题、中期检查以及结题的管理过程。其外显成果包括：教育科学规划管理信息平台的构建研究；我国教育学研究区域学术影响力现状分析与发展愿景——基于2001—2017年全国教育科学规划项目的统计分析；近10年全国教育科学规划立项课题评估；区域优秀教育科研成果推广应用项目绩效评价的思考与探索；中小学教育科研骨干培训的区域推进策略；区域中小学教育科研现状、问题与对策研究；等等。

二是指对特定区域研究取得的教育科研成果，根据学者关注点的宏大或者微小，呈现多样性。例如，福建省高等教育与区域经济协同发展研究——基于"海上丝绸之路"背景；海南省高等职业教育对区域经济增长的贡献率及发展对策；区域推进学校心理健康教育的实践探索——基于浙江省桐乡市的案例分析；二十年来建瓯市中学教育科研区域探索与启示；等等。

(二) 研究现状

1. 注重"教育学"的区域教育科研

世界发达国家的发展经验表明，抓住科技革命的机遇，就能实现赶超跨越，就能在国际竞争中立于不败之地。无论发达国家还是发展中国家，都在抢先布局谋划科技和教育的竞争。

一方面，研究在教育研究的取向、方法论领域的争议中进展，在学科取向与问题取向的争议中，努力讨论"如何解决中国问题""如何构建中国特色的教育学"。学科建设发展自觉带动教育科学研究，在20世纪90年代以后出现了一个极其重要的思想命题，就是本土化、民族化、现代化，中国教育的发展急待中国教育学派的创生。这一时期，无论来自教育理论界的声音，还是来自实际教育工作者的呼唤，都对建立自己的、有特色的教育学体系提出了内在的诉求。正因如此，这一时期的教育实践、教育实验丰富，出现了一大批教育实验探索，诸如综合教育改革、愉快教育、和谐教育、成功教育、参与教育、主体教育、新教育、新基础教育、目标教学法等。相对于实践的具体和丰富，理论界更显"沉着冷静"，逐渐梳理出八大教育学派，即主体教育学派、生命·实践教育学派、新课程改革派、新教育学派、情感教育学派、情境教育学派、生命化教育学派以及理解教育学派。❶

另一方面，更加深刻地认识到大教育科研的地位和作用，教育科研是教育事业持续、健康发展的先导，这一认识越发深入人心。教育科学研究从学术自觉逐渐积极参与教育决策。叶澜指出："政治意识形态与中国教育学的发展的关系问题，确实是二十世纪中国教育学发展所遇到的第一大问题。"❷ 正是由对该问题的正视、讨论发端，不断明确教育科学研究的地位与作用，最终认识到教育研究不仅为政治、经济服务，还要为文化、生态……最终建立起教育研究的全方位功能观。越来越多的教育科学研究者参与到政府教育决策咨询中，其教育智慧在教育规划中有所体现，诸如，王善迈关于教育投入的研究，他所提出的教育财政性经费占GDP4%的结论影响至今。郝克明关于国家教育结构体系的研究，陶西平关于素质教育的研究，闵维方关于高等教育办学效益的研究，袁振国、杨东平关于教育公平的研究，张力关于教育发展战略的研究，周洪宇关于免费义务教育的研究，谈松华关于教育政策的研究"❸ 都在不同程度上影响了教育决策，也得到了社会的广泛认可。

自"十三五"规划以来，让教育科研机构成为新型智库，让研究者做到"学有专长、报效国家"成为重要的任务。换言之，教育科学研究不仅要服务于政策需要，更要为科学制定政策提供理论依据和事实依据。研究能否为政策的制定提供方向和具体的引导，是衡量研究水平的标志。

2. 注重"关系"的区域教育科研

随着中国经济进入新常态，经济从高速增长转为中高速增长，从要素驱

---

❶ http://www.360doc.com/content/11/1113/21/791185_164096997.shtml.
❷ 叶澜. 中国教育学发展世纪问题的审视[J]. 教育研究，2004 (7).
❸ 曾天山. 新中国教育科研六十年[J]. 教育学术月刊，2009 (5).

动、投资驱动转向创新驱动,在如此强调高质量发展的情况下,教育对区域经济发展的影响越发凸显。因此,区域教育和区域经济之间的关系越来越受重视。主要从以下两个角度进行讨论:

一是人力资本对区域经济增长的影响研究。

有学者认为人力资本能够对促进产业升级、经济增长产生积极影响。高卢(2000)❶分析了人口、技术和产出之间的关系以后建立了增长模型。他指出,随着收入的持续增长,人力资本在一定程度上将会代替物资资本在经济增长中的推动作用。佩特拉斯基(2002)❷比较了不同教育人力资本对经济增长的影响,发现高等教育型人力资本对发达国家经济增长推动力较强。于潇等(2015)❸通过对长三角地区的人力资本与经济增长的关系进行分析,得到了相同的结论。他们发现,该地区人力资本对经济增长的作用十分显著,人力资本的差异是造成该地区内省、市经济增长存在差别的主要原因。孙海波(2017)❹的研究更加强调人力资本的异质性,他认为受教育程度、社会地位等客观因素与人力资本的空间分布导致了其异质性。通过实证分析,他发现人力资本积累与资本深化对我国产业结构升级均具有显著的推动作用,而不同类型人力资本对产业结构升级的贡献程度有所不同。

也有学者发现,教育人力资本并不一定能够促进区域经济增长,人力资本本身似乎不是经济稳定的保障,在一定条件下反而对经济增长产生了消极作用。拉莫斯等(2012)❺对欧洲近年来的经济表现过差进行了研究,他们认为这种现象可能与过度教育存在一定的关系,教育不匹配的程度似

---

❶ GALOR O, WEIL D N. Population, Technology and Growth: From Malthusian Stagnation to the Demographic Transition and Beyond [J]. American Economic Review, 2000, 90 (4): 806-828.

❷ PETRAKIS P E, STAMATAKIS D. Growth and educational levels: a comparative analysis [J]. Economics of Education Review, 2002, 21 (5): 513-521.

❸ 于潇, 毛雅萍. 长三角地区人力资本对经济增长影响的比较研究 [J]. 人口学刊, 2015, 37 (3): 41-50.

❹ 孙海波. 我国人力资本及其空间分布对产业结构升级影响研究 [D]. 长春: 吉林大学, 2017.

❺ RAMOS R, SURINACH J, ARTIS M. Regional Economic Growth and Human Capital: The Role of Over-education [J]. Regional Studies, 2012, 46 (10): 1389-1400.

乎与区域经济表现更加相关,而非其他传统的人力资本度量的。张亚平等(2016)❶对京津冀地区进行研究后发现,人力资本存量必定对经济增长有正面的影响,并且在北京、天津、河北的影响程度依次递减,也就是说在经济越发达、物质资本越充裕的地区,其影响越显著。同时,人力资本存量上的差异也加剧了京津冀地区经济发展的差异。董志华(2017)❷持相同观点,认为发达地区的人力资本数量与质量均超过经济欠发达地区,容易使欠发达地区陷入"低人力资本水平、低经济增长"的"双低陷阱",这样会进一步拉大区域经济差距。可见,教育人力资本的提升必须与物质资本的积累和产业升级保持齐头并进。❸这就意味着,对于一个地区的教育人力来说,质量与数量并不是越高和越多越好,需要符合当地的禀赋要求。教育人力资本的不足可能是制约该地区经济发展的瓶颈,同样过剩的教育人力资本也会造成就业市场的扭曲。

二是区域教育竞争力研究。

在中国的学术传统中,"竞争"意为比赛、角逐、争辩、争执,且内在包含着不同的参与主体相互争胜之意。如早在《庄子·齐物论》中就有"有竞有争"之说。竞争是人类相互交流的一种方式,是显示强者之所以成为强者、弱者之所以成为弱者的较量所在。在古典主义经济学里,竞争被看作推动经济增长、改善资源配置的最强大的动力。

从系统科学的角度来看,区域竞争力是指区域作为一个整体,在竞争中,通过各组成要素之间的协同作用、相互配合而形成的,且能为区域的整体绩效带来实质性的竞争优势。

关于竞争力问题的研究,大体上始于国家竞争力的研究且沿着以下路径渐次展开:国家(区域)竞争力—产业竞争力—企业竞争力。正是在研究国家竞争力这一层面上,教育产业的竞争力逐渐引起了人们的关注,于是关于

---

❶ 张亚平,胡永健. 人力资本对京津冀地区经济增长差异的影响研究[J]. 中国劳动,2016(2):30-34.

❷ 董志华. 人力资本与经济增长互动关系研究:基于中国人力资本指数的实证分析[J]. 宏观经济研究,2017(4):88-98.

❸ LIN J Y. New Structural Economics: A Framework for Rethinking Development [J]. Policy Research Working Paper, 2011, 51 (3): 323-326.

国家或区域教育竞争力的研究日渐增多。❶ 有学者将教育竞争力界定为一个国家或地区综合竞争力的重要组成部分，是与其他国家或地区相比较所具有的相对优势和能力。它不仅包括对教育的各方面投入和教育自身成就、对经济社会发展贡献方面的可量化指标，还包括贯穿教育发展及演变的各个环节及过程中的教育理念、管理制度和体系结构等不可量化的指标。教育是培养人的活动，因此教育竞争力要体现在人才的培养上，同时也要反映教育对社会、经济和文化发展的贡献程度。❷

区域教育竞争力在一个国家和地区的经济发展中具有重要的地位和作用，已经有学者对区域教育竞争力与区域经济竞争力之间的相互关系进行了研究，证明二者之间的相关性达到 0.81，并且认为区域教育竞争力是区域经济竞争力的先导因子，区域综合实力的竞争归根结底是区域教育的竞争和人才的竞争。❸ 可见，教育竞争力的高低反映了一个地区竞争力的强弱，有学者甚至提出"教育竞争力是城市核心竞争力"的说法。❹

正因为教育竞争力有着极其重要的地位和作用，学者们试图以区域教育竞争力的评价指标为切入点，通过投入与产出经济效益和社会效益等多个方面对区域教育竞争力做更多的研究，以更好地对区域的发展水平和未来定位做出评估。例如，吴玉鸣、李建霞（2002）运用因子分析法对我国 31 个省级区域教育竞争力影响因素做了综合评估；胡咏梅、薛海平（2002）则用因子分析法力求构建反映国际教育竞争力水平的四个综合指标，即教育投入、教育规模、教育效率以及教育产出；郐庭瑾等（2017）则构建了区域教育均衡、区域信息化建设等专题性指标；等等。

3. 注重"转化"的区域教育科研

理论的发展、政策的实施，必须能经受住实践的检验。试点先行、典型带动，以区域为单位先行先试、率先创新探索是当前中国教育改革的一条重

---

❶ 杨志坚. 进一步提升我国高等教育的国际竞争力 [J]. 中国高等教育，2002（8）.
❷ 张伟. 区域教育综合竞争力指标体系构想 [J]. 天津教科院学报，2015，2（15）.
❸ 吴玉鸣，李建霞. 中国区域教育竞争力与区域经济竞争力的关联分析：兼复胡咏梅教授等 [J]. 教育与经济，2004（1）.
❹ 赵宏斌. 教育竞争力是国家竞争力的基石 [J]. 教育科学，2008（8）.

要经验。由此大致可以将"转化"分为以下三种路径：

一是推动政策的落地。

外显形态主要是区域教育发展规划和文件的实施办法。袁振国（2014）认为，科研为决策服务，这是政府的希望，也是决策民主化对学者的期待。他认为，研究的充分与否直接关系到教育决策是否具有科学性。预测性研究在教育科学研究中具有特别重要的价值。教育科学研究不仅要服务于政策需要，更要为科学制定政策提供理论依据和事实依据。研究能为政策的制定提供方向和具体的引导，是研究水平的标志。❶

所谓区域教育发展规划，就是指"一个地区政府根据国家的教育方针、政策和法规，为实现一定的教育目标，促进区域经济和社会发展，对该地区教育事业的发展目标、规模、速度以及实现的步骤和措施等所做的部署、设计和安排"。❷ 教育政策是政党、政府在各个时期为实现自身确立的教育目标、教育任务，而制定的一系列关于教育发展的依据、准则。编制区域教育发展规划必须以教育政策为重要参考，在符合其决策、规定的前提下，谋划重点，选取策略。可以说，国家教育政策就是区域教育发展战略和教育规划编制的一个重要指南。

所谓文件落实，是指区域根据自己的实际情况对国家文件做出具体安排和部署。例如，深化课程教学改革是提升教育质量、促进学生全面发展的基础和前提。区域的落实和推进，既是区域政府的责任，也是教育科研部门的责任。因为课程教学改革只有在教育科研专业力量的推动下才能完成。

二是推动学校科学发展。

学校特色建设热潮不断，很多学校都忙于追求特色、形成品牌，致力于打造一张张有特点的教育名片。学界尽管有不少关于"学校特色"的理论研究，也提出了诸如扬长式、补短式和科研提升式等可操作的建议，❸ 但我们看

---

❶ 袁振国，蔡怡. 教育科学研究在《教育规划纲要》制定中的作用［J］. 苏州大学学报（教育科学版），2014（3）.

❷ 刘慧林，尹晓鼠，赵滨. 中国区域教育投资研究［M］. 哈尔滨：黑龙江人民出版社，2000.

❸ 例如，孙孔懿认为，特色概念有广义与狭义之分。广义的特色是指有别于其他事物之处，是一个中性的概念。通常所说的多指狭义的，即褒义的特色。孙孔懿. 学校特色的内涵与本源［J］. 教育导刊，1997（Z1）.

到的实际情况大多是千校一面、立竿见影式、外包装式的"特色"和"品牌"。有研究者侧重于介绍国外一些比较典型的特色学校,如英国的灯塔学校、美国的蓝带学校和磁石学校等,总结其成功的经验和方法,旨在为我国学校特色建设提供参考。例如,曹大辉和周谊撰写的论文《英美两国特色学校初探》等。❶ 也有学者采用学校视角,侧重分析介绍了某一学校的探索实践,旨在对其他学校提供一定的借鉴。例如,高金岭撰写的论文《学校特色发展战略研究——广西师范大学附属外国语学校个案分析》。❷

《国家中长期教育改革和发展规划纲要(2010—2020年)》(以下简称《教育规划纲要》)提出,要大力倡导均衡发展,推进义务教育学校的标准化建设,之后,又掀起来究竟义务教育应不应该提倡特色建设的讨论热潮。有学者指出,学校特色建设的动力究竟何在,实践中都有哪些难解之题,理论研究怎样才能更有效地指导实践,这些都是关系到学校特色建设成败的重大问题。❸ 进而构建学校特色建设的"枣形模型",促进发挥学校特色建设的各种功能,真正提高学校的教育质量及办学品质。❹

三是推动教师专业化程度提高。

自20世纪60年代教师的专业地位确立以来,人们就不断地探索教师专业发展的有效途径和模式。理智取向、实践—反思取向、生态取向(文化取向)的教师专业发展模式都是人们探索的成果。❺ 这些发展途径或模式虽然各有特点,但是却都相对忽视了发展主体——教师在发展中的独特作用,因而在实践中的效果都不理想。实践中存在着过多地将教师作为专业发展的客体,对教师自身发展的主体关注度不够,忽略了教师自身成长的规律和需要的现象。教师既是专业发展的对象,更是自身发展的主体,他们发展的程度更多地取决于其内在的动力,教师主动发展是其专业发展的必由之路。世界各国

---

❶ 曹大辉,周谊. 英美两国特色学校初探[J]. 外国中小学教育,2006(4).
❷ 高金岭. 学校特色发展战略研究:广西师范大学附属外国语学校个案分析[J]. 基础教育研究,2002.
❸ 张熙. 枣形模型:义务教育学校特色建设的理论与方法[J]. 中小学管理,2011(3).
❹ 义务教育阶段学校特色建设的规划、实施与案例发掘研究项目组. 特色 行动 影响[M]. 北京:北京科学技术出版社,2010.
❺ 孟宪乐. 教师专业化发展与策略[M]. 北京:文史出版社,2005.

在总结现有教师专业发展模式经验的基础上，逐渐建立了教师专业发展的一种新模式——教师专业自主发展。

迈克尔·富兰（Fullan，1991）认为，教育变革是一种多层面的行动，在施行任何一种新课程或新政策时，至少包括使用新的教学材料、运用新的教学手段以及拥有新的教育观念三个高低有别的层次和类型。❶ 其中，教师教育观念的改变属于深层次的变革，只有每位教师自觉主动地进行教育改革，深层次的教育变革才有可能实现。自主发展还是教师专业发展的必然趋势。整体来看，教师的专业化发展历程经历了一个从非专业化到专业化、从群体专业化到个体专业化、从个体被动专业化到个体主动专业化的过程。❷ 教师发展的本质是发展的自主性，发展是教师不断超越自我的过程，不断实现自我的过程，更是教师作为主体自觉、主动、能动、可持续的建构过程。教师个体的差异性及专业发展的阶段性都决定了教师专业发展的最终趋势是教师专业自主发展。国内外的教育改革实践证明："革新的成败最终取决于全体教师的态度。"❸ 教师的积极主动和有效参与是教育改革成功的保证。

杨亚云（2020）发现，目前对教师的尊重与自我实现等内在精神需求虽然有所关注，但相对较少，也不够深入。另外，研究内容更多倾向于整体的研究，除对培训需求和专业发展需求进行了深入研究外，其他方面还不够深入。因此，今后的研究应该更多、更深入地关注教师真正的、内在的需求，只有解决了教师真正的需求，教师才能够体会到自己的人生价值，才能为教育事业做出更积极的贡献。❹ 张虹（2011）❺ 认为在研究教师需求时，应多关注农村教师的需求，不能因学校地理位置、教师的年龄和教龄、教师职称等方面的差异而产生关注程度的差异，也不能出现部分教师被边缘化的倾向。

---

❶ 操太圣，卢乃桂. 伙伴协作与教师赋权：教师专业发展新视角［M］. 北京：教育科学出版社，2007.

❷ 申继亮，姚计海. 心理学视野中的教师专业化发展［J］. 北京师范大学学报（社会科学版），2004（1）.

❸ S. 拉塞克，C. 维迪努. 从现在到2000年教育内容发展的全球展望［M］. 马胜利，等译. 北京：教育科学出版社，1996.

❹ 杨亚云. 近三十年来我国教师需求研究：回顾与反思［J］. 西北成人教育学院学报，2020（1）.

❺ 张虹. 重庆市农村小学教师培训需求的调查研究［J］. 基础教育，2011，8（5）.

四、简要评述

（一）主要贡献

在回溯了知识管理、组织变革以及区域教育科研三个核心概念的内涵、特征、发展脉络以及研究现状后，我们发现，各个领域的研究都在不断深化，国内外的认识存在差异，实践的重点也不尽相同，但是都给我们带来很多有益的启示。由于内容颇丰，本书不可能一一罗列，加上流程研究在国内应用有限，因此，仅以流程管理为例，阐述其主要贡献和借鉴意义。

学界是在流程再造思想的基础上提出流程管理概念的。流程管理（process management）是一种以业务流程为中心，以持续提高组织业务绩效为目的的方法。流程管理以提高产品和服务质量为目标，具体包括分析、改善、控制和维持流程的系统化、结构化方法，如流程分析、流程定义、流程重设、流程测评等。流程管理的核心是流程，一个企业中不同的部门，都是靠流程来进行协同运作的，如果流程出现问题，就会导致这个企业运作不畅。流程管理提供了一个平台，使以前的所有业务流程成为一个整体，不同的流程能够直接、迅速地被执行。其目标在于帮助管理动态的流程集合，并进行优化处理，能够在流程运作中真正体现企业自身的意图，并实现其目标。

英美等发达国家教育界对流程再造理论应用于教育组织进行了理论与实践的探讨，目前已经取得一定深度的研究成果。表现为，BPR 理论对教育领域的适用性讨论；BPR 理论及其在教育组织中的具体应用；教育组织实施 BPR 的案例分析。国内学者则更倾向业务流程的改进研究，建立诸如面向校、院、系学科规划与发展的"流程型"师资管理新体系，对高校的科研管理工作、教学型高校图书馆管理模式进行重构等。

（二）主要不足

由上述可见，流程理论在我国教育组织中的应用取得了一定的成果，但是也存在明显的不足，具体表现为：①国外教育界在将 BPR 理论应用于教育的过程中，取得了相当多的理论与实践成果，对于这些新的理论和实践成果，我们的研究、借鉴都很不够；②缺乏深入系统的研究成果。比如，流程再造的核心之一就是建立扁平化的流程型组织，而目前我国教育组织创造性地制定出一套符合校情的管理架构体系的研究成果较为缺乏；③随着信息技术迅速发展，利用功能强大的统一数据库，构建以核心流程为主线的模块化和系统化管理流程体系的研究尚无成果；④组织在实施 BPR 的过程中存在一定的风险，建立有效的保障机制是确保 BPR 成功的关键，而目前我国教育组织在这方面的研究明显缺乏。

这仅是从一个角度进行的分析，但从实际文献研究中可以发现，尽管知识管理、组织变革和区域教育科研这三个概念在不同的领域中都有丰富成果，但是相互之间关联性很小。概念之间是不是本身就没有关联呢？其实并不是这样的。从知识管理的概念来看，知识管理具有战略性，它是为完成共同的战略目标，获取、组织和分享员工知识的一种组织性活动。组织变革本身是惯例、符号以及结构的变化，教育研究机构是知识密集型组织，三者之间有千丝万缕的联系，但是以往并未从这个角度进行研究，因而不同领域研究成果的相互促进作用亟待加强。

小　结

本章在文献研究的基础上，系统梳理了知识管理、组织变革和区域教育科研的内涵、特征、发展脉络以及研究现状后，我们发现，各个领域的研究都在不断深化，国内外的认识存在差异，实践的重点也不尽相同，但是都给我们带来了很多有益的启示。与此同时，本书认为以往并未从三者关联的角度进行研究，而对三者关联的研究本身具有必然性。

第二章
J组织变革的需求分析

一、J组织的基本概况

(一) J组织的历史沿革

J组织为北京教育科学研究院二级业务部门。

北京教育科学研究院成立于1996年1月,是北京市委、北京市人民政府在成立北京市教育委员会的同时,"将原一办三局下设的教育发展研究中心、教学研究部、教育科学研究所、职教中心、高等教育研究所、成人教育科学研究所、成人教育教学研究中心、《教育丛书》办公室、北京市教材编审部等单位合并组建"而成的。其主要职责是进行教育科学应用、基础理论、教育发展战略、教育教学方面的研究,为提高教学质量、教育管理和决策水平服务。

经过多年发展,北京教育科学研究院的业务研究机构从成立之初的9个发展为14个,分别为教育发展研究中心、基础教育教学研究中心、基础教育科学研究所、高等教育科学研究所、职业教育研究所、终身教育与可持续发展教育研究所、早期教育研究所、基础教育课程教材发展研究中心、德育研究中心、教师研究中心、教育创新与推广研究中心、北京市教育督导与教育质量评价研究中心、北京市特殊教育研究指导中心、期刊部(班主任研究中心)。业务研究范围纵向涉及学前教育、义务教育、高中教育、职业与成人教育、高等教育等各级各类教育，横向涉及教育规划、教育政策、学校与教师发展、课程、教材、教学、评价、德智体美等方面。与同类机构相比，业务覆盖面最宽，与市、区教育行政部门的联系最紧密，与基层学校的联系最广泛。2014年被确定为公益二类事业单位。

"十三五"以来，北京教育科学研究院共承担了300多项重要课题和项目的研究任务，同时还承担了教育部、北京市教育行政部门临时性委托任务450余项，北京市各区县及学校委托等横向项目150项。全院科研人员在各类学术期刊发表教育类学术论文1000余篇，出版专著、编著、译注等著作类成果192本，省部级以上教材61部。获得各类科研成果奖60多项，其中，北京市教育教学成果奖26项，国家级教学成果奖5项。

目前，北京教育科学研究院以习近平新时代中国特色社会主义思想为指导，认真贯彻落实全国教育大会精神和北京市教育大会精神，秉承"深化整合、成人成事、提升影响力"的发展思路，锐意进取、奋发有为，全力推进"具有首都特点、中国特色和国际影响的高水平新型教育智库"建设。

J组织❶原名为北京市教育科学研究所，有较长的发展历史。1979年，中共北京市委在《中共北京市委关于提高中小学教学质量若干问题的决定》中提出"建立北京市教育科学研究所"。1981年5月，北京市编制委员会批准成立北京市教育科学研究所筹备组，由北京市教育局副局长梅克任负责人，负责队伍建设和科研工作，办公地点暂设在北京电化教育馆内，1982年1月，迁至北京西城区厂桥小学内。筹建时期，筹备和科学研究工作同步开展。1984年3月31日，北京市教育科学研究所正式成立，梅克成为第一任所长。1989年4月7日，所址迁至北京东四13条53号，1993年，迁至德胜门内大街金属工艺品厂，1995年，迁入北四环东路95号院。

1996年，北京市教育科学研究所并入北京教育科学研究院，改称北京教育科学研究院基础教育科学研究所，成为北京教育科学研究院的二级业务部门。

---

❶ 北京教育科学研究院. 北京教育科学研究院志（1996—2015）[M]. 北京：光明日报出版社，2016.

（二）J 组织的职能及组织架构

J 组织架构是和其职能定位密切关联的。其职能定位随着历史发展有不同的变化，在成立之初、合并入院以及 2013 年院内调整三个时期有较大的变动。

1982 年至 1983 年 8 月在 J 组织正式成立之前的筹备期，J 组织设有教学理论研究室、教育心理研究室、教育史研究室、图书资料室和办公室。1984 年成立以后，正式公布了 J 组织的主要职责，即研究北京市普通教育事业发展和改革中提出的重大现实问题和理论问题，为领导决策和教育改革提供理论依据，为提高教育质量服务，以应用理论研究为主。贯彻"双百"方针，坚持理论与实际相结合、专职研究人员与兼职研究人员相结合的原则。对北京市及各区县教育科学研究起组织、协调和指导作用。由此，逐渐成立了教育理论研究室、教育与心理实验研究室、德育研究室、教育史研究室、科研组织室、图书资料情报室、《班主任》杂志编辑部、办公室。

此后，J 组织在职能不变的情况下不断对内部机构进行调整。例如，在 1988 年的调整中，J 组织内设教育理论研究室、教育心理实验研究室、德育研究室、教育史研究室、科研组织室、图书资料情报室、《班主任》编辑部等（见图 2-1）。北京市教育科学规划领导小组办公室和北京市教育志编纂委员会办公室挂靠在北京市教育科学研究所。至 1990 年年底，该所实有人数 60 人，其中，科研系列专业技术人员 30 人，其他系列专业技术人员 18 人，行政后勤人员 12 人。

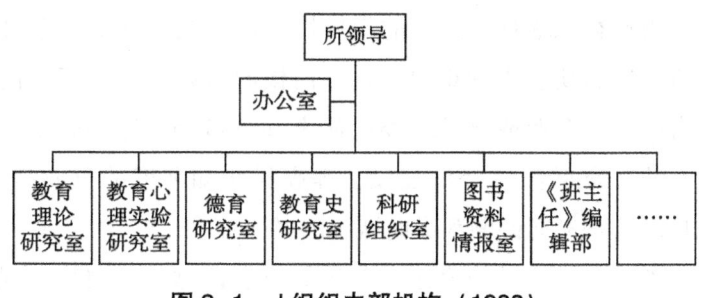

图 2-1　J 组织内部机构（1988）

1996 年合并入院后，很多研究室和院内机构重组、整合，J 组织的很多职能被消减，北京市教育科学规划领导小组办公室和北京市教育志编纂委员会办公室挂靠到北京教育科学研究院，图书情报中心等部门并入北京教育科学研究院，仍保留在J组织的是办公室、区县科研秘书处、教育评价研究室和教育调查室。

2013年，北京教育科学研究院适应时代要求再次进行内部调整和改革，原属于J组织的教育评价研究室分离出所，独立成为北京教育科学研究院二级业务机构，改名为教育督导评估研究中心，德育研究室、学前研究室也都渐次独立成为二级机构。由于研究室的分离和独立，2013年成为J组织发展史上人数最少的一年，仅剩11人，其中有2名博士、3名副高级职称人员，平均年龄为38岁。

这一年北京教育科学研究院重新确认了J组织的职能：研究北京基础教育改革和发展中的重大理论问题和实践问题，围绕基础教育阶段重大政策性、实践性问题（包括教育思想、管理体制改革及办学模式等）展开调查研究，为领导前期决策和教育管理改革提供理论参考和对策建议；开展学校发展和教师专业发展的理论与实践研究，通过与区县合作，开展学校发展的个案研究与实验研究，探索学校发展的路径并开展研究型教师与研究型校长的培训；负责对区县及学校进行教科研方法培训，组织基层群众的教育研究活动。

(三) J组织的工作现状

教育科研工作是教育研究组织的根本，根据研究任务来源一般分为纵向课题和横向课题两类。所谓纵向课题，是指由上而下，来自各级政府宏观布置的课题。因为这类课题具有较强的指导性，往往成为衡量一个机构（如高校、科研院所等）科研水平的重要指标。而横向课题是相对于纵向课题而言的，是指来自社会、企业或学校的委托研发和测试等，是科研单位提供技术服务、促进企业发展转型和经济建设、提高科研知名度的重要途径。可见，任务是否来自政府是横向课题和纵向课题的区分标准。

J组织在2013年主要承担全国教育规划重点课题、全国教育规划青年课题、市教委下达项目、两委一室委托课题任务，从这些科研任务可以看出科研任务的资金来源和服务对象。这个时期，J组织的科研工作基本来自政府，属于纵向研究任务，服务对象比较单一，成果基本是论文、研究报告，服务形式相对单一，服务方式就是提交相关报告，服务形态比较简单、直接。

由于任务完成的评价方式主要是论文或者研究报告，而不考虑研究的实际价值，诸如对学校管理有多大程度提升、产生了多少效益，或者对教师专业技能有多大程度提升、降低了多少培训成本，或者在理论方法上有多少突破和创新。因为这些都没有包含在科研工作评价体系之内，或者为科学决策提供了可信依据，等等，因此，科研人员在研究过程中更多的是考虑"发表效应"。

二、J 组织战略定位中存在的问题

正如上文所述，并入院后的 J 组织职能有了新的变动，不仅保留了原有的一些职能，而且在原有职能上还有所拓宽：宏观上服务于政策咨询，微观上服务于基层教育科研，中观上对学校发展和管理具有不可推卸的责任。但是，并入院后的 J 组织却处于人员减少、人心浮动、核心研究力量分离的时期，原有的发展目标已不适宜，原有的发展方式也不可行，不得不改、不得不变的问题直接摆在了 J 组织面前。对 J 组织来说，明确"我是谁""未来在哪里""怎样到达"成为最亟待解决的问题。

（一）战略管理三阶段

"战略"一词最早起源于军事，并在军事行动以及军事理论科学中得到广泛的应用和实践。我国历史上产生过许多如孙武、孙膑、孔明等军事战略家，并流传下诸多熠熠生辉的经典著述，《孙子兵法》就被西点军校奉为必读经典。

泰勒、法约尔等学者认为经济生活、商业交易中也应该借鉴和应用战略思维。❶ 巴纳德（1938）认为，管理者必须从纯粹的、具体的工作推进上升到战略角度才能进行更好的管理，这是第一次将战略理论从一般管理理论中

---

❶ FAYOL H. General and Industrial Management [M]. London: Pitman & Sons Ltd, 2013.

分离出来，此后，战略管理得到了更多的关注。❶ 波特（1980）则通过大量的企业管理实践，总结出了系统的竞争战略理论学说。其中，战略定位是Porter学说的核心。❷

国内关于战略管理的研究相对较晚，但是学者们也发表了大量学术著作。例如，战略理论的核心构成部件应该包括选择、特征、组合。❸ 又如，战略管理不能等同于事先计划；战略管理的本质是组织基于环境变化而实施的管理过程，战略管理的关键是组织的发展动机；等等。

芮明杰则认为，战略管理就是分析、选择、实施的结果。❹ 这就是战略管理三阶段说，如图2-2所示。

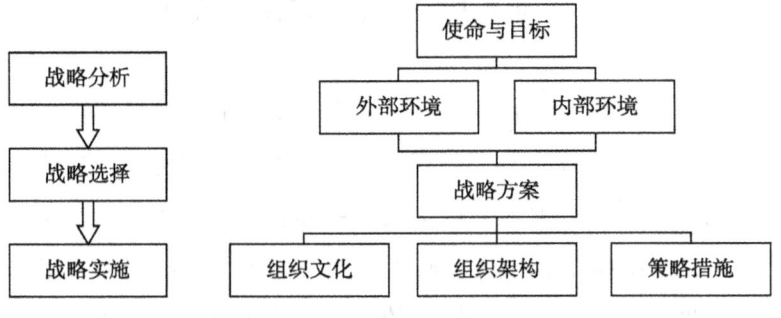

图2-2　战略管理三阶段

可见，组织的战略定位是组织发展的核心，在对组织内外部环境进行分析的基础上，经过提出、选择、确认组织战略类型，从而制订发展方案，最终将选定的战略和方案通过一系列策略措施执行到位，促使战略落地。项保华认为，组织战略定位可以分为发展型战略和竞争型战略两类。发展型战略包括一体化战略、密集型战略和多元化战略等，❺ 竞争型战略则包括成本领先战略、差异化战略和集中化战略等类型。❻

---

❶ BARNARD C. The Functions of the Executive ［M］. Cambridge：Harvard University Press, 1974.
❷ PORTER M. Competitive Strategy ［M］. New York：Free Press, 2004.
❸ 项保华. 战略管理：艺术与实务 ［M］. 北京：华夏出版社, 2001.
❹ 芮明杰. 培养核心竞争力：世界500强的成功之道 ［J］. 管理科学文摘, 2001（2）：26-27.
❺ 项保华. 战略管理：艺术与实务 ［M］. 北京：华夏出版社, 2001.
❻ 项保华. 战略管理：艺术与实务 ［M］. 北京：华夏出版社, 2001.

(二) 战略管理的分析方法

战略管理的分析方法有很多种,波特"五力"分析法是经典的方法。这一分析法是迈克尔·波特于20世纪70年代初提出的,主要用于系统分析竞争环境,从而比较客观地判断行业内的竞争激烈程度,找出自身参与竞争的优势和劣势,评估企业的竞争能力,为企业未来发展之路提供参考。"五力"是指:现有竞争者的竞争力、潜在竞争者的进入能力、购买者的议价能力、供应商的议价能力、替代品的替代能力(图2-3)。[1]

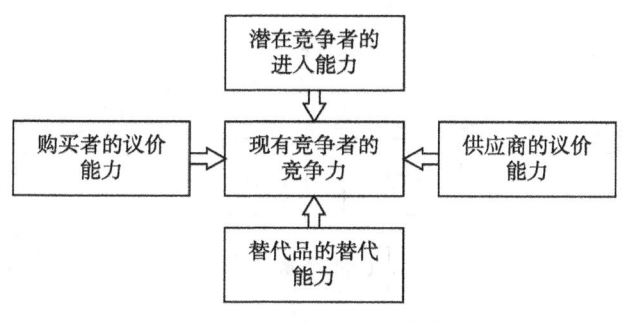

图2-3 "五力"模型

很显然,"五力"分析主要是以竞争为背景、以取胜为目的的分析方法,相对主观意识浓厚,充满非此即彼、水火不容的火药味。由此,很多学者力求构建更客观、更人文的分析框架。德尔菲法和SWOT [Strengths(优势)、Weakness(劣势)、Opportunities(机会)、Threats(威胁)] 法就是调整、改进后的常用方法。

德尔菲法又称专家咨询法。这是美国兰德公司于20世纪创建的一种定性分析方法,主要思想是充分利用领域专家的智慧和经验,通过匿名的问卷调查,让专家对问题发表看法,然后由调查员进行统计,再反馈给各位专家,经过多次修改,最终使专家方面达成一致意见。使用该方法的优点是采用了匿名调查,专家可以不受他人干预地畅所欲言,发表内心的真实意见。不过,该方法的缺点也十分明显,整个调查过程漫长,一般至少需要反馈3~5次才

---

[1] PORTER M. Competitive Strategy [M]. New York: Free Press, 2004.

会达成一致意见，耗时较长；而且最终专家意见的质量受到专家个人思想、眼界、专业等的限制。❶

SWOT分析法也是常用的系统性的战略分析方法，通过全面地梳理出组织面临的（外部）机会（O）、（外部）威胁（T）、（内部）优势（S）、（内部）劣势（W），然后将这四种元素放入矩阵中，进行两两组合，最终形成四种战略选择，分别是SO战略（增长型战略）、WO战略（扭转型战略）、ST战略（多元型战略）、WT战略（防御型战略）❷，如图2-4所示。

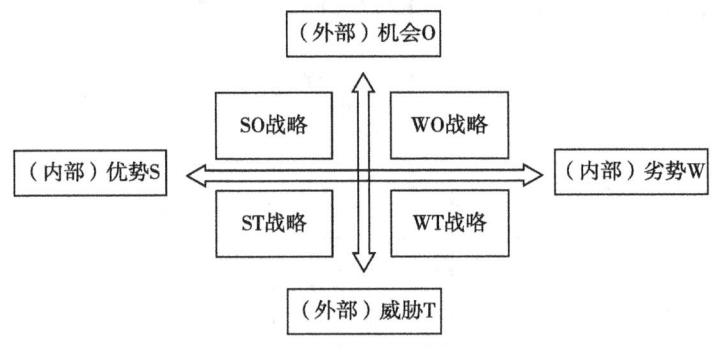

图2-4 SWOT分析法

(三) J组织的SWOT分析

对于组织职能、人员变动如此之大的J组织而言，究竟如何进行战略定位，如何找寻自己未来的发展方向，需要认真仔细地分析。

1. 优势与劣势

优势：

①发展历史长，具有较高的社会信誉，因此，在获取项目方面具有较大优势。

②与市教委的业务处室有良好的工作基础，在项目立项方面有一定的优势。

---

❶ 隆颢. 基于SWOT分析的房地产行业发展战略研究 [D]. 天津：天津大学，2014.
❷ 项保华. 战略管理——艺术与实务 [M]. 北京：华夏出版社，2001.

③与各个区县政府有良好的合作关系，与各区县教科所形成了实质性的上—下关系，在工作推进方面具有较大优势。

④J组织人员认真细致，具有端正的研究态度和良好的沟通能力。

⑤J组织分散在院内各个部门，有良好的协调关系。

⑥由于教科院多址办公，J组织的业务活动在工作推进上有较大的自主权。

劣势：

①J组织的下属研究室不断被分离乃至独立，使得J组织的主体业务流失和缺失。

②J组织的职能在人员减少的情况下反而增加，临时性上级委派任务多使J组织任务负荷过重。

③J组织被赋予了新职能，员工专业不对口，缺乏相关专业知识，与组织职能难以匹配。

④J组织的管理基本是垂直管理，呈现金字塔结构，易于统一命令，同时也制约了成员的创造力，降低了成员的创新意愿，导致员工缺乏工作积极性，最终影响执行效果。

⑤J组织人员以硕士为主，职称以中级为主，缺乏领军人物，难以满足组织发展需求。

2. 机会与威胁

机会：

①"科研兴校""一校一品"的观念日益深入人心，科研为引领和促进学校发展受到重视。

②市、区教育行政部门对教育咨询报告日益重视。

③教科院对J组织的发展寄予期待，在人员补充等方面给予了支持。

威胁：

①与同为二级机构的优势领域的组织相比，学术竞争力相对较弱。

②与同为二级机构的组织相比，服务能力有限。

③J组织原有的管理职能消减，使得管理机制受到制约。

④J 组织原有业务主线断线，新的主线有待生成。

⑤J 组织原有的对外联系平台丧失。

3. 综合结论

通过上述分析，我们明确了 J 组织的优势、劣势，以及机会和威胁，运用 SWOT 分析法，可以发现，J 组织既保留有一定优势，又面临着很大的外部威胁，因此，可以初步判断，J 组织更多倾向于 WT、ST 战略，即防御型战略和多元型战略，如图 2-5 所示。明确了战略定位，就可以更加细致地分析各个要素存在的问题，以制订相应的改进方案。

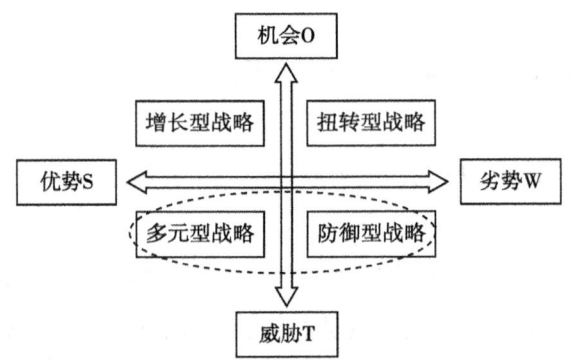

图 2-5　SWOT 分析综合结论

三、J 组织结构中存在的问题

（一）组织的价值

1. 科研价值链

波特在《竞争优势》❶一书中第一次提出了"价值链"概念，他认为，每一个企业的经营活动都可以看作多种不同活动的集合，这些活动中存在基本的经营活动和辅助性的工作内容，每个活动都能创造价值，这些相互之间有关系的工作活动便组成了一个价值运动的链条，即价值链。因此，为了提

---

❶ 迈克尔·波特. 竞争优势 [M]. 陈丽芳, 译. 北京：中信出版社，2014.

高整条链条的强度，即提高整体的竞争能力，加强薄弱环节就成为关键。[1] 此后，该理论不断得到发展，价值链条上的节点不断增多，内涵不断丰富。汉森和朱利安就曾经指出，要树立价值链的思维，把创意到商业产出看作一个整体，才能改善创新的现状。[2] 1995 年提出的"虚拟价值链"的观点也得到了广泛认同。[3] 其含义是指，任何一个企业都是在两种不同的世界中展开竞争的，一个是由实实在在的物质构成的有形世界，另一个是由信息技术虚拟的世界。

既然各种活动都具有一定的价值，那么，价值在教育科研上又是怎么实现的呢？有学者指出，科技进步能够推动知识的创新，促进知识的传播，引发知识的推广和知识的运用。[4] 在这个过程中，包含着价值的被使用和增值、价值的相互传递和消耗、价值的产生与转移以及价值的流动与增值等，合起来的价值运动就可以称为科学研究的价值链。到目前为止，尚未查阅到有学者运用价值链的理论来观察教育科研院所这类部门的演进规律，也没有相关分析的文献。[5] 实际上，在计划经济时代，科研院所的任务基本由政府指派，科研成果也是按照政府要求按时提供，科研院所的主要工作就是紧紧围绕研发实验开展，努力做有质量的科研产出（成果）。而后逐渐有了改观，科研任务依然大多来自政府部门，还是以政府宏观调控、院所竞争申报为主，而后逐渐地增加了项目评估，对任务质量进行检查。但是，项目就等于生存方式，这几乎成了大部分科研院所的生存共识，因此，利用各种方式争取项目，成为科研院所的生存之道。这就出现了"人际网""权权交易"等令人诟病的现象。很显然，这并不是一个科研的完整价值链，完整的价值链至少应当包括研究选题、申报立项、研发实验、研究产出、项目验收、研究服务六个要素，如图 2-6 所示。

---

[1] 王福深，王伯良. 从价值链理论看企业参与产学研结合 [J]. 管理科学文摘，2005 (7)：55.
[2] HANSEN M, BIRKINSHAW J. The Innovation Value Chain [J]. Harvard Business Review, 2007 (6)：31.
[3] SVIOKLA R. Exploiting the virtual value chain [J]. Harvard Business Review, 1995 (6)：75-99.
[4] 董传升，马操. 公共科技价值链：内涵、结构与意义 [J]. 科技进步与对策，2012 (2)：11.
[5] 杨公朴，夏大慰. 现代产业经济学 [M]. 上海：上海财经大学出版社，2005.

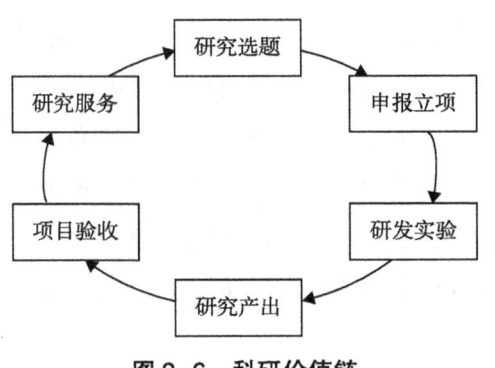

图 2-6 科研价值链

前五个要素都是科研院所非常熟悉的，所以仅对研究服务进行解释。研究工作通过了项目验收，就肯定了所产生的成果，但是成果不能是高高在上的，必须落地开花结果，进行成果转化。所谓成果转化就是指对研究成果进行工程化验证，实验其在实践中应用的可能性，确定科学适宜的流程，这是成果取得社会效益和经济效益极为重要的一步，必须为社会、经济的发展服务。

科学研究服务应该属于科研院所最贴近社会和市场的一面，它涵盖了技术推广与普及等专业服务，是连接科学研究与社会、经济的重要纽带，遗憾的是，这是研究院所最大的短板。

从这个意义上讲，科学研究价值链至少有三个发展阶段，如图 2-7 所示。由图可以看出，研究价值链条在不断增长，其价值要素在不断增多，"研究选题"和"项目验收"是当前非常受重视的环节。但在实际过程中，"研究选题"和"项目验收"主要是起到链条完成性的作用，而其真实作用和质量还有待提升。

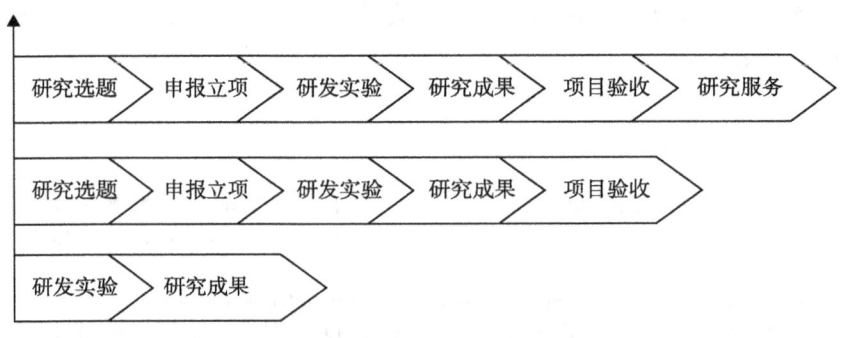

图 2-7 不同时期的科研价值链比较

2. J 组织科研价值链的弱化和缺失

J 组织和大多数研究机构一样，长期以来对科研价值链存在不完整认识，对战略价值点缺乏足够关注，正是由于这样的原因，使得 J 组织出现了价值弱化和缺失问题，且比较突出地表现在研究选题和研究服务上。

从研究选题角度看，J 组织从成立起，其主要任务来自政府，虽然几经调整，但是这个格局并没有变化，其经费 90% 都来自政府相关部门。换言之，研究任务的来源和目的，更多的不是从社会、学校等实际需求出发，更多的还是为了帮助政府推进工作，从而获得政府的研究资助。尽管在这个过程中有了研究选题环节，但只是起到和政府沟通协调的作用，最终还是要以政府审批通过为准。尽管在环节上趋于科学，但实际上还是受制于行政性科研的管理。

从研究服务角度看，存在着争议的声音。有人认为，用研究的方式完成政府交办的工作，就是对研究成果进行了有效转化。❶ 这种说法固然有一定道理，但是就 J 组织而言，其不能被自己的工作范围广、基层都接受等表面繁荣所迷惑，因为这些繁荣掩盖的是 J 组织成果转化率低的事实。实际情况是，由于 J 组织代表的是政府，其工作有"必须执行"的意味，因此 J 组织的研究成果具有很强的垄断性，并非因为研究成果的成熟度高，符合社会、学校、师生等实际需求而受到基层欢迎。研究服务是科研工作价值体系中最贴近实际的环节，也是具有高附加值的价值节点，如果不能够贴近实际、解决实际问题，那么研究机构就丧失了重要的价值。这也使得 J 组织的研究工作重心发生严重偏离，只在贴近政府方面做努力，而忽视了实际情况和问题，自然也就不能够为实践提供研究支持。虽然有研究人员愿意向基层提供科技服务，但只是个体行为，缺乏整体性，也会由于缺少时间、精力等不能够很好地对实际需求进行回应。

当前正处于大数据时代，数据将体现更多、更大的价值，因此，信息技术越来越成为重要的科研价值链工具和要素。J 组织对电子设备的应用尚处于打字、发邮件、上网看新闻等初级阶段，还没有将数据和信息的建设作为科

---

❶ 林军. 核心竞争力理论视角下大学学科竞优模式的选择 [J]. 高教学刊, 2015 (15)：124-125.

技价值链的重要环节。

(二) 组织的核心竞争力

1. 核心竞争力

组织核心竞争力,是指组织中的积累性学识,特别是关于如何协调不同的生产方式和有机结合多种技术流的学识。著名的麦肯锡公司认为:"核心能力是某一组织内部一系列互补的技能和知识的结合,它具有使一项或多项业务达到世界一流水平的能力。"[1]

国外很多学者都从不同的角度进行了深化研究。有学者以客户为研究对象,建立了企业核心竞争力模型,探讨了核心竞争力形成的过程中能力和技术之间的关系,在此基础上提出了改进和发展核心竞争力的意见。[2] 也有学者从潜力、相似性和成本三个维度对企业核心竞争力进行了分析,并认为创新是衡量竞争力的主要标准。[3] 英克潘 (1988) 在研究了日本 36 家企业发展以后,也得出了 "新知识的创造与组织竞争力之间存在着紧密关联,前者可以直接影响到后者" 的结论。

国内有学者构建了品牌核心竞争力的六维度评价模型;[4] 也有学者从经济学角度阐述组织核心竞争力具有独特性、异质性、动态性、延展性等特征,并总结了提高核心竞争力的策略和方法;[5] 还有学者则着眼于高校学科建设,以核心竞争力理论为视角,分析了大学学科竞优模式。[6] 有学者专门阐述了核心技术与核心竞争力之间的关系。核心技术是核心能力的重要组成部分,没有核心技术的组织则无从谈起核心竞争力,但是,仅仅拥有核心技术也难以

---

[1] 邹薇. 科技型中小企业竞争力评价研究 [D]. 长沙:湖南大学, 2013.

[2] LJUNGQUIST U. Specification of core competence and associated components: A proposed model and a case illustration [J]. European Business Review, 2008, 20 (1): 56-67.

[3] PRAHALAD C K, HAMEL G. The core competence of the Corporation [J]. Harvard Business Review, 1990 (3): 79-91.

[4] 乔均, 彭纪生. 品牌核心竞争力影响因子及评估模型研究:基于本土制造业的实证分析 [J]. 中国工业经济, 2013 (12): 130-142.

[5] 王英臣. 企业经济学视角下的企业核心竞争力理论研究 [J]. 产业与科技论坛, 2014 (5): 15-16.

[6] 林军. 核心竞争力理论视角下大学学科竞优模式的选择 [J]. 高教学刊, 2015 (15): 124-125.

建立组织的核心竞争力。核心技术必须与组织的战略发展目标相一致,只有与组织管理、组织文化等价值活动相互协调和相互促进,才能最终形成核心竞争力。[1] 切萨布鲁夫则提出了开放式创新理论,"只有通过多种不同的路径去尽可能地获取内外部知识资源,才能弥补和完善自身知识的缺乏",[2] 进而,他提出"知识是组织运作的核心"的观点。[3] 我国学者也认为,内外部资源的整合与协同作用,才能提升知识创新能力、加快知识创新速度。[4]

综上可见,尽管学者对核心能力、核心竞争力的界定有不同的表达,但是都有相同的基本点:

一是核心竞争力主要是指能够给组织带来长期竞争优势的一个概念。组织的"知识流"或者知识体系是组织核心能力和竞争力形成的关键。[5] 这个"知识流"或者知识体系是一个知识获取(积累)、知识生产(创新)以及知识应用(转化)的过程。[6]

二是核心竞争力的知识体系不是短期内形成的,是组织长时间积累的结果。一旦组织形成了独特的核心能力,其他组织则很难在短时间内依靠简单的模仿来与之对抗。有学者认为组织的核心能力的形成需要10年左右甚至更长时间。[7]

三是组织的核心竞争力是技术水平、研发能力、管理能力等诸多方面的综合体现。

2. J 组织"知识流"呈现路径依赖

路径依赖源于生物学,物种的进化过程中,诸多突变因素会改变物种进化的路径,并且各个进化的路径不会重合,也不会互相干扰,最终形成自身

---

[1] 王众托. 知识系统工程 [M]. 北京:科学出版社,2004.
[2] CHESBROUGH H. Open Business Models: How to Thrive in the New Innovation Landscape [M]. Boston: Harvard Business School Press, 2007.
[3] CHESBROUGH H. Open Innovation: The New Imperative for Creating and Profiting from Technology [M]. Boston: Harvard Business School Press, 2003.
[4] 姚伟. 社会网络在开放式知识创新中的应用价值研究 [J]. 图书情报工作,2014,58(20):5-12.
[5] 曹小英,牟绍波. 农产品物流企业核心竞争力评价指标体系研究 [J]. 物流技术,2015(17):51-53.
[6] 美国信息研究所. 知识经济21世纪的信息本质 [M]. 王亦楠,译. 南昌:江西教育出版社,1999.
[7] 曾晓宏. 科技型中小企业竞争力评价方法 [J]. 统计与决策,2015(7):179-182.

特有的路径，这就是路径依赖的本质。可见，路径依赖是指当前的发展结果是对既往因素、决策等的发展路径的依赖，也就是事物所处的位置是以前选择产生的。❶ 组织在发展过程中的战略选择决策、管理培养、技术升级选择等都表现出受到过去选择影响的特征。而经济学对路径依赖的研究主要针对经济制度发展的路径依赖性是如何阻碍创新和变革的。

J组织自1986年起由北京市教育局局长陶西平带领，率先在全国开展了教育评价研究，对中小学教育和教育理论作出了积极贡献，并由此奠定了J组织教育评价的地位，形成了竞争优势、发展优势，在此过程中也强化了自身的核心刚性，尤其是逐渐形成了路径依赖的循环。

2013年，北京教育科学研究院为了适应时代要求，组建了教育督导评估中心，J组织的教育评价研究室被整体分离，成为新中心的一部分，这一时期，J组织积累二十余年的核心竞争力一夜之间化为乌有，只遗留下长期以来形成的路径依赖。最明显的表现就是对政府项目的依赖，由于J组织长期充当着政府代理人的角色，项目的推进实际上是政府部分职能的延伸。政府提供了项目的资金、划定实施对象和范围，甚至通过行政命令的形式对下级区域提要求。因此，J组织一时间难以回答如何组织生成新的核心竞争力等问题，更缺乏创新知识生产的线路和路径。

(三) 组织的管理

1. 组织结构和流程

组织结构是组织的"框架"，而"框架"的合理完善与否，很大程度上决定了组织目标能否顺利实现。❷ 可见，组织结构对于组织来讲，如同人体中骨骼的作用一样重要，是支撑起公司管理流程运转、发挥整体功能的重要载体和管理基础。

组织结构图是一个组织的架构最直观的反映形式，它能够呈现出组织内

---

❶ 刘汉民. 路径依赖理论及其应用研究：一个文献综述 [J]. 浙江工商大学学报，2010，1 (2)：58-72.

❷ 周三多. 管理学原理与方法 [M]. 上海：复旦大学出版社，1998：8-9.

部各部门之间的协作关系和上下级之间的汇报关系，间接揭示了组织内部的运营管理体系。比较经典的当数直线制组织结构和矩阵式组织结构。❶

最早出现的组织结构模式是直线制，它是在传统的等级制度基础上演化而来的，在直线制组织结构中，权力会沿着内部职位等级从上至下逐级传递，经过一系列的转化到达最底层的基层员工。在这种体系中，基层员工只需对他的上级领导负责即可，如图2-8所示。这一结构具有明显优势：一是设置简单；二是命令传递直接，沟通成本低；三是内部纪律易于维护。但是同时也存在明显的弊端，就是对管理者的素质和精力要求非常高，管理者必须既精通专业技术，又有一定的组织管理能力。

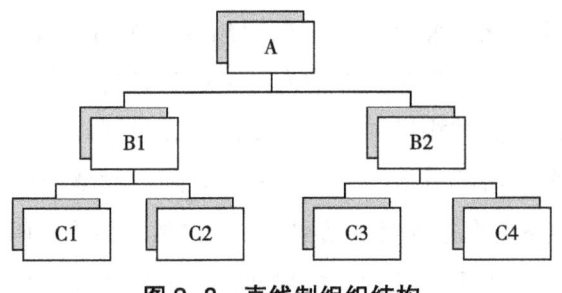

图2-8 直线制组织结构

正因如此，职能制应运而生了，其最显著的特点就是安排专门的人员专注于组织的战略决策和日常的营运管理。❷ 在弥补了直线制不足的基础上，职能制也暴露了自身存在的问题，比如，随着上级主管领导人数的增加，很容易造成多头领导，信息传导得不到保障，影响员工具体工作的开展。在不断的调整尝试中，"U"形组织结构产生了，即在上级行政主管指挥下，设置不同的职能部门，它既具有直线制统一指挥的优势，又添加了具体的参谋结构，❸ 是对直线制和职能制的一种改良，如图2-9所示。

---

❶ 学者有不同的划分方法，比如，赫里格尔和斯洛坎姆就以外部环境和内部选择两方面将传统的组织结构分为高度集权制、直线职能制、矩阵组织制、多分部制（又称事业部制）四种类型，等等。参见HELLRIEGEL D, SLOCAM J W. Organization Helping People Pull Together [J]. 1994 (3)：26-27.

❷ 许玉林，组织设计与管理 [M]. 上海：复旦大学出版社，2003 (8)：26.

❸ 周三多，陈传明，鲁明泓. 管理学原理与方法 [M]. 3版. 上海：复旦大学出版社，1999.

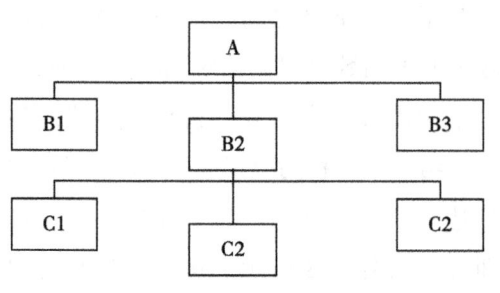

图 2-9 "U" 形组织结构

如果说"U"形组织结构相对传统和偏于静态的话，矩阵式组织结构就是一个具有现代性和鲜明动态特征的组织结构，如图 2-10 所示。它试图将具备不同技术的专业人员聚集在一起，暂时组成一个解决复杂问题的新团体。在这个复杂任务完成后，临时团体的人员又回到各自原来的职位上去。矩阵式组织结构比直线职能结构增加了一个横向的领导层级，一方面便于从各个职能部门抽调任务所需的员工，另一方面也有利于对整个项目进度和质量进行实施和监控❶。尽管在这种组织结构中，一名员工会受到两位乃至多位管理人员的管理和监督，出现交叉管理的局面，但是从实际操作情况来看，矩阵组织形式得到了多数组织的认可和赞许❷，它们认为这是一种相当有效率的资源配置模式，它很好地保障了组织成员的沟通交流，便于组织内部要素的协调和管理，对环境的变化反应也较为敏捷。

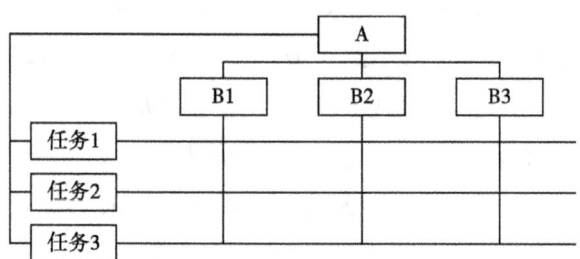

图 2-10 矩阵式组织结构

---

❶ 何庆明，戴丽萍. 组织结构发展趋势的复杂性研究 [J]. 云南行政学院学报，2004 (6)：10-12.

❷ 谢卫红. 组织结构理论述评 [J]. 华南理工大学学报（社会科学版），2002 (12)：48-49.

无论采用何种组织架构，都会在组织活动中将重复性动作固化下来，通过成文的规则或不成文的"缄默"知识，如集体默认的规则、习惯等，形成组织具有的固定的运作或做事方式，指导着组织成员的行为与行动，这被称为组织惯例。"组织惯例是限于规则和习惯的很少变化的重复的组织行为模式。"❶

显然，组织惯例有集体性特征，呈现出集体按照统一风格行事的现象；也有稳定性特征，惯例一旦形成，就会与组织准则、管理运行、员工习惯融为一体，很难单纯从某一点进行改变。因此，组织惯例是一把双刃剑。一方面，组织惯例能够使组织个性鲜明，也有利于新员工迅速了解组织；另一方面，由于组织惯例的稳定性、集体性，使得组织风格难以转换，有可能导致组织按原有的经验办事，抵制新事物、新观念。

2. J组织需求响应能力弱

从J组织的组织结构可见，J组织基本是一个直线型架构，内设部门各自为战，协作较少，内部运营效率低。组织的决策集中在高层管理者手中，对中基层员工的授权不够充分，不利于调动中基层员工的积极性。

由于J组织长期接到的任务单都来自政府，基本形成了"向上看"的组织惯性，直接和基层学校、教师打交道的一线员工，往往因不能确认金字塔顶端管理者的意图而不能有针对性地了解实际情况。由于未及时得到管理者的充分授权，因而不能对基层需求进行及时响应，更难以为基层解决困难，进而影响了组织进一步发展。

与此同时，J组织采用的是"老员工带新员工"的方式进行经验式的传帮带，缺乏规范的、系统的、标准化的内部流程管理文件，使组织管理带有更多"服从"而不是"激励"的色彩。

（四）组织中的成员

1. 组织知识

世界经济合作与发展组织认为当今时代只有重视知识型组织的作用，对

---

❶ FELDMAN M S. Organizational routines as a source of continuous change [J]. Organization science, 2000, 11 (6): 611-629.

其智力资源进行有效管理,才能提高组织的自主创新能力。❶ 这一观点一经提出就成为学术界与实业界的共识。所谓知识型组织,就是指直接将知识作为其产品,或者以知识为基础进行生产经营活动,通过知识的生产、存储、加工、传播与应用来创造经济价值与社会价值的组织。❷ 我们可以推断,知识型组织具有明显的特征:一是人员素质高,具有潜在的创新能力的智力资源;二是重视自身知识的更新,不断学习是组织知识形成的主要来源;三是组织管理的根本任务是将具有不同个性的知识专家凝聚在一起,形成组织创新合力。因此,知识型组织不仅包括大学、科研院所、咨询机构等组织,还包括高新技术企业、企业研发机构等。

因而,个体知识如何成为组织知识、隐性知识如何转化为显性知识、个别知识如何成为创新知识都是知识型组织需要解决的重要问题。

波兰尼首先提出了隐性(tacit)知识和显性(explicit)知识的二分法。显性知识是明晰的,是能够通过信息交流的、客观的、有关事实的知识,是在正规的教育体系容易习得和分享的。而隐性知识则与个人和具体情境难以分离,是通过直接参与得到的、难以交流的有关技巧、能力方面的知识。怀特海在"我们知道的总比说出来的多"的认识上进一步阐述,"知识是特定情境下的有联系的东西,是在组织内外和个人之间的社会互动中动态地被创造出来的"。❸ 这个动态的创造过程显然不仅仅包括隐性知识和显性知识的转化,因为这个二分法常常被诟病为简单模糊,未能够注意到实践中重要的模式知识和关系知识。

模式知识是分析问题和解释事实的框架知识,提供陈述、组合、解释事实的范式。它存在于每个人的认识之中,包括思维方式和过程模式,决定了一个事件如何被看待和理解,而关系知识则是有关社会关系和人际能力方面的知识(见图2-11)。因此,拓展了知识的分类认识。在这种状态下,个人的知识通过讨论共识活动发展成组织记忆,经由记录编码成为组织知识,而形成后的组织知识又对个人知识起到指导完善的作用(见图2-12)。

---

❶ 姚裕群. 人力资源开发与管理概论[M]. 北京:高等教育出版社,2003.
❷ 官建成,王军霞. 创新型组织的界定[J]. 科学学研究,2002(3):319.
❸ 李涛. 知识论与反思[J]. 自然辩证法研究,2000(1):20-24.

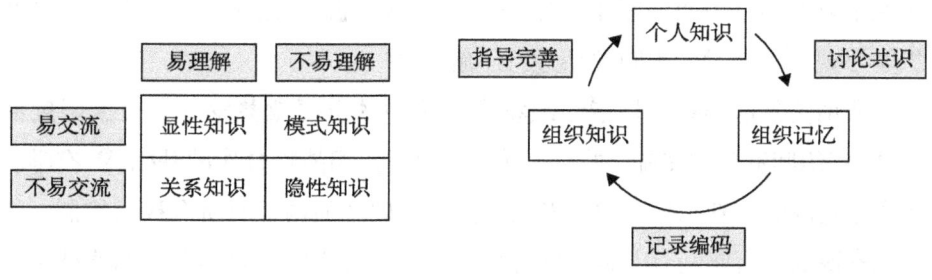

图 2-11 知识四分法　　图 2-12 个人知识与组织知识的转化

2. J 组织个人知识组织化程度不高

J 组织变革中，由于研究室的分离，因而出现了知识随人员变动而流逝的现象，尤其是资深员工的流动，直接终止了对组织记忆中的显性知识和隐性知识的贡献，对 J 组织的发展影响非常明显。

J 组织管理中缺乏知识扩散的激励机制，个人知识的扩散都属于自发行为，包括资料库的完善、设计方案的分享等，这样就导致员工缺少主动分享资源的动力。所有的资料上传、下载都是无记录的、无偿的、与员工工作绩效考评无关。长此以往，组织记忆得不到更新，个人的知识无法有效地留在组织中。提高知识的扩散度是个人知识转化的重要因素，帮助他人解决问题的成就感也是个人愿意并努力将个人知识转化为组织知识的动因之一。

J 组织隐性知识显性化程度不高。隐性知识显性化的过程除项目实施过程中的会议、通知、文字说明以及项目结题报告的相关资料外，缺少其他转化途径，因此，在项目设计过程中的各种未被采纳的方案、创意的想法、对模式的选择、对关系的判断全部流失了。

J 组织个人职业发展通道单一，员工仅能依靠职务晋升和专业职称两条路径实现职业发展，而 J 组织的结构又决定了职务晋升的机会相对较少，专业职称晋升空间有限，因此，员工知识转化创新意愿不强。

（五）组织间的知识共享与联盟

1. 知识共享与联盟

随着组织内部管理研究趋于成熟，经济学、管理学、社会学学者将目光

放在了复杂的组织间关系上，国内外专家从资源基础观、知识基础观以及组织学习观等角度对组织间关系进行了解释。❶

所谓资源基础观，是指组织将自己手中的资源效益发挥到最大限度的过程。❷ 组织间资源的交流、共享、转移等也是组织战略合作的基础。❸ 有学者积极主张资源的"获取"论。❹ 传统的资源基础观强调资源所有权的控制，过多关注资源的"所属"，用科层制度保障资源不被利用以及继续保障自身优势。但是，资源并不是拥有所有权就能产生价值，应该把眼光开阔到组织间关系和合作战略选择上，不仅注重资源的"所有"，更应该关注资源的"获取"。

持知识基础观的学者认为，❺ 知识通常与技术、创新等关联在一起，组织要想使自身的核心能力得到持续保障的话，就必须通过组织间关系来更新和维护资源、信息和知识。换句话说，组织间关系实际上是组织之间的知识融合，通过深度的融合使外部的知识与自身知识得到应用与再次创造的机会，从而建立新的知识应用情境。❻ 有学者对一个组织的知识如何转变为产品或服务的过程进行了实证研究，最终得出了"组织间关系交互中知识、信息、资产等代表着竞争优势，必须重视这些核心知识创造附加值的过程"的结论。❼

相比于知识基础观，组织学习观更强调组织间关系是为了知识的创新，其重点是通过知识的共享使得内隐性知识外显化和社会化。卡蒂拉和阿胡贾将组织间关系称为联盟伙伴关系，是为已有知识的开发应用和探索新知而存

---

❶ 罗珉. 组织间关系理论最新研究视角探析 [J]. 外国经济与管理, 2007 (1): 25-32.
❷ 曹红军, 卢长宝, 王以华. 资源异质性如何影响企业绩效: 资源管理能力调节效应的检验和分析 [J]. 南开管理评论, 2011, 14 (4): 25-31.
❸ GULATI R, NOHRIA N, ZAHEER A. Strategic networks [J]. Strategic Management Journal, 2000, 21 (3): 203-15.
❹ PRAHALAD C K, RAMASWAMY V. The future of competition: Co-creating unique value with customers [M]. Boston: Harvard Business School Press, 2004.
❺ 王婷, 杨建君. 组织控制协同使用、知识转移与新产品创造力: 被调节的中介研究 [J]. 科学学与科学技术管理, 2018, 39 (3): 34-49.
❻ ZAHRA S, GEORGE G. Absorptive capability: A review, reconceptualization and extension [J]. Academy of Management Review, 2002, 27 (2): 185-203.
❼ KOGUT B, ZANDER U. Knowledge of the firm, combinative capabilities and the replication of technology [J]. Organization Science, 1992, 3 (3): 383-397.

在的关系。❶ 有学者发现，组织学习对组织绩效有明显的提升作用。❷

从不同的视角出发，组织间关系又可以分为竞争性关系、合作性关系、竞争合作性关系以及共生关系等。❸ 而越来越多的组织认识到，传统的以消灭竞争对手为目标的排他式竞争已经不能给组织带来成功，只有基于合作的竞争才有利于企业的长期生存和发展，组织之间通过建立合作关系寻求共赢已经成为一种趋势。❹ 由于知识可能转变成新产品、新方法和新服务，从而提高组织的竞争优势，因此，知识共享、知识联盟成为组织间关系的新趋势。❺

如果说，组织内部的知识共享就是指员工个人的知识（显性知识和隐性知识）通过各种交流方式（如电话、口头沟通和网络等）在组织中为其他成员所共享，从而逐渐成为组织记忆和组织知识财富的的话，那么，组织间的知识共享则指对各自组织的核心知识进行有机整合，相互学习和掌握知识能力，并共同合作创造新的知识。知识联盟以合作学习知识、增强能力为目的，为所有合作伙伴提供了一个"双赢"的机会。❻ 就是说，在组织间知识共享中，来自知识联盟的不同参与者分享和拥有了其他的知识和技能，不但有利于提高自身组织的核心竞争力，而且有利于优势互补，共担创新风险。

2.J组织尚未建立知识联盟

J组织在外部关系上主要维系三个群体：一是上级政府；二是区县政府、研究所和学校；三是高校、学会等组织。

很显然，上级政府是J组织任务的来源方，区县政府、研究所和学校是J组织完成任务的对象，或者说是任务的实施范围，J组织是两者中间的调和者，是上级政府的代言人，是基层情况的汇报者，他们和J组织几乎不存在

---

❶ KATILA H, AHUJA G. Knowlwdeg acquisition and the foreign development of hightech startups: a social capital approach [J]. International Business Review, 2007 (1): 23-46.

❷ 陈国权, 刘薇. 企业组织内部学习、外部学习及其协同作用对组织绩效的影响：内部结构和外部环境的调节作用研究 [J]. 中国管理科学, 2017, 25 (5): 175-186.

❸ 陈锐. 公司知识管理 [M]. 太原：山西经济出版社, 1999.

❹ 樊治平. 知识管理研究 [M]. 沈阳：东北大学出版社, 2003.

❺ 廖成林, 仇明全, 龙勇. 企业合作关系、敏捷供应链和企业绩效间关系实证研究 [J]. 系统工程理论与实践, 2008 (6): 118-119.

❻ 刘绍星. 知识联盟中知识转移影响因素研究 [D]. 大连：大连理工大学, 2006.

知识共享的共同需求，只存在任务下达和完成任务的关系。

对于 J 组织而言，高校大多是作为咨询者的角色存在，因为一方面需要听取专家意见，另一方面也向政府证明科研选题方面的前瞻性和科学性，有利于立项任务的争取。一般其在学会名下组织课题研究、参与学会的年会交流，将任务的实施过程和结论公开化，但是基本上没有与组织进行合作研究。

可以看到，J 组织的知识联盟尚未建立，缺少其他组织的知识分享，直接影响了组织在资源互补、成本节约、提升组织竞争力等方面的发展速度和质量。

四、原因分析

（一）外部环境导致 J 组织需要重新明确战略价值

组织战略一般由组织目标和组织策略构成，是对组织发展远景的长期规划和谋略，也是具体行动的框架指南，对组织发展起着前瞻性、全局性、系统性的作用。[1] 随着时代发展和环境变化，战略并非长期不变，而是相应进行动态优化和调整。这种调整是组织战略发展的固有属性和根本要求。2013 年，由于北京教育科学研究院内部调整与改革，J 组织出现了部分业务剥离，组织战略面临着巨大的挑战。

（二）自身发展要求 J 组织构建与战略导向匹配的组织结构

组织结构是体现组织发展战略的结构性载体，在一定程度上是服务于战略目标的工具，所以组织结构应该具备足够的战略导向，应当符合发展战略的需要。换言之，组织变革就是要从组织的实际出发，对自身的组织结构进行有效调整，让它既可以满足组织战略的发展要求，又非常具体且简易可行，而不是盲目追求组织结构的膨胀和形式上的完美。可见，"适合"就是组织结

---

[1] 余凯成. 组织行为学 [M]. 大连：大连理工大学出版社，2001.

构变革的唯一标准。❶

由于 J 组织外部环境发生了很大改变，组织内部的原有核心竞争力被消减，发展战略被终止，新战略正在酝酿过程中。因此，原有的组织结构如果不进行相应的优化调整的话，肯定难以适应组织未来的战略需要。

小　结

本章回溯了 J 组织的发展历史和工作现状，指出 J 组织处于关键的战略转型时期。在分析战略定位存在问题的基础上，又详尽分析了科研价值链的弱化和缺失、"知识流"的路径依赖、对现实需求的响应能力弱化、个人知识组织化程度不高以及未形成知识联盟五个组织结构方面存在的问题。说明了问题形成的原因，为确立 J 组织的新时期战略奠定了基础。

---

❶ 斯蒂芬·P. 罗宾斯. 组织行为学 [M]. 14 版. 孙健敏，等译. 北京：中国人民大学出版社，2012.

第三章
基于知识管理的 J 组织变革思路与战略地图

一、J 组织变革的总体思路和目标

(一) J 组织变革的总体思路：实施战略转型

用 SWOT 分析法对 J 组织进行优势和劣势、机会和威胁的相关分析后，综合结论是 J 组织变革应在发展战略上进行转型，采用防御型战略和多元型战略，见图 2-5。很显然，两种战略不是同时推进的，因此，对两种战略的共同点、区别点、关键点和转化点的分析掌握成为实施战略转型的前提条件。

1. 战略转型的内涵

国内外对战略转型的研究历经 30 余年，学者们往往从不同角度开展研究，因而，理论界和实践界对战略转型的定义还没有统一和明确的界定。

国外学者相对比较认同战略转型是组织为应对内外部环境的变化而做出的战略决策的说法，认为转型又包括内容转型和决策程序转型两个方面。内容转型更多的是指战略所包含的具体部分，决策程序转型则是指文化、管理组织结构和流程等方面的转型。相对于国外学者的认识，国内学者则更强调转型对组织未来竞争优势的意义，认为"战略转型是组织在成长过程中为获取未来生存与发展的竞争优势，结合自身的资源和能力，应对复杂的动态环境的变化，使组织战略形态或内容发生状态上的根本变革或转移的过程"。[1]

可见，战略转型首先是战略目标的变化。对于一个组织而言，战略目标的描述通常有成员发展、组织发展等多种说法，但无论如何，一个组织的战略目标归根结底是组织知识获取能力、知识吸收能力、知识价值转化能力的提升，组织知识管理的升级和优化，而人员发展、结构优化等只不过是一些外显的结果。在不同的战略定位中，对知识的看法、对知识管理的侧重点都各不相同。

其次，战略转型是战略目标与内部资源、外部环境动态平衡的过程，更是动态平衡的结果。

企业的第二生命发展曲线（见图3-1）较好地说明了这个动态平衡过程和结果。第二生命发展曲线，是指一切事物的发展总是要经历起始期、成长期、成熟期和衰败期这样一个周而复始的过程，这个过程就是第一曲线，类似正态分布曲线。如果组织能在第一曲线到达巅峰之前，找到能够二次腾飞的"第二曲线"，那么组织永续增长的愿景就能实现。当然，第二曲线必须在第一曲线达到顶点前开始增长，以弥补第二曲线投入初期的资源（金钱、时间和精力）消耗。可见，在成长过程中，组织的外部环境和内部资源与能力都处于动态变化状态，组织需要不断做出战略决策以适应这种变化。在此过程中，组织必然会改变原有资源匹配方式，调整战略内容，促使经营模式更新。如果组织战略面对变化的环境而未进行转型或者转型不得法，那么组织将沿着第一曲线逐渐下滑以致消亡。

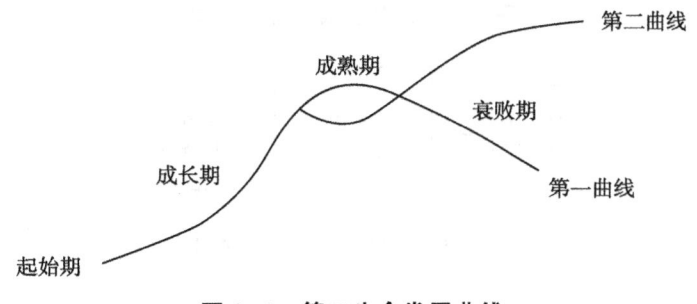

图3-1 第二生命发展曲线

---

[1] 薛有志，周杰，初旭. 企业战略转型的概念框架：内涵、路径与模式 [J]. 经济管理，2012 (7)：39-48.

2. 战略转型的条件

所谓防御型战略，其核心在于规避威胁，克服劣势；而多元型战略的关键在于利用优势，规避威胁。显然，两种战略的侧重点不一，那么应该如何在防御型战略中为转型到多元型战略奠定坚实基础呢？

首先，明确多元型战略中"多元"的含义。

"多元"不能只简单理解为多种多样、不单一，它更多提示的是性质不同的事物或者方向。以 J 组织为例，若采用多元型发展战略，那么在战略定位上至少可以选择两个完全不同的发展方向：一是专注于某一领域发展，比如在原组织比较有竞争力的教育评价研究领域，努力向专而精的方向发展；二是向着大型综合路线发展，努力拓展业务范围，使业务呈现全面化（见图3-2）。在发展路径上也至少有两种选择：一是选择原来的政府任务订单发展模式；二是走自主研发的道路，用更多研究成果服务政府和中小学校等其他对象（见图3-3）。由于时间、精力、资源等条件所限，这样的"多元"往往不能同时兼得，从这个意义上讲，"多元"战略并不意味着包罗万象，相反，"多元"战略意味着对方向的专一选择。

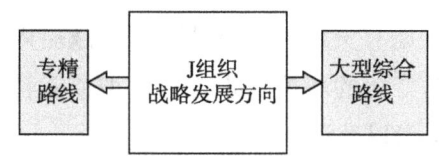

图 3-2　战略发展可能性方向

图 3-3　战略发展路径可能性

其次，理清组织、研究产出或产品以及知识之间的关系，确认组织目标。

从产品的角度来看，不同产品由不同的组织进行生产，不同产品的生产又有着不同的知识需求；从组织的角度来看，组织的目标是完成任务即产出产品，不同的组织会生产多种多样的产品，而组织内部的知识只有满足了任务的知识需求时，任务才可完成；从知识的视角来看，知识决定了哪些产品能够被生产，以及能够被哪些组织所生产（见图3-4）。组织任务一旦确定，则组织的知识需求程度也就相应确定，当组织目前所拥有的知识无法满足完成任务的要求时，也就产生了知识缺口，这时就要求组织进行学习培训或者引进新技术人才，以满足组织的知识需求。当组织需要有较高的组织化程度时，也就是需要把个体的知识整合成组织整体的知识时，就要求组织成员之间不断地进行沟通、交流，组织应结合自身的企业文化、任务特征及组织成员个体间的差异采取适当的措施以提升知识交流效果，提高知识交流效率。组织通过不断演化，使知识需求程度和组织化程度达到任务的要求，最终实现组织目标（见图3-5）。

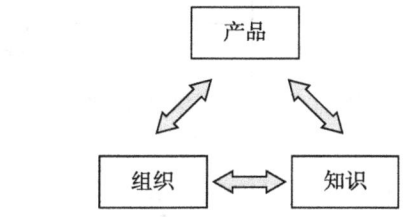

图3-4　产品、组织与知识关系的概念模型

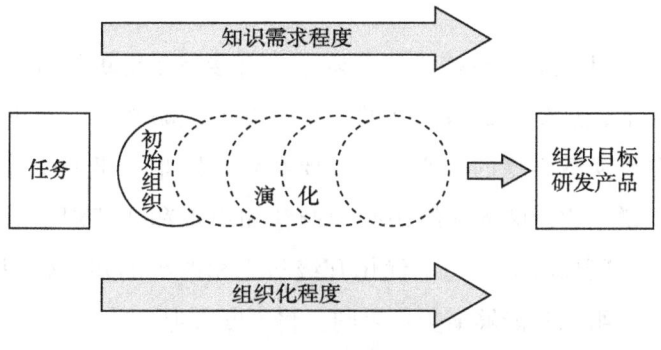

图3-5　基于任务的组织演化过程

因此，J组织在防御型阶段确认任务就相当重要，必须有计划地瞄准下一步的多元战略目标，而不是为了维持表面"繁荣"而接下所有政府任务订单。

最后，不断提升战略转型能力。

"战略转型能力"是战略转型的关键。❶ 从战略转型能力的内涵来看,它是一种为了与环境保持互动而对组织进行革新的能力,也是一种整合与配置内外部资源的能力,因而同时具有"动态性"和"特殊性"。❷ 变革启动前,对外应更重视环境洞察能力,对内则要重视组织的学习能力,为知识创新奠定基础;变革启动后,对外则应注重资源利用,对内则在管理上下功夫,不断提升组织的持续发展能力(见图 3-6)。

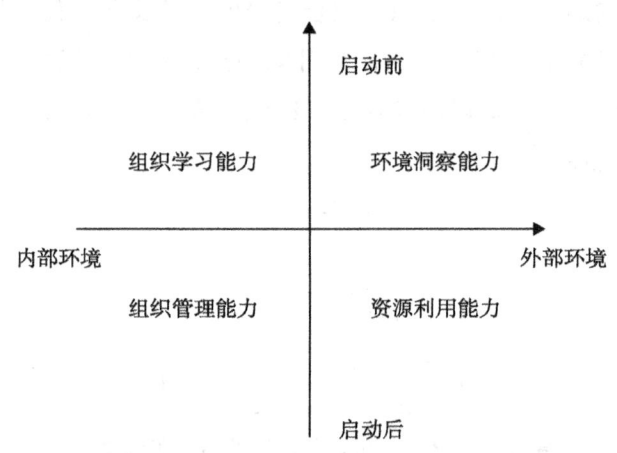

图 3-6　战略转型能力结构模型

2013 年,由于突然的机构改革和调整,直接将 J 组织放置在一个可能的第二曲线起点上,这是 J 组织面临的一次重要的战略转型。它不仅要在非常短的时间内凝聚涣散不稳的人心,而且要在各种困难中迅速生成组织的新优势。从根本上说,它意味着 J 组织必须调整知识观和变革观,加速形成以知识创新为基础的新核心竞争力,优化升级与之相匹配的知识管理体系。如果转型成功,那么组织就能够新生;否则,将不断衰退。

(二) J 组织变革的总体目标

目标是组织最重要的条件,任何一个组织都是为一定的目标而组织起来

---

❶ ZOTT C. Dynamic Capabilities and the emergence of infra industry differential firm performance: Insights from a simulation study [J]. Strategic Management Journal, 2003 (24): 97-125.
❷ 唐健雄. 企业战略转型能力研究 [M]. 长沙:湖南人民出版社, 2010.

的。无论其成员各自的目标有何不同,其都有一个为其成员所接受的共同目标。组织目标具有差异性、多元性、层次性和时间性,是识别组织的性质、类别和职能的基本标志。

J组织变革的目标是指J组织未来一段时间内要实现的目标,这为组织的前进指明了方向,也为组织的活动确定了发展路线。

1. 提升J组织的核心竞争力

组织的竞争力也是组织及其管理者的适应性和应变能力,它已成为组织的核心竞争力,也是在竞争中胜出的重要法宝。在组织管理当中,管理者既是决策的裁定人和制定者,又是组织资源的协调人和分配者。组织变革后的管理者要使组织在运作中更具灵活性和高效性。不断提高高质量研究服务水平、创新知识生产是J组织的主要发展目标,因此,组织管理人员要想增强创新意识,就要不断改进和完善组织业务流程,更新产品和服务质量,不断协调和整合组织部门,提高组织的核心竞争力。

2. 调整J组织的适应性

组织的适应性是组织变革的主要目标之一,即进一步提升组织的结构和管理模式适应环境变化的能力。调整组织的适应性要求,顺应时代发展和环境变化进行组织变革,既要保障已有运营秩序,又要对组织的管理制度、任务目标、组织结构、人员配备等架构做出相应调整,使组织结构、管理人员和专业研究人员能更好地适应新环境的发展变化,从而推动组织高效、高质量地发展与提升。

3. 凝练新的J组织文化

J组织发展历史较长,业内有良好的口碑,如何在变革面前不慌乱、如何营造利于创新的氛围,这都需要进一步凝练组织文化,组织文化是J组织多数成员共同追求的最高目标、价值标准,遵循的基本信念和行为规范等的总和,具有独特性,也具有发展性,既要继承和发扬原有的优良传统,又要对组织传统进行创新和发展。

二、构建 J 组织发展的战略地图和基本原则

(一) 构建 J 组织发展的战略地图

战略地图的说法是由卡普兰和诺顿提出的,其实质是阐述如何将组织的战略可视化,描述的是实现组织战略的逻辑路径图。❶ 一般来讲,战略地图以清晰、富含逻辑的图表方式,将战略转化为统一说法和执行语言,]战略领域和评价指标可以被清晰罗列,以此使决策层更容易梳理战略,把握方向,使组织内部各个层级对战略更容易理解和执行。

基于上述分析,J 组织设计了变革战略地图,对 J 组织四个层面的价值导向进行了整体描述(见图 3-7)。

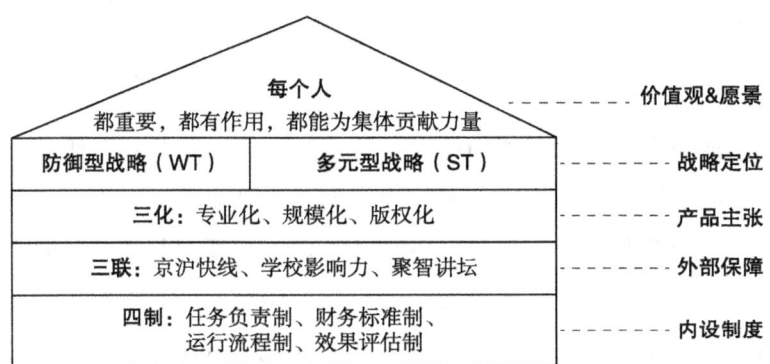

图 3-7　J 组织变革战略地图

"每个人都重要,每个人都有作用,每个人都能为集体贡献力量"是 J 组织的愿景和价值观,从字面意义上讲,是一个层层递进的关系,首先阐述了每一个人的不可替代的独特价值,其次阐述了每个人无论什么工作岗位、学历高低、能力大小都有作用,最后描述了个人和集体(组织)的正向关系。很显然,这也是 J 组织文化建设的重要内容。所谓组织文化,是组织在其管理实践中,逐步形成的、为全体员工所认同并遵守的、带有本组织特点的使

---

❶ 屠兴勇. 组织知识定义及多维立体型分类框架研究 [J]. 管理学家学术版,2012,2 (16).

命、愿景、宗旨、精神、价值观和经营理念，以及这些理念在生产经营实践、管理制度、员工行为方式与对外形象上的体现的总和。简单讲，就是一个组织的价值观、信念、仪式、符号、处世方式等组成的特有的文化形象。任何组织从筹备建立时便开始逐步形成某种特定的组织文化。组织文化在很大程度上决定了员工的看法和对周围世界的反应。而组织的战略目标应与其使命、愿景和价值观密切相关。八年中，J组织采用了两种战略进行发展，2013—2014年主要是防御型战略，2014年后主要是多元型战略。

组织在生产产品上始终坚持"三化"原则，即走专业化道路，不做非专业的沟通；走规模化道路，不做个别机关单位的附庸；走版权化道路，鼓励保护知识创新和转化。

在组织间倡导"知识共享"，不断建立"战略联盟"。一是与华东师范大学基础教育研究所建立并形成了长期的一年两次的"京沪快线"；二是与16个区县和千余所中小学成立了"学校影响力"联盟；三是与北京相关科研院所形成"聚智"专家联盟。

在组织内部不断完善科学制度和流程。任务负责制主要是在业务工作中选择合适的负责人，成立小组，给予充分授权；财务标准制指的是按照财务要求，各个研究小组以同一标准推进，不允许组织内部出现劳酬多重标准；运行流程制指的是研究小组工作推进流程透明化，进行周工作汇报；效果评估制是指每个月对小组工作进度、工作效果进行评价。

相应地，在组织结构、人员配备等方面也采取了具体措施。

（二）基本原则

1. 战略导向原则

战略导向原则就是指组织的一切行动都必须在组织战略的指导下进行。换句话说，就是组织的一切活动都必须和组织的发展战略保持一致。只有这样，组织的发展才能形成一种合力，更好地达成组织目标。

如果说，组织战略更多的是对组织领导人的要求的话，那么，战略导向则是组织的集体行为，主要通过信息沟通、解释，达成集体共识，即形成战略导向，而后通过集体努力实施战略导向，最终达成组织的目标，实现组织和个人的不断发展。可见，战略决定组织，组织支撑战略有效落地。

2. 服务创新原则

服务创新原则是指新的设想、新的技术手段转变成新的或者改进性的服务方式。其既包括发现新的理论、进行新技术升级，也包括研发新的工具、应用新的服务方法等活动。这一原则提示我们，服务创新不只是向组织提供一份研究报告，更可能是与新知识产生的较量，知识创新是服务创新的基础，因此对服务创新来说，知识管理十分重要。技术是知识的实践性运用，对技术的掌控能够反映出知识水平。知识是进行创新的一个必不可少的条件，是持续创新的动力。任何组织系统的变革无不包含在"维持"和"创新"中，组织变革总是适度的维持与适度的创新的融合体。

3. 结构灵活原则

战略方向是坚定不移的，但是服务于战略方向的战术则要灵活机动，不能一成不变。既要有坚定不移的战略方向，又要有灵活机动的战略战术，当长则长，当短则短，长短结合，相得益彰。这个原则就要求组织结构与战略目标相匹配，不需要过分追求形式完美和时髦的理论概念。

4. 动态适应原则

动态适应原则是指在组织中，人与事、人与岗位的适应性是相对的，不适应是绝对的，从不适应到适应是一个动态的过程。从不适应到适应是在运动中实现的，随着事业的发展，适应又会变为不适应，只有不断调整人与事的关系，才能达到重新适应，这正是动态适应原理的体现。因此，人员配备和调整不应是一次性活动，而应是一项经常性的工作。❶

这一原则的指导思想是让组织结构具有弹性，能够比较快地适应环境的变化，并迅速地做出决策。让知识和职权更密切地配合，使决策由那些拥有知识的个人和团体来制定，从而保证决策的正确性，以达到组织目标。

---

❶ 孙永正. 管理学 [M]. 北京：清华大学出版社，2003.

三、J 组织变革的防御型战略地图和实施要点

（一）防御型战略地图简述

J 组织对 2013 年的变革显示出准备不足的状态，既表现在业务方向的调整上，也表现在员工的心态上。因此，这个时期出现了很多困扰 J 组织管理和发展的具体问题，诸如如何才能尽快稳定 J 组织人心？如何才能尽快找到发展的突破点？等等。那么，如何在这些问题中找到最重要的、最需要解决的问题呢？

美国管理学家科维认为，事件（工作、任务、目标等）可以按照重要和紧急两个不同的程度进行划分，这样就能够清晰地看到四个"象限"：❶ 紧急重要、重要不紧急、紧急不重要、不紧急不重要（见图 3-8）。这样的划分既明确了事件的轻重缓急，又为有序处理提供了依据，即先处理紧急重要的，然后处理重要不紧急的，再处理紧急不重要的，最后处理不紧急不重要的。

图 3-8 科维"四象限"

由此，J 组织将防御战略的各个领域做了"四象限"划分，瞄准了三个重点领域，对战略布局、发展方式以及内设结构都做了相应调整，在整体战略的基础上，将防御型战略地图进一步细化，如图 3-9 所示。

---

❶ 孙永正. 管理学 [M]. 北京：清华大学出版社，2003.

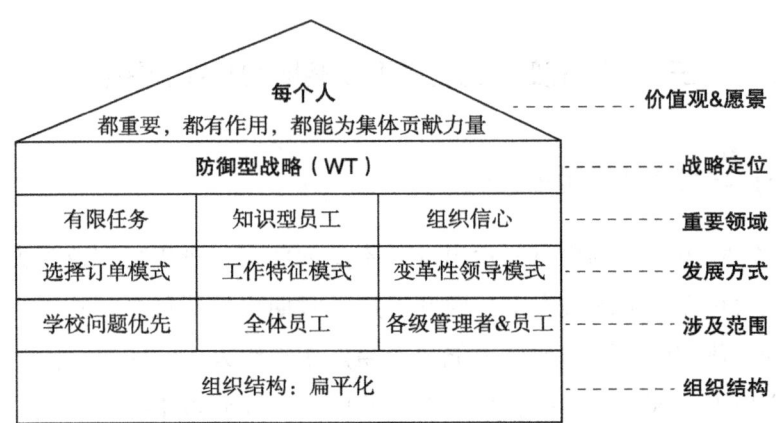

图 3-9　J 组织防御型战略地图

(二) 三大重点领域

J 组织按照"四象限"法分析,找到了重要紧急的领域(见图 3-10),并调整了相应的处理办法。

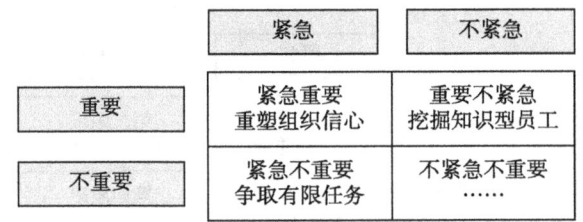

图 3-10　防御型战略重点领域

1. 提升集体效能感,重塑组织信心

2013 年,为了"打造教科院优势领域"而抽调了 J 组织研究室人员后,遗留的员工产生了恐慌:留下的是不是不够优秀?是不是意味着被抛弃?应不应该留下或者另谋出路?调整后的 J 组织还有没有未来?或者说 J 组织还能不能成为有业务竞争力的组织?还能不能重现往日辉煌?一系列的问题带来了对自己发展的无力感和对集体的不信任感。由此可能产生消极的防御性反应,比如拒绝变化、逃避任务和旁观退出。为了减少这种反应,有学者指出,变革组织时应该帮助成员树立对组织能够解决这些矛盾的信心,即效能感。班杜拉

(2000)指出，个体会逃避那些他们认为超出了他们应对能力的活动，会执行那些他们认为他们有能力完成的任务。❶ 因此，当组织变革时，集体效能感可能是影响组织积极回应、采取主动战略变革的重要推动力。组织如若希望战略变革能够按照领导者所希望的方向发展，那么必须形成与领导一致的信念。

可见，集体效能感是战略变革的准备，构建集体组织的变革信心可以作为减少抵抗的策略，即组织形成高集体效能感有助于推动战略变革。❷ 因此在实施中要注意以下要点。

第一，变革型领导是推动集体效能感形成的动力。"一把手"文化在组织战略变革中能产生至关重要的作用，但不是每一个"一把手"都能够成功推动战略变革，其个人素养、心理因素等都起着重要作用。只有对组织未来发展充满信心，理性分析判断、不惧挑战、致力于推陈出新的领导者才能完成这项艰巨的任务。这样的"一把手"被称为变革型领导。❸

不同于变革型领导，交易型领导更加强调领导与员工之间的交易互动，领导向员工阐明任务要求及完成任务所能获得的回报，并根据任务完成的情况给予员工相应的奖惩。整个过程类似一场交易，将员工看作追求自身利益最大化。而变革型领导更加强调激发员工的内在动力，通过促进员工的较高层次需求来影响他们，使他们能够超越自身的利益为组织利益作出贡献，并产生超过预期的工作效果。从本质上看，变革型领导是在"建立追随者组织承诺并且授权他们完成组织目标的过程"中，通过一系列行为影响追随者。贝斯等（1989）将行为维度确定为四部分，即理想化影响力（魅力）、鼓舞性激励、智力激发、个性化关怀。❹ 理想化影响力指领导者提供组织愿景，培育追随者的使命感和自豪感，赢得追随者尊重和信任，激励追随者不断追求卓越；鼓舞性激励指领导者成为下属榜样，传达愿景并使用文化符号等增强

---

❶ BANDURA A. Exercise of human agency through collective efficacy [J]. Current Directions in Psychological Science, 2000 (9)：75-78.

❷ ARMCNAKIS A, HARRIS S G, MOSSHOLDER K W. Creating readiness for organizational change [J]. Human Relations, 1993 (16)：681-700.

❸ 刘鑫，薛有志，周杰. 国外基于CFO变更视角的公司战略变革研究述评 [J]. 外国经济与管理，2013, 35 (11)：37-47.

❹ 张国玲. 变革型领导与组织变革关系研究 [J]. 宁夏社会科学，2018 (11)：123.

组织凝聚力；智力激发即领导者鼓励追随者质疑传统思维方式，审视自身基本价值观和信仰；个性化关怀主要体现为领导者对追随者个别化需求的关注以及通过个别化指导等方式最大限度地挖掘追随者的潜能。

第二，聚焦个体层面，形成变革型管理团队。

研究表明，同事提供的社会支持、社会认同能够促进集体效能感。❶ 因此，仅仅有变革型领导是不够的，还需要一个变革型管理团队。构建新的管理团队，主要的方式是个别沟通、情感关怀和智力激发。通过一对一的沟通说服，激发管理者对组织发展受阻的不甘心，唤醒其情感承诺，使得他们更愿意朝着解决组织现有问题的方向而努力。

第三，聚焦团队层面，形成集体效能感。

聚焦团队层面的变革型领导行为强调构建共同的价值观和思想，❷ 主要通过会议、报告、工会活动等形式向组织成员做出承诺，调整后的 J 组织领导一上任就给全体员工写了一封题目为《彼此珍惜，让我们金贵起来》的信，其目的是通过对理想的描述唤起员工对实现战略转型的效能信念。而工会活动的"春运动 夏观影 秋摄影 冬才艺"的"四季活动"也是为了调动员工的积极情感体验，凝聚鼓舞人心的集体效能感。通过这些活动，留下的员工即使不是信心满满，对组织未来也心存希望。

一年后，由于 J 组织的变革取得了一系列成绩，获得了上级认可，流失人员得到补充，年终考评优秀，有 2 名青年员工获得了"优秀青年"称号，领导者获得了"优秀书记"称号，由此更加速了集体效能感的形成。我们可以把这个组织效能感的形成过程和实施要点用图 3-11 表示出来：

---

❶ AVANZI L, SCHUH S C, FRACCAROLI F. Why does organizational identification relate to reduced employee burnout? The mediating influence of social support and collective efficacy [J]. Work Stress, 2015, 29 (1)：1-10.

❷ 刘鑫，薛有志，周杰. 国外基于 CFO 变更视角的公司战略变革研究述评 [J]. 外国经济与管理, 2013, 35 (11)：37-47.

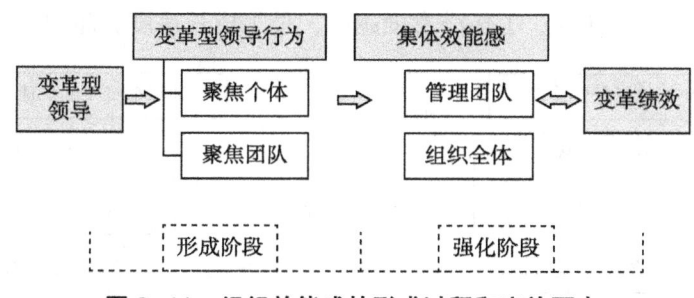

图 3-11 组织效能感的形成过程和实施要点

2. 挖掘知识型员工，助力个体知识到组织知识的转化

J 组织的战略目标是通过知识的生产、创新和应用重新获得核心竞争力，为此，就必须挖掘、培养知识型员工，并充分发挥其作用。管理大师德鲁克率先提出知识型员工的概念，他认为知识型员工就是"那些掌握和运用符号和概念，利用知识或信息的人"。❶ 研究文献表明，影响知识型员工成长的因素多种多样，包括工资报酬与奖励、机构发展前景、个人发展空间、挑战性工作等。❷ 其中，哈克曼与奥德海姆通过实证研究，发现挑战性任务更有利于知识型员工的产生。❸ 他们认为，挑战性工作至少有以下五个特征：

①任务重要性，指员工完成的活动任务对其他人的实际影响程度。

②任务完整性，指员工完成活动任务的完整性和可识别的程度。

③技能多样性，指员工完成不同活动任务所需拥有的技术和才能的程度。

④任务自主性，指员工在完成活动任务过程中，安排工作内容和程序上的自由、独立程度以及自主权限。

⑤即时反馈性，指员工在完成活动任务过程中，可直接明了获得绩效反馈的程度。

从图 3-12 可见这五个因素对员工成长的作用，前三个维度的有效组合使得员工体验到了有意义的工作任务，拥有工作自主性，就明确了责任；即时

---

❶ 彼得·德鲁克. 已经发生的未来 [M]. 许志强，译. 北京：东方出版社，2009.
❷ 张望军，彭剑锋. 中国企业知识型员工激励机制实证分析 [J]. 科研管理，2001 (6)：90-96.
❸ 斯蒂芬·P. 罗宾斯，蒂莫西·A. 贾奇. 组织行为学 [M]. 孙健敏，李原，译. 北京：中国人民大学出版社，2008.

反馈工作表现，员工就能知道自己的绩效。在这样的循环状态下，员工工作的内部动力、工作绩效、工作满意度越高，员工成长速度就越快。

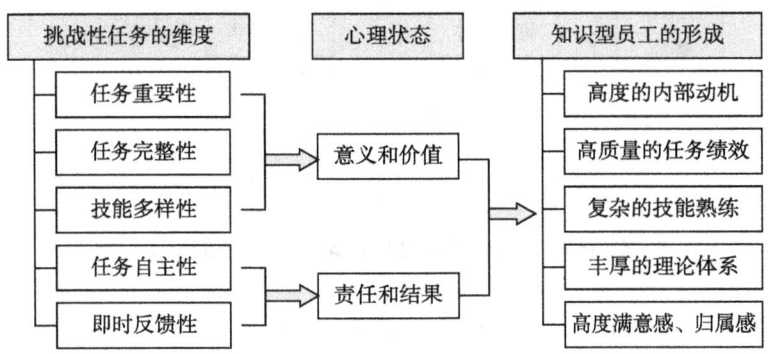

图 3-12　知识型员工成长模式

由此，实施中就必须注意两点：

一是不断提供"挑战性任务"，不断开发个体知识资源。

人是知识的载体，人的能力具有动态变化特征。只有不断地进行信息与知识的输入与加工，才能保持智力资源增值。开发与利用个人的知识资源是组织获取价值的来源，也是组织核心竞争力的源泉。个体知识资源的形成实际上是人在学习过程中的进化作用及其实践工作中的增值作用，在一个群体创新的氛围中，个体通过与其他人的互动、启发、情绪感染、价值取向模仿，逐渐形成创新能力。所以，以个体形式存在的知识资源形态是指组织中单个成员所拥有的知识，是个人接受教育、岗位实践、心智模式与遗传等要素的综合体。2013年，J组织在内部给每位员工内设了一个"小课题"，既为每位员工提供"挑战性任务"，又试图发现有可能转化为组织知识的研究成果。

二是把个人知识转化为组织知识，减少隐性知识的存量。

知识型员工可以成功地提出方案、解决问题，但是一个组织就必须将具有不同知识结构的个体组织起来，优势互补，形成集体智慧，分析与解决复杂问题。如果一个组织中大多是个体知识甚至是个体隐性知识的话，对于个人而言，主要工作方式是按照习惯进行，工作效率也许很高。但由于这种知识的交流和共享性差，因此团队协作困难，整个组织不能达到最优效率。因此，减少个体知识和隐性知识在组织中的存量，保持知识形态的动态性，更有利于提高组织的核心能力。转化的方式主要有报告会、分享会等。

3. 争取有限任务，稳定业务范围

该领域主要针对的问题：一方面是调整后的 J 组织的业务是否还能得到立项部门的认可，是否仍然能够接到立项任务单？另一方面是调整后的 J 组织需不需要为了维护原有立项大户的荣誉而拼命争取立项？仔细分析起来，问题的实质是调整后的 J 组织未来的发展路径是什么。因此，必须正确认识发展目标和立项任务之间的关系。目标是引导行动的关键，是证明行动的价值和意义前提。立项任务可以是目标的一部分，通过立项任务不断逼近目标，但并不是所有的立项任务都朝向组织目标。现实中也存在为了争取资金支持、配合上级工作而进行的立项任务。

调整后的 J 组织的主要目标是尽快形成自己的核心竞争力，而不是从事配合、支持性质的工作，因此，立项任务上采用的优先排序，在外显行动上就表现为争取立项和有限任务。

（三）调整组织结构，倡导扁平化管理

组织结构对组织变革来讲，意义非同一般。众所周知的"三个和尚没水吃"和"三个臭皮匠，胜过诸葛亮"，都呈现了组织结构的不同效果。组织结构管理得好，可以形成整体力量的汇聚和放大效应，否则，就容易变成一盘散沙，甚至造成力量相互抵消的"窝里斗"局面。J 组织提出的"每个人"的新愿景、防御型战略的三大领域都强调对个体的无上尊重，对新知识生产的培植，要求减少中间管理层级，加大管理幅度，建立一种促进信息的传递与沟通，使组织变得更灵活、敏捷和富有弹性的管理方式。因此，在组织结构上，J 组织试图调整原有的以专业分工、经济规模的假设为基础的科层管理结构，更多地采用扁平化结构。

扁平化结构有很多特征，❶ 比如，以工作流程为中心而不是以部门职能

---

❶ 梅胜军. 转型变革中的组织危机感及其对战略选择的影响机制研究 [D]. 杭州：浙江大学管理学院，2010.

来构建组织结构。换言之，结构围绕目的转，职能部门（比如研究室）的职责也随之逐渐淡化。例如，纵向管理层次简化，取消中层管理者的岗位，使指挥链条最短；又如，实行目标管理，让每一位员工做工作的主人；等等。

2013年，J组织由于多个研究室剥离，实际上研究室人员所剩无几，研究室职能几乎散失，因此，在重塑组织效能感和挖掘知识型员工方面都倾向于给每一位员工任务，由此形成的实际上是网络型组织结构。就是说，每位员工都是网络上的一个节点，都可以直接与领导者和其他人员、部门进行信息和知识的交流与共享，他们之间是平行对等的关系，呈现出联系的多边性和交流合作的充分性。这是符合J组织实际情况的，也是对实际情况的回应。其组织管理结构如图3-13所示。

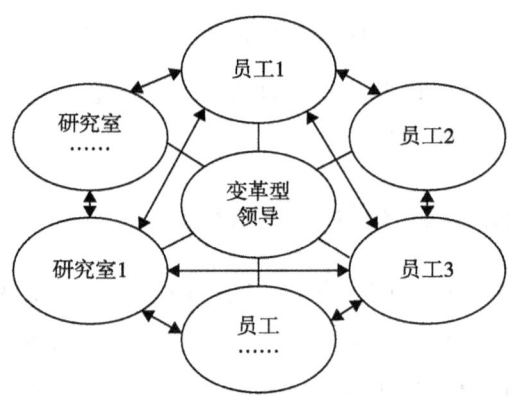

图3-13　防御型战略组织结构

四、J组织变革的多元型战略地图和实施要点

（一）多元型战略地图简述

2014年，北京教育科学研究院干部会上倡导"要研究问题、解决问题"，在工作要点中强调"坚持跟进式服务与前瞻性研究相统一，进一步加强前瞻

性研究"。❶ J组织敏锐地感受到教科院的发展目标发生了转移，如果说以往强调的"要研究基本问题、掌握基本方法"是教育研究"教育学"的方向，"问题导向"的提法则更朝向"关系"和"转向"的方向。"前瞻性研究"是针对"跟进式"的，可以认为不仅要"跟进"，而且应该"前瞻"，这意味着研究服务方式的变化。

2013—2014年，实施一年防御型战略的J组织取得了一系列成绩，组织效能不断提高，因此这是一个良好的战略转型时机，可以尝试着从防御型战略向多元型战略转变。那么，怎么选择组织变革的突破点呢？自2003年起，J组织个别研究者非常关注学校发展研究，以个案的方式观察一个学校的发展，并给学校提供解决问题的方案，此后研究对象不断扩大，研究小团队逐渐形成，发表了系列研究成果。❷ 这不仅标志着J组织研究人员关于学校发展的研究有了新的进展，也标志着J组织有了新的突破点。

J组织在多元型战略中瞄准了三个重点领域，对战略布局、发展方式以及内设结构都做了相应调整。其战略地图如图3-14所示。

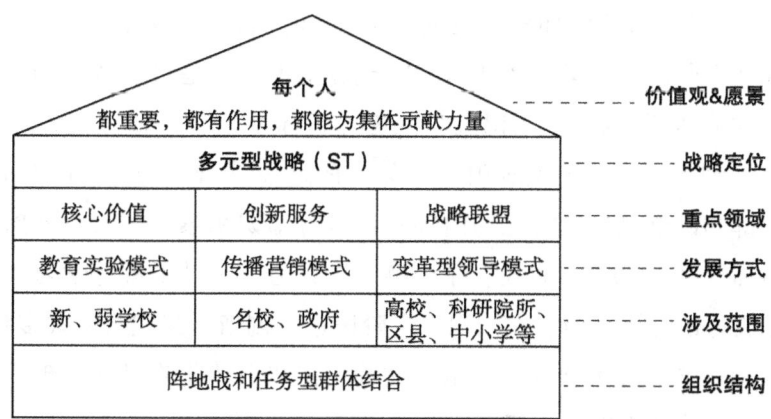

图3-14 J组织多元型战略地图

---

❶ 参见北京教育科学研究院文件，2014年工作要点（内部资料）。
❷ 张熙. 中小学特色建设枣形模型和应用研究［J］. 教育科学研究，2015（2）. 该成果于2014年获北京市教育教学成果一等奖。

(二) 三大重点领域

1. 关注"知识流",提高组织核心竞争力

现代教育如果没有科学研究是无法进行的,教育科学研究要为教育宏观决策科学化、民主化服务,要为教育改革和发展的实践服务,为繁荣教育科学理论服务已达成共识。作为一个教育科研的专门组织,J组织具有所有教育研究机构的共性功能,都在回答"是什么""为什么"和"怎么样"以及"怎么办"的问题,其不仅描述教育事实、解释教育现象、预测教育趋势,也提供对策、改进现实;既提供思想上的反思功能、理论上的澄清功能,也彰显价值上的创造功能、方法上的示范功能。但与此同时,每一个组织也有其特殊的优势。

组织优势的生成在学界大致有外生论和内生论两种取向。❶ 外生论指的是通过一定手段在市场占有巨大份额或者受到壁垒式的保护;内生论则认为能够产生竞争优势的"独特资源"正是企业所拥有的难以交易和模仿的知识或者知识集合。对于J组织而言,更重要的是在内生上下功夫。

正如前文所述,组织的"知识流"或者知识体系是组织核心能力和竞争优势形成的关键。❷ 这个"知识流"或者知识体系是一个知识获取(积累)、知识生产(创新)以及知识应用(转化)的过程。❸ 通过整合外部知识、结构化的内部知识以及非结构化的内部知识进行知识积累,既为内外部知识的共享与传播提供了有效的输入、输出渠道,又为组织员工进行学习和知识交流营造了良好的知识环境。在知识生产阶段进行创新,其成果形式多种多样,表现为政策建议、市场预测、学术论文等。在知识转化阶段则表现为理念的扩散、科学方法的推广等。可以用图3-15表示。

---

❶ 谷奇峰,丁慧平. 企业能力理论研究综述 [J]. 北京交通大学学报(社会科学版),2009,8(1): 17-22.

❷ 曹小英,牟绍波. 农产品物流企业核心竞争力评价指标体系研究 [J]. 物流技术,2015(17): 51-53.

❸ 美国信息研究所. 知识经济21世纪的信息本质 [M]. 王亦楠,译. 南昌:江西教育出版社,1999.

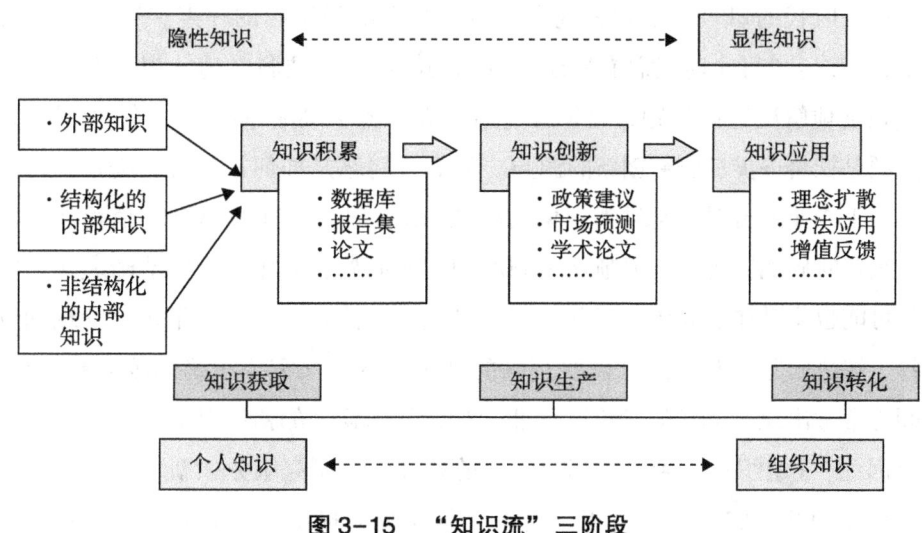

图 3-15 "知识流"三阶段

由此,实施过程中首先必须尽可能创造"转化场",以便于个人知识转化为组织知识、隐性知识转化为显性知识。"转化场"包括变革型领导、报告会、分享会以及灵活的组织沟通体系等。其次,在知识生产和转化上尽可能走规模化、专利化道路。

2. 关注引导需求,创新知识服务

长期以来,J组织科研服务的方式主要表现为立项研究,也可称为政府资助研究。这种由政府提供资金的研究模式主要是地方政府根据地方政治经济发展与社会治理的实际情况,确立地方年度相关重点领域与重要问题,并分解为一个个项目,分派到不同研究部门并限时完成,带有明显的时间性、政策导向性。当然,其顶层设计包含中央政府层面的方向性指引和地方政府相对于自我管辖区域的顶层设计两个维度。

作为一个研究机构,J组织在完成立项任务的过程中也时常迸发研究的闪光点,但是究其根本,研究任务和问题都是分派的,科研部门可以忽略实践中丰富的需求,几乎不用发现问题,更不用寻找对策,"跟随式服务"严重。因此,如何发挥J组织的科研优势,真正改变"行政性科研工作"的尴尬局面,理清科研机构价值创造的体系和获取自身的竞争优势,成为J组织亟待解决的问题。

马克思曾指出:"问题就是公开的、无畏的、左右一切个人的时代声音。

问题就是时代的口号,是它表现自己精神状态的最实际的呼声。"❶ 习近平总书记也指出:"每个时代总有属于它自己的问题,只要科学地认识、准确地把握、正确地解决这些问题,就能够把我们的社会不断推向前进。"❷ 可见,发现问题是社会进步、研究创新的源泉。那么,问题是如何被发现的呢?问题可能来源于专业人员对司空见惯现象的敏感,来源于丰富的实践等。值得注意的是,很多时候能够为人们清晰认识到的问题是问题,有感觉未能清晰表达为问题的可能也是潜在的问题。问题并不总是轻易、清晰、自动地呈现。发现问题不易,解决问题更难。这既需要正确的理论指导,又需要正确的政策和策略,中间也常常出现"问题等理论"而非"理论等问题"的错位现象。

因此,J组织认识到,在当今开放的条件下,研究服务创新不应只是简单地申请立项和完成立项的过程,也不只是向政府提供一份研究报告,新知识的生产、新技术的研发、自主品牌的建设,这样的服务创新是以知识创新为基础的。由此形成了需求—能力—创新模型,即发现需求、引导需求阶段是指组织主动把握创新实践机会,能力积累阶段则表现为能力宽度(如产品等)和能力深度(如核心技术)的动态组合提升,最终形成多样的服务创新,其既可以表现为研发的新产品、引进的新技术,还可以表现为服务标准、信息传递形式等,这和"知识流"的三阶段发展是完全吻合的,知识是持续创新的动力(见图3-16)。

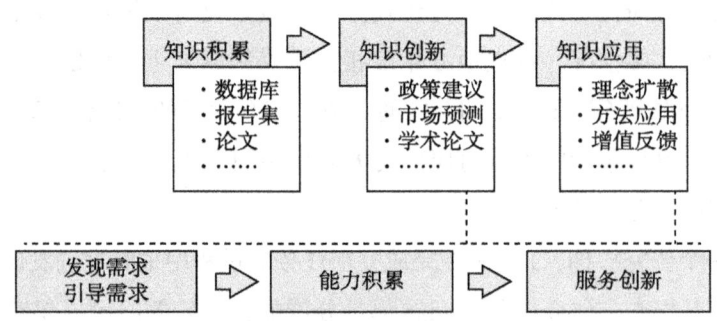

图 3-16 需求—能力—创新模型

---

❶ 马克思,恩格斯. 马克思恩格斯全集(第40卷)[M]. 北京:人民出版社,1982.
❷ 习近平. 在哲学社会科学工作座谈会上的讲话[N]. 人民日报,2016-05-19 [2020-10-16].

在实施中就要注重树立新服务理念，营造宽松氛围，允许提出"不正常"的想法、观点。对"跟随服务"和"前瞻服务"进行分析，以研究"前瞻性"激发创造动机。还要认真进行需求分析，寻找能够成为"问题"的需求，对自身具有的资源进行认真分析，尽可能多地形成组织知识，从而解决问题。由于外部知识的获取以及内部知识的共享都和信息技术存在着紧密关联性，因此就技术维度而言，应该不断地追求创新。

3. 关注组织间知识共享，打造战略联盟

J组织在外部关系上主要面对三个群体：上级政府（立项方），区县研究所和学校，高校、学会等组织。不可否认，不管不得不选择还是主动选择这三个群体，都有一些合理因素，诸如存在互补性等，但是这样的关系也越来越不适应战略联盟发展的需要。举个例子讲，J组织曾参与了直辖市的教科所长联盟，四地轮流举办，由于各地机构名称相同但业务工作各有侧重点、经费来源多种多样，于是每次会议都是关于人员编制、经费拨款以及管理办法等的介绍，涉及的知识创新有限。可见，这样的伙伴关系比较重视个体指标，忽视关系指标。个体指标是指区域、机构属性等，比较容易分辨；关系指标则和主体业务相关联，和组织核心竞争力相关，相对不易被评估，因此无法反映知识共享整合和创新的要求。

J组织期待的战略联盟是两个或者两个以上的组织在知识生产创新的共同目标利益的驱使下组成共享信息、共享利益的新型组织结构体系。这样不仅有利于获得更多有关外部环境的信息，提高组织对战略实施所处的技术水准以及外部环境变化的预测和判断力，从而提高联盟组织对外部环境的应变能力，而且有利于不同的分析视角、不同的思维方式以及不同的管理风格在联盟中的冲突和碰撞，从而可能激发新的创新思想，更有利于知识联盟中合作任务的有效完成。不同的组织具有各自特色的文化，为组织学习创造了更多的学习机会。每种文化都有其长处和独特性。文化的差异性越大，向联盟伙伴学习的潜在机会可能就越多。

由此，J组织努力构建两种新型战略联盟：一是每一个组织都拿出自己内部独特的优势资源，在合作共享中优势互补、密切配合，进而实现共同目标

(见图3-17)。二是J组织以自己的核心资源组建联盟团队,在促进整体性联盟共享的基础上,促进横向盟友之间的共享(见图3-18)。

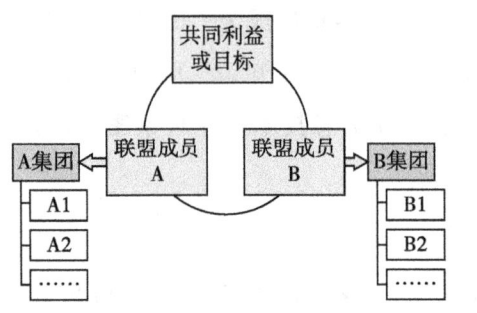
图3-17 战略联盟模式1

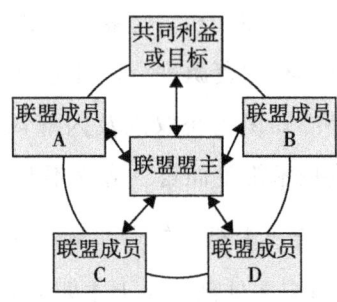
图3-18 战略联盟模式2

在实施中,京沪快线、学校影响力大联盟的建立就是第一种模式和第二种模式的典型代表,而聚智讲坛可以看作第二种模式的变式。

与三大领域紧密相关的是科研人员的评价标准研究。科研评价体系是科研院所科技工作中非常重要的一部分,但长期以来,科研论文被作为评价科研工作的主要对象,论文的数量成为科研工作的量化标准,特别是强调核心期刊、C刊的数量。这直接导致包括J组织在内的许多科研人员对科研成果的认知依然停留在论文的数量和专利的多寡上面,忽视了科研工作的真正价值和实际质量,产生急功近利心态,不愿意潜心去做一些难度较大、周期较长的科研课题,更不愿意做转化支持工具的研究。学术论文和专著以惊人的速度增长,但实践影响力却没有多大变化,可以说是论文大所,却非科研强所。J组织深受评价标准的困扰,但是由于是二级部门,在科研绩效评价上权限有限,因此,J组织的变革实际上受到了很大制约。

(三)优化组织结构,组建任务型群体

为了更好实现组织结构与战略匹配,J组织结构优化的方向有以下三个:

一是重新定义业务组织。按照战略要求,明确业务规划,进行分工。由此,J组织设立了两个学校发展研究室,分别针对义务教育和高中教育中学校的发展问题进行研究,可谓在常规领域打"阵地战",讲究的是可持续推进。设立了教育政策室,专攻政府立项研究,延续教育服务。

二是补充缺失功能。从科研价值链构成来看，科研组织的核心价值是强大的科研实力和技术开发能力，其产品应该不仅是研究报告，而且应该包含高技术的改进实践的方案和咨询服务。由此J组织专门设置了教育实验室，既对个性化的、未来性的问题进行探索，也不断尝试为基层提供有技术含量、"拿来就能用"的教育产品。

三是效率优先，组建任务型群体，减少组织层次。J组织现有规模并不大，人员数量也不是很多，因此，为了提高组织的效率，要适当减少组织的层次，实行充分授权，加强监督。与此同时，不断组建任务型群体，这是为完成某项工作任务而在一起工作的人组成的群体。任务型群体主要是和任务相关的人员，有指定的也有自愿参与的，管理上不必遵循组织内的上下级关系，对任务委派方直接负责。J组织的"减负研究""××区的十四五规划研究"均属于此。

我们可以把这个结构用图3-19表示出来：

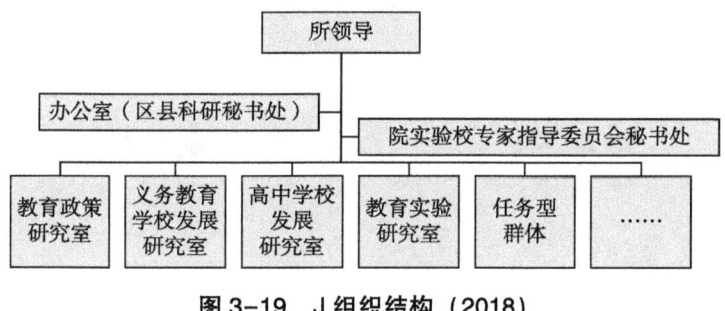

图3-19　J组织结构（2018）

综上所述，核心能力的认知导致战略变化，资源资本认知导致变革过程的变化，对人员和组织间知识的转化认知导致结果的变化。

小　结

本章分析了战略转型的条件，阐述了J组织的变革总体思路，在提升核心竞争力、调整适应性以及凝练新的组织文化的总体目标基础上提出了战略导向、服务创新、结构灵活、动态适应四项变革原则，并构建了组织发展的战略地图，在"每个人都重要、每个人都有作用、每个人都能为集体贡献力量"的价值观和愿景的引领下,对战略定位、产品主张、外部保障和内设制度做了讨论。在防御型战略中着力提升组织效能感,描述组织效能感的形成过程和实施要点;挖掘知识型员工成长的模式,助力于个体知识向组织知识转化;并用有限任务稳定业务基本面,相应地调整组织结构,进行扁平化管理。在多元型战略中重点关注"知识流",提升组织的核心竞争力;关注引导需求,创新知识服务;关注组织间的知识共享,建设知识战略联盟。由此,进一步优化组织结构,以任务型群体替代扁平化管理。

下 编

第四章
新知识流生产案例研究

组织的知识流或者知识体系是组织核心能力和竞争力形成的关键。❶ 这个知识流或者知识体系是一个知识获取（积累）、知识生产（创新）以及知识应用（转化）的过程。❷ 新知识流的生产是组织变革的价值所在，但很多组织往往未能洞悉新知识流的表现、机制与路径，陷于困境中而寻不到突围之路，最终在新知识流生产的征程中败下阵来，不能产生核心竞争力，遭受着挫败感的煎熬。那么，新知识流的生产主要有什么样的表现呢？又是通过何种机制形成的呢？

一、新知识流生产的表现

从生产的过程上看知识流是一个知识获取（积累）—知识生产（创新）—知识应用（转化）的过程；而从结果上看，知识流则是经过确证的真信念，就是说，凡是知识流都包含着三个基本要素：信念、真与确证。

所谓信念，是指知识的主观性，知识都是主体人对某种现象、某种事物或者某种问题的认识。所谓真，是指知识的客观性，就是说并不是所有的信

---

❶ 曹小英，牟绍波. 农产品物流企业核心竞争力评价指标体系研究［J］. 物流技术，2015（17）：51-53.
❷ 美国信息研究所. 知识经济21世纪的信息本质［M］. 王亦楠，译. 南昌：江西教育出版社，1999.

念（认识）都能称为知识。所谓确证，就是指知识的客观性和主观性的统一，这个统一就在于其经过了充分的论证，有确证其正确、客观与真实的理由与论据。这种经过确证的真信念用语言表达出来，就呈现出一个个概念、命题与理论。由此可知，新的知识流实际上就是指与已有知识相对照，提出、论证了一些新概念、新命题与新理论，表现为一种知识增加与增值。换句话说，产生核心竞争力的新知识流表现为提出新概念、论证新命题和构建新理论（见图4-1）。

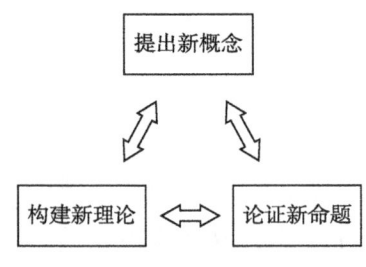

图4-1 新知识流的三个表现

第一，提出新概念。概念是人对某事物或现象共同本质的认识与抽象，通常用单词或短语来表达。借助概念对某事物或现象进行定义，形成其内涵与外延，就会使杂乱无章的某事物或现象清晰化、条理化，基于新概念形成各种新命题，进而才有可能构建一种新理论。由于概念是言说的逻辑起点，提出新概念可能表现为就某种相对新颖的现象或事物进行命名，阐释其概念内涵特征，也可能表现为对已有概念重新解释，赋予已有概念以新的意义。

第二，论证新命题。学术研究的价值在于澄清事实、辨明道理，亮明、论证自己的观点，而自己观点的内容则表现为命题。因此，新命题的论证主要有三种情况。

一是，已有观点有一定的道理，但不完整、有疏漏，新观点则表现为对不完整、有疏漏观点的补充与修正。

二是，已有观点是正确的，但转换视角，从不同的侧面、维度探讨同样的问题，则会得出不一样的结论。如果说对残缺、有漏洞的观点进行补充、修正是"接着说"，那么转换视角、从不同的侧面、维度探讨同样的问题，并论证新观点则是"另外说"。

三是，已有观点是错误的，自己的观点才是对的。观点自然有正确与错误之分，而知识创新的目的之一就在于指出已有观点的错误，阐述更加合理、正确的观点。如果说前两者主要是从正面阐述自己的观点，那么驳斥已有观点就是从反面论证自己的观点。

第三，构建新理论。与新概念的阐释、新命题的论证相比，新理论的建构则更加艰难。因为理论作为一种系统的知识体系，其构建并非一日之功，常需持续地探究某个主题，并形成一个由各种概念、命题构成的相互融通的网络结构，一两个零散的概念或命题难以称为理论，而能称为理论的知识创新，既要能准确地描述、反映观察到的大量事实，也要能解释、预测事物或现象的未来发展。

当然，由于理论是一种自洽的逻辑结构，它始于新概念的阐述与新命题的论证，终于新概念的阐述、新命题的论证的进一步序列化与结构化。因此，在新理论的构建中，需确立一种"建筑术"意识，即围绕某事物或现象将各概念、命题相互贯通，使其彼此协调，犹如一个完整、和谐的建筑，而不能出现各概念、命题的自相矛盾。

二、新知识流的产生机制

从严格意义上讲，知识是由个体产生的，没有个体，组织就不能产生知识，更不用提创造知识。个人知识是组织知识创新的基础。组织的职能就是为创造性的个人提供支持、提供条件、提供适合富有创造性的员工生存的环境，使得基于个人的隐性知识流动起来。那么，隐性知识实际上又可以分为两种，一是结构化的个人知识；二是非结构化的个人知识。这两种个人知识又是通过什么机制成为组织知识的呢？

（一）从结构化的个人知识到组织知识

前文提到波兰尼的知识二分法相对简单模糊，四分法则注重了模式知识和关系知识。简单来讲，模式知识就是分析问题和解释事实的框架知识，而关系知识则是有关社会关系和人际能力方面的知识。因此，讨论个人结构化知识如何成为组织知识，实际上就是在讨论隐性知识、显性知识、模式知识、关系知识通过何种机制转化为组织知识。

具体说来，知识的转化有两种机制（见图4-2）：

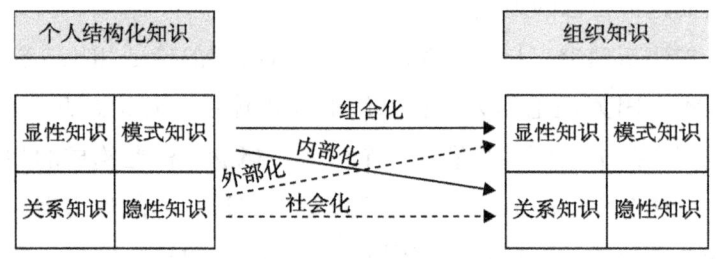

图4-2 新知识流生产机制

一是内部化和组合化。

内部化是指个人显性知识、模式知识转化为组织更多员工个人的经验、技巧知识的过程，既是一个个人经验的分享过程，又是提升组织整体水平的过程。

组合化则是把个人显性知识、模式知识转化为组织系统知识的过程，包括文件、会议、多种形式的沟通，是常见的正规教育和培训的方式。在一个组织中，这个转化常常体现在变革型领导的行为中，具体表现为对组织战略思想、路径的宣讲、分解和任务安排等。

二是外部化和社会化。

外部化是把握隐性知识和关系知识的精髓并把其发展为显性概念的过程，这个过程将把诸如隐喻、模拟、类比提炼为概念、假设和模型，并用语言描述或进行书面表达。

社会化则是个体之间不通过正规化的语言，而是通过观察、模仿、实践进行经验共享。

（二）从非结构化的个人知识到组织知识

非结构化的个人知识转化成组织知识主要是通过教育实验机制实现。

教育实验的起源可以追溯到教育起源的那一天，无论古今中外，学校教育和学校发展总是不同程度地含有尝试的成分，从而在尝试中不断获得知识和真理。

18世纪后半期和19世纪前半期，自然科学实验方法经由心理学实验正式地引入教育活动中，形成了以裴斯泰洛齐为代表的有明确实验意识和行动的自然主义或整体主义教育实验模式。19世纪后期和20世纪初，以梅伊曼、拉伊为代表的实验教育学兴起，使教学实验发展到一个新的阶段，引进心理学、自然科学实验的理论和方法，进行分析、实证或科学主义探索。从此在教学实验领域中，出现了整体主义和分析主义两大模式，形成了两大教学实验模式并存、争论、发展的基本格局。桑代克、麦柯尔等学者奉行和发展量化分析、实证主义的模式；而美国杜威的学校实验，苏联马卡连柯、苏霍姆林斯基、巴班斯基合作教育学的实验则是自然主义或整体主义模式的继承和发展，以致人们有时把这种教学实验模式称为教学实验的"传统"，而有时又相反，把另一种模式称为教学实验的"传统"。

20世纪50年代后期，新科学技术革命带来几乎一切领域的变革。随着教育科学和实验科学的新发展，上述两种教学实验模式在并存、争论的基础上，出现了相互融合的趋势。人们逐渐觉察到：整体和分析、保持自然状态和加强人工控制、实证和解释、定性和定量、精确和模糊等都不是也不应该是绝对对立的。教学实验作为一种教学研究的方法，也与教学本身一样，进入了一个多样综合的时代。

本书无意于完整地追踪教育实验的发展历史，试图仅以苏联关于"教学与发展"的教育实验为例阐述非结构化知识的转化机制。教学与学生发展究竟是什么关系的问题一度成为苏联教育学研究最尖锐的问题。学者大多认为传统教学忽视了学生的发展问题，但具体什么是学生的发展，究竟如何促进发展，学者诸如赞科夫、艾利康宁、达维多夫、安纳尼耶夫、柳布林斯卡娅、阿莫纳什维利等却又持有各自不同的主张，由此展开了不同的教育实验，在此基础上形成了发展性教学流派，共同强调教学要促进学生的一般发展，使学生理解学习过程，使所有学生包括差生都获得发展，注重培养学生的兴趣，主张让学生拥有丰富的精神生活等，并对苏联和世界教育的改革与实践产生了极大的影响。❶ 这恰好说明了非结构化知识结构化的过程，就是说在一个共

---

❶ 巨琪梅，刘旭东. 当代国外教学理论 [M]. 北京：教育科学出版社，2004：142.

同的、宽泛的基础上进行实验探索，最终获得综合的组织知识。

三、案例研究

2013年，J组织首先选择将有长期基础和成果的个人（小团队）结构化知识作为组织知识的基础。

以义务教育学校发展研究为例，自2008年开始，有个别研究者和研究小组持续对学校优质发展进行研究，❶ 2009年完成了理论与模型构建、个别实验，2011年开始进行拓展实践，逐渐形成了关于学校优质加速发展的系列认识，并在实践中得到了验证，形成若干结论，诸如时间管理和空间管理是现代教育发展的诉求，现代学校的优质发展离不开对时间、空间的科学管理和谋划，因此学校的发展不可能是经验型的成长，而应该是在把握规律基础上的快速发展。又如，学校优质体现在开展丰富多样、可选择的教育教学活动，满足学生个性发展的要求。"优质"的本质属性是成效性、选择性和能量性，发展性、公认性、有效性、稳定性等都是衍生属性。在这些研究的基础上，J组织实施了防御战略，从提升集体效能感和挖掘知识型员工两个重点领域保障个人结构化知识不断地外部化和组合化、社会化和内部化，使其成为J组织的新知识流，不断推广拓展逐渐成为J组织的核心竞争力。

紧接着，在多元战略阶段，J组织对一些前沿性问题（例如，学生核心素养培养）、一些新问题（例如，新建学校发展问题）、一些老问题（例如，名校再发展问题）等进行了新的知识建构。

（一）结构化转化案例

● 案例1：义务教育学校特色建设模型与应用研究❷

20世纪70年代开始，许多国家为了适应经济社会发展和培养新型人才的需要，纷纷进行特色化、多样化的教育改革。我国的中小学学校特色研究发

---

❶ 张熙. 对学校发展的理解与个案研究［J］. 中小学管理，2004（8）.
❷ 本案例为"义务教育阶段学校特色建设与品质提升实施与案例发掘"项目成果，主持人：张熙，执笔人：张熙、左慧、拱雪。该项目为北京市教委向基础教育倾斜，促进教育教学改革创新的项目。

端于 1993 年中共中央、国务院印发的《中国教育改革和发展纲要》（以下简称《纲要》）。

一、问题的提出

继《纲要》提出"中小学要由'应试教育'转向全面提高国民素质的轨道，面向全体学生，全面提高学生的思想道德、文化科学、劳动技能和身体心理素质，促进学生生动活泼地发展，办出各自的特色"后，全国各地对学校特色建设高度重视，加之其所具备的多方面功能，如能为人才成长创设氛围、为学校竞争赢得实力、为办学理论注入活力、为教育决策拓展思路等，学校特色建设一时开展得如火如荼。而由于对"学校特色"的理解不到位，或实践中急于求成，不断暴露出特色泛化、表浅化、局限化、形式化等诸多问题。

二、研究突破点

（一）文献分析

我国基础教育改革的一个基本思路是提高质量，学校特色建设作为一种学校发展新战略，在我国中小学得到广泛实践。对国内外的相关研究进行梳理，有利于清晰、系统地把握学校特色建设的前期成果与发展现状，为进一步研究奠定坚实基础。

研究发现，国外学者关于中小学学校特色的理论研究较少，更侧重于介绍一些比较典型的特色学校，如英国的专门特色学校、灯塔学校；美国的蓝带学校、磁石学校；乌克兰的主体实验学校；西班牙的斗牛士实验学校；新西兰的特卡波湖实验学校；意大利的迪亚实验学校；日本四谷六小实验学校；等等。

国内对中小学学校特色的研究以理论居多，侧重于相关概念的辨析，对如何创建学校特色有较多的思考，为中小学学校特色建设提供了理论指导。实践研究主要是对学校特色建设的个案分析，对具体的学校特色建设有一定的参考价值。

总体而言，中小学学校特色方面的理论研究，除了基本概念论述，还总结出许多"放之四海而皆准"的特征、规律和原则等；而实践研究则归纳出不少理想化的模式、策略等，这些研究看似比较全面、系统，但是缺乏针对性，当用这种比较宏观的思路去衡量和指导具体学校特色建设时，可操作性较弱。

(二) 研究定位

"义务教育学校特色建设模型与应用研究"在梳理相关理论与实践的基础上，提出"学校特色建设就是引导学校深入理解育人目标，挖掘学校潜在优势，合理、充分地利用学校已有资源，并在教育教学、课程等方面形成学校独有的风貌，为学生提供良好的、丰富多样、可选择的成长环境，提高教育教学水平和质量，满足学生个性发展需求"。研究聚焦于中小学发展理论研究中急待澄清的发展动力问题、实践中亟待引导的发展路径问题，通过研究学校特色建设的分类、路径选择、建设要点及科学评价，为中小学学校特色建设提供可操作的具体方案，引导学校实行自主改革、挖掘潜在优势，最终形成自身特色。

(三) 研究创新点

本案例首次阐释了义务教育阶段学校特色建设的必要性和规定性；首创性地提出"特色"的"智慧性"属性；实践"三力合一"的新型机制；建构了学校特色建设"枣形模型"并实验推广，兼具理论创新、策略创新和方法论创新三重价值。

理论创新是指以主体教育哲学、组织变革理论和复杂性科学方法论为指导，通过对学校特色的概念、发展现状以及动力机制的讨论，丰富和探索学校特色的研究方法，形成学校特色建设的理论体系。

策略创新是指研究采取了"三力合一"的工作机制。管理部门提供有效的组织保障；科研为决策提供科学依据，为学校发展提供理论指导与智力支持；学校充分发挥能动性与积极性，自主发展。实现了科研项目与行政工作、学校发展的紧密结合。

方法论创新是指构建适于教育特质的方法论新体系。突破以质性研究为主的常规方式，发展新的更为合理有效的方法，以此为基础构建学校特色建设"枣形模型"。并采取实验先行、逐步推广的实践模式，确保了成果应用的科学性、有效性。

三、模型的构建

本案例中的学校特色建设强调理论的指引、方法的运用,并在分析现有流程弊端 ESIA❶ 理论的基础上,确认学校特色建设新流程的重点方向:明确目标、确定要点、重组流程。优化后的流程大致可以划分为判断—建设—结果三个阶段,由于形似枣,故称"枣形模型"见图 4-3。

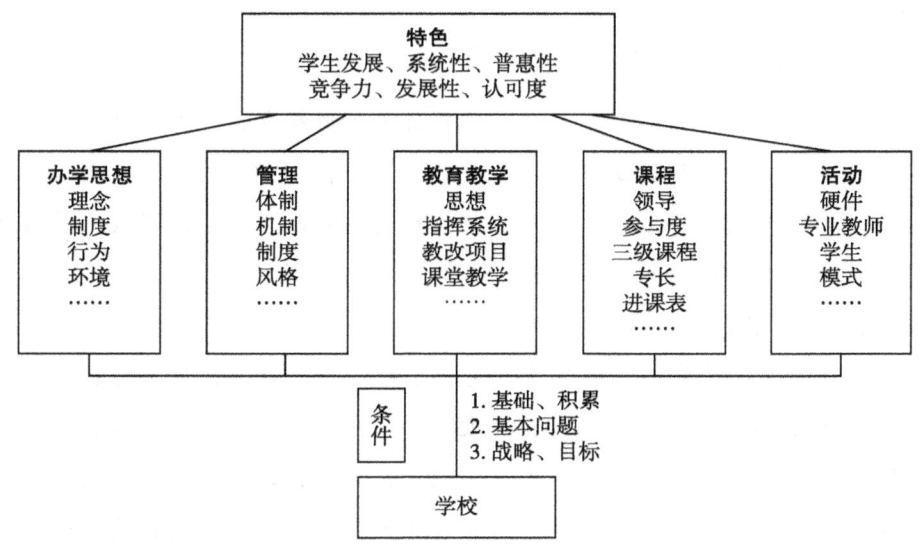

图 4-3 枣形模型

(一)枣形模型

判断阶段也叫作基础分析或者条件分析,这是特色建设的基础;建设阶段是不同路径的要点建设;结果呈现是建设的结果。这个流程具有整体目标性、动态性、逻辑性、层次性的特点。❷

(二)模型解析

学校的特色建设虽然并不遵循某种严格的、固化的模式,但也有一定的规律可循,在建设学校特色的整个流程中,条件分析、路径选择、要点建设、

---

❶ ESIA:E(Eliminate),清除原有流程中所有非增值活动;S(Simplify),简化剩下的活动;I(Integrate),整合、集成经过简化的任务;A(Automate),业务流程管理自动化。

❷ 北京教育科学研究院基础教育科学研究所. 北京市小学学校特色建设理论、工具与实践 [M]. 北京:北京出版社,2013.

结果呈现等关键环节不可或缺。

1. 条件分析

条件分析就是将学校特色建设这一整体分成各个部分、方面或层次，分别加以考察的认识活动，其意义在于找到解决问题的主线与关键。在整个分析过程中，分析内容的遴选和分析方法的选择是影响分析结果最重要的两大因素。

（1）分析内容

学校发展是一个持续过程，只有了解历史、清楚现状，才能更好地把握未来。在学校开展特色建设工作之前，首先要理清自己的"家底"，也就是对学校特色建设进行条件分析：历史即学校已有的基础与积累；现状主要指学校发展的情况与面临的问题；未来则是学校特色发展的目标与战略。

（2）分析方法

SWOT分析法又称态势分析法，是用系统的思想将内部优势与弱势、外部机会与威胁这些似乎独立的变化因素相互匹配起来进行综合分析，是一种能够较客观准确地分析和研究一个组织现实情况的方法。它非常适用于学校特色建设的条件分析，具体操作过程可分为两步：分析影响特色建设的内外部因素；构建SWOT发展战略类型图。

2. 路径选择

条件分析除了明晰学校特色发展的起始点外，最重要的是为找准学校特色定位和突破口服务。选择正确的发展路径，是学校特色建设的关键，突破这一瓶颈，学校就会打开全新的发展局面。结合当前教育的现实条件和发展空间来看，学校进行特色建设大致有五条路径可供选择，分别是办学思想、管理、教育教学、课程、活动。

（1）办学思想路径

办学思想作为学校特色建设的高端形式，走的是一条整体提升的路线，是首先在整体上确立学校特色发展的办学目标，在目标的引领下，全面分析学校办学工作的各个组成部分、方面和环节，进而形成系统的学校特色发展方案，然后经过充分的论证和实验，再投入实践中。整体提升是通过学校办学系统中各个要素的重组来促成学校的特色发展，因此也可以理解为特色办学的结构性改革。

适合选择办学思想作为特色建设路径的学校，需要拥有较好的基础与积累，在某一方面或某些方面的工作已颇见成效，具备良好的发展机会和充足的建设资源，并且迫切期望能用先进的、体现学校个性的教育理念统领学校全面发展、整体提升。

（2）管理路径

学校管理是对学校组织系统内诸因素进行优化组合从而高效实现育人目标的一种活动，它渗透于学校的每一项工作中。新建校、合并校、多址校……这些学校在发展与特色建设的起始阶段，面临的基本问题就是管理问题，因此管理路径也很受学校青睐。

除了具备一定的管理机制、规章制度基础，适合选择管理作为特色建设路径的学校，还要有一位擅长管理的校长。校长应具备先进的管理理念，能根据教职员工的特征构建合理的管理体系；拥有充分调动他人积极性、发挥民主、进行科学决策的能力；掌握不同管理方法，能因人而异有效组织实施的能力；具有人格魅力，体现管理个性风格。

（3）教育教学路径

教育教学是学校发展的核心工作，其内容涵盖面比较广，一般来说，广义的教育包括德育、智育、体育、美育和劳动技术教育，即常说的"五育"，在本案例的界定中特指德育，智育被归为教学特色，而体、美、劳都被划入活动特色。

适合选择教育教学作为特色建设路径的学校的必备条件之一，是有一支有责任心、使命感，敢于创新、勇于实践的德育（或教学）干部教师队伍。值得注意的是，教研或科研项目作为一种凝聚力量以解决问题的有效方式，往往能演化成学校特色而备受重视，但一定要符合学校教育教学实际、师生实际，不求多但求于精。

（4）课程路径

课程是学校教育为学生发展提供的真正教育空间，适合选择课程作为特色建设路径的学校，必须具有课程领导、课程实施与课程评价的能力，以及构建三级课程体系的资源与条件。此外，还应满足以下要求：一是由于课程直接关系到学生学业质量及发展水平的高低，因此应建立校长负责制；二是不同于教学实验可由个别教师承担，课程实验的权限应设在校级，而参与度也应更广，一般是全年级乃至全校；三是学校自主开发的课程进入课表才能真正成为课程特色建设的一部分，这也是区别于一般活动的标志。

（5）活动路径

丰富多彩的体验活动是在课堂以外孩子们身心健康成长的平台，也是丰富多元文化教育内涵的有益补充。由于活动的运作最容易入手，对学校的准入门槛也就最低，但需强调的是，零散的、不系统的活动叠加是构不成学校特色的。能选择以活动作为学校特色发展路径的学校必须具备的条件有：一是在办学实践中已经有相关经验、成绩的积累，避免"跟风"；二是有相应的设施设备，尤其是科技类活动，对硬件条件要求较高；三是虽然可向社会聘请专家、名师、教练，但作为学校特色建设的主体，一定要有一支相应的专业教师队伍；四是不能只有为数不多的"获奖专业户"，除特长生在全校必须达到一定比例外，还要有一大批爱好者，充分体现出学校特色建设的普惠性。

在学校特色建设的五条路径中，除办学思想外，管理、教育教学、课程、活动这四条路径都呈现出局部突破的特点，即通过学校在某一方面率先取得突破而获得学校特色发展。

3. 建设要点

"枣形模型"中每条路径的建设要点均不相同。建设要点是学校特色能否实现的关键因素，选择同一条路径的学校因为对关键因素的认知与实践不一样，从而展现出不同的风貌。例如，办学思想路径的要点主要有办学理念、学校制度、行为方式、校园环境等。

4. 结果呈现

学校特色建设的成效最终体现在学生发展上，还必须具有系统性、普惠性、竞争力、发展性和认可度。

四、实践与成果

"义务教育学校特色建设模型与应用研究"立项于2007年，经历了理论与模型构建阶段（2007.3—2008.2）、实验阶段（2008.3—2010.2）和实践推广阶段（2010.3—2013.7），形成了系列理论与实践成果，并推广应用于全市16个区县以及燕山地区教委，覆盖全市1000余所小学，300余所初中学校。成果可概括为三个"一"：一套理论——操作模型、一批有特色和实践智慧的学校、一种运行机制。

（一）一套理论——操作模型

"特色"是一个众说纷纭的词，研究者和实践者可从不同的角度看待和理解它。本案例首先梳理了"特色"的历史源流，明确了"特色"的三个本质属性（独特性、优胜性、智慧性）以及衍生属性（公认性、稳定性、有效性等）；其次，构建特色建设操作模型——"枣形模型"，展示路径选择、五大建设路径、结果呈现三大流程以及建设关键点；最后，研发学校特色建设系列工具，解决如何判断起点、如何选择特色路径、如何掌握建设要点等问题。

（二）一批有特色和实践智慧的学校

在学校特色建设的实践过程中，不同的学校根据自身情况和发展目标选择不同的路径进行探索，在研究团队搭建的各类交流平台上相互启发、相互促进，呈现出百舸争流的态势。比如，光明小学的"我能行"、上斜街小学的"全纳教育"、白家庄小学的"尊重教育"；府学胡同小学的"府学文化管理体系"、首都师范大学附属小学的"童心管理"、大兴第二小学的"细节管理"；展览路第一小学的"本色教育"、丰台第一小学的"六小公民教育"、峪口中心小学的"课堂德育"、石榴庄小学的"小循环教学"；通州第一实验小学的"思维训练"系列课程、东城回民小学的"民族"课程、西颐小学的"京剧"课程；顺义东风小学的"责任教育"、十八里店小学的"武术"、银河小学的"艺术教育"……经过几年的探索，这些学校纷纷呈现出独特的办学魅力与教育品质。[1]

（三）一种运行机制

研究提出了"科学管理，文化自觉"的建设思路和"三力合一"的运行机制（见图4-4）。

---

[1] 所有案例均来自义务教育阶段学校特色建设项目。

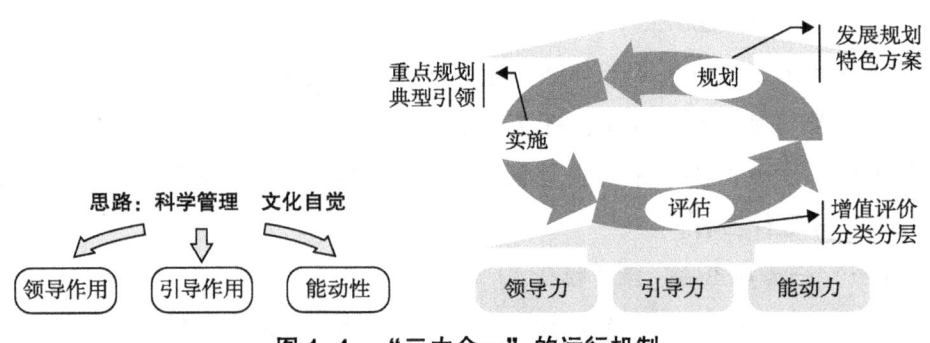

图 4-4 "三力合一"的运行机制

所谓"科学管理，文化自觉"就是既要用科学方法进行管理和建设，又要组织文化培育、提高区域和学校的质量；既要自觉遵循教育规律，又要积极发挥人的智慧性、主动性。"三力"就是指领导力、引导力和能动力，"三力合一"就是不同部门协同作战，发挥不同作用。行政管理部门发挥领导作用，研究部门发挥专业引领作用，学校发挥能动性。

五、影响与效果

"枣形模型"的实践，以北京市 87 所实验学校为对象，完整地呈现出学校特色建设的重要阶段和有效策略。

（一）实践成效

2008—2010 年，学校特色建设的理论研究与"枣形模型"在 16 个区县及燕山地区教委、首批 57 所市级实验学校进行实验，陆续培养出一批特色建设典型学校。随后，北京市教委要求增加 30 所市级实验学校，并在全市 1000 余所中小学推广特色建设模型。不同的学校选择不同的路径以追求自身的特色，出现了一大批有特色和实践智慧的学校，在区域、全市乃至全国的影响力不断提升。

（二）辐射影响

自 2009 年始，每年组织校长论坛，分享学校特色建设的经验和心得，吸引了北京教育工作者和全国各地教育同人的目光，仅 2011 年的论坛，就有辽宁、安徽、江苏、湖北、上海、广东、四川 7 个地区的教育管理部门和学校参加。研究团队多次在全国性以及各种学术会议上进行交流，展现北京学校特色发展的独有魅力。

(三) 发表成果

2008—2013 年，出版著作《共识 规划 发展》《特色 行动 影响》《特色 建设 攻略》《特色 评估 超越》《学校发展的动力与路径研究》《北京市小学学校特色建设理论、工具与实践》6 套，公开发表论文《枣形模型：学校特色建设的路径与方法》《学校文化的地域性格——兼析北京地域文化对学校文化地域性格的影响》等 15 篇，在学术界形成广泛影响。

● 案例2：培养模式多样化驱动普通高中育人方式变革[1]

2010 年 9 月，《国家中长期教育改革和发展规划纲要（2010—2020 年）》（以下简称《规划纲要》）将"推动普通高中多样化发展"作为高中教育的发展方向，强调"推进培养模式多样化，满足不同潜质学生的发展需要""鼓励普通高中办出特色"。2019 年 6 月，《国务院办公厅关于新时代推进普通高中育人方式改革的指导意见》（简称《指导意见》）提出了高中教育改革的重点是育人方式改革，提出到 2022 年，德智体美劳全面培养体系进一步完善，立德树人落实机制进一步健全，普通高中多样化有特色发展的格局基本形成。上述两个纲领性文件的实质是围绕"育什么样的人""怎么样育人"这两个关键问题来探讨普通高中如何进一步发展，如何通过高中多样化发展和育人方式改革来推动高中教育发展。

一、普通高中教育发展中存在的主要问题

中华人民共和国成立以来，我国普通高中一直实行重点/示范高中政策，是一种分层发展模式。重点/示范高中为高等学校输送了大批合格生源，为经济社会发展提供了重要的人力资源，也成为本地区美誉度较高、感召力和带动力较强的学校。与此同时，该政策也人为地拉大了高中教育的区域差距、城乡差距和校际差距，造成校际的恶性竞争，并引发了一系列社会问题，主要表现在：①对考试分数的过度追求，导致了培养目标的严重偏离和育人方式的巨大错位，严重阻碍了学生的个性化发展，忽视了学生的全面发展和全

---

[1] 本案例为北京市教委 2019 年委托项目"高考改革背景下普通高中培养模式多样化研究"成果之一。项目负责人：殷桂金；项目组成员：张熙、崔玉婷、李海燕；执笔人：殷桂金。

体学生的共同发展；②重点中学政策使得学校一切听命于行政管理，学校办学自主权丧失与高中教育的高关注度之间形成了鲜明对比；③趋同的培养模式掩盖了各具特色的办学类型；④社会对人才需求的多样性与学生选择权缺失之间形成鲜明反差；等等。为适应普及化阶段对高中教育发展方式的要求以及学生个体的差异性和多元化发展需求，满足社会对人才多样化的需要，普通高中教育急需在制度设计和发展模式上做出新的回应。

二、本案例的突破点

（一）从落实培养目标入手，明确普通高中育人方式的基本表征

《普通高中课程方案》（2017年版）进一步明确了普通高中教育的定位，提出普通高中的培养目标是"进一步提升学生综合素质，着力发展核心素养，使学生具有理想信念和社会责任感，具有科学文化素养和终身学习能力，具有自主发展能力和沟通合作能力"。普通高中教育的培养目标决定着学校课程与教学改革的方向和推进步骤，育人方式改革需从培养目标入手，在以下几个方面有所突破：①人才培养模式改变，由步调一致、整齐划一的培养模式转向因人而异、因材施教的多样化培养模式；②学习方式改变，强调"做中学"，实现学生学习从以训练、考试为主的学习走向志趣导向、丰富多彩的实践性学习；③学习内容优化，强调"真实问题研究"，实现从学科知识的接受、记忆型学习走向跨学科、情境化的项目研究；④学习过程优化，强调"合作型学习"，实现从关注成绩排名的个体学习走向相互协作、合作探索的团队型学习；⑤学习资源拓展，强调"开放型"资源，课程供给由统一单一供给转向组合套餐，实现从封闭的课堂内学习走向面向社会、面向生活的"开放课堂"学习；⑥教学管理方式由统一管控转向服务全体学生，为学生终身发展奠基。⑦教师角色的转变，强调"指导""引领"，实现教师角色从学科教师走向指导型、发展型的复合型教师；⑧评价机制优化，改进结果评价，强化过程评价，探索增值评价，健全综合评价，实现从单一的成绩评价走向多元综合评价模式，强调学校及学生个体在原有基础上的进步与发展幅度，催生关键能力的自然生长。

（二）以培养模式多样化为突破口，推进高考改革和育人方式改革

培养模式是为了实现培养目标而设计和实行的教育教学过程，因此，普

通高中培养模式多样化是为普通高中培养目标多样化服务的。[1] 培养模式多样化是根据不同学生群体和个体的需要，提供多样化、可选择的课程与活动，以及与之相适应的教学方法、教学组织形式、考试与评价制度等，以满足社会经济发展对人才发展的需要及学生个体多元化发展的需要。普通高中培养模式多样化并不是要求每一所学校都应具备各种培养模式，而是期望每所学校都能够结合自身的办学传统、教育资源、师资水平和生源结构等，形成各具特色的育人方式，使有不同爱好、兴趣、特长和发展倾向的学生能够选择适合自己的学校，并在学习过程中能够自主选择学习内容、学习方式乃至学习进程，实现个性化发展。培养模式多样化首先要求政府要有多样化的学校类型供学生选择，其次是在学生进入其"心仪"的学校后，学校能够提供多样化的课程与活动，而这种选择的依据一方面源于其自身的优势与特长；另一方面源自高校专业的设置要求。分类评价、多元选拔格局的形成是对高中教育多样化发展的呼应和促进。[2] 深化高考制度改革，克服应试教育的倾向，是高中多样化、特色化发展的关键问题。[3] 因此，学生的多元发展决定了普通高中培养模式的多样化，高考改革背景下的培养模式多样化驱动着育人方式的多样化。

三、具体成果

（一）以学校特色建设为抓手，变革学生学习方式

学校特色不是"发明"出来的，而是依据学校实际和育人目标培育生长出来的。新一轮高考改革促使高中学校根据人才选拔标准谋求合理的办学定位，不断发展学校的特色或优势学科；促使学校为满足学生的选课需求而对课程进行优化、重组或重排，为满足学生的选择需要而进行教育教学组织形式的变化，科学合理地开展走班教学；由于学生人数的变化及学生兴趣、爱好、特长的丰富多样，需要学校对不同学科教师及现有资源进行动态调整；需要根据专业选择需要，指导学生科学地认识自我、将学习特长与高考志愿

---

[1] 袁桂林. 对普通高中多样化发展的理解 [J]. 人民教育, 2013 (8).
[2] 边新灿. 新一轮高考改革对中学教育的影响及因应对策 [J]. 中国教育学刊, 2015 (7).
[3] 康万栋. 关于普通高中多样化特色化发展的思考 [J]. 天津师范大学学报（基础教育版），2013 (3).

有机结合，为学生提供目标高校的学科、课程的前沿趋势；促使每所学校更多地关注学校优势学科与高考科目的组合，为学生提供更多的选择空间，使学校的办学特色更加凸显，学生可根据自己的实际情况选择不同的学校，接受不一样的教育，真正实现人尽其能，学有所长，满足不同潜质的学生的发展需要。总之，高中特色建设为高中育人方式变革奠定了基础，优化了高中育人方式改革的整体环境。

（二）以培养模式多样化为重点，促进学校育人方式改革

培养模式多样化是实现普通高中多样化的主要途径，是体现在育人过程和方法中的多样化。普通高中培养模式多样化主要体现在两个层面：一是区域层面培养模式的多样化，即在一个区域内，基于学校办学方向的不同，满足不同天赋、能力和特长的学生及某些特殊学生群体发展的需要，鼓励学校形成各自的优势学科或领域的不同类型学校，如科技高中、人文高中、数理高中、外国语高中、艺术高中等，由于每所学校的办学目标和办学类型不同，其课程设置、教学方式、学习方式、管理方式和评价方式也各有特点，也就意味着一个区域内每所学校的育人方式各不相同。二是学校层面培养模式的多样化，即一个区域内不同类型学校在保证"共同基础"的同时，根据其办学理念及培养目标提供符合学校特点的特色教育内容，在一所学校内有丰富多样的可供学生选择的课程与实践体验活动，为不同特长、禀赋的学生后续发展提供支持。选择哪种育人方式主要取决于学校，育人方式多样化是学校办学自主权的最佳体现，学校自主办学的程度越高，特色越鲜明，其育人方式也就越灵活和多样。

（三）以关键环节和重点领域为依托，统筹推进高考综合改革和新课程改革

《指导意见》指出，必须统筹推进普通高中新课程改革和高考综合改革，才能全面提高普通高中教育质量。如何使高中育人方式改革能够跟上高考评价改革的节奏？建立与高考改革相适应的育人方式改革尤为必要。高中学校要基于学生个性发展差异，从大学专业、社会职业及产业需求三个维度优化高中课程结构，依托学校办学特色，开设分类课程体系，使学生能够文理融通，学其所好，满足不同层次学生的课程选择权、学科选择权、考试选择权、

专业选择权和高校选择权等。在此基础上，尊重学生个体学习能力的层次差异，在每一类别课程中设置基础性课程、拓展性课程、创新性（或个性化、研究型）课程等不同层次，在保障所有学生基础知识学习的基础上，依据学生的能力水平对课程进行分层设置，使不同层次的学生能够学有所得，构建起富有时代精神、体现多元开放、充满生机活力、多层次、可选择的学校课程体系，凸显学校优势学科及至特色学科群，更好地满足学生选课选考的需求，形成丰富多样、各具特色的课程结构与体系，并通过开展生涯规划教育，为学生提供职业体验机会，使学生在深度学习与实践体验中学会选择。

（四）以健全发展指导机制为目标，为育人方式改革提供不竭动力

高考综合改革为普通高中培养模式多样化提供了契机，各校充分发挥高考改革的积极引导作用，以学生发展为中心，将学生发展规划纳入学校整体规划，建立健全学生发展指导机制：①新高考使生涯规划指导和志愿填报辅导前置，学校在高一新生入学时就要摸清底数，利用现代测评手段，了解学生的兴趣、特长、爱好与专业发展倾向；②针对学生群体与个体的发展差异，开设系统的发展指导课程和有针对性的个别指导，帮助学生在课程学习与职业探索过程中，明确专业发展方向；③班主任结合学生的学业成绩、智能结构、个性差异、兴趣爱好、人格发展等为家长提供指导与帮助，便于学生与家长在选科选课、志愿填报、专业选择上达成共识；④各学科教师要将学生发展指导渗透到学科教学、日常学习之中；⑤主动邀请高校走进高中校园，介绍大学的办学理念、专业设置及办学专长，使学生能够知己知彼；⑥高校通过为中学提供先修课程、实验室协作项目、高校教师走进中学校园等多种方式，引导基础教育明确选人标准，为高校提供优秀后备人才。

四、产生的影响

（一）推动了学生学习方式的变革

在推进培养模式多样化过程中，北京市大部分高中学校结合高考改革要求，基于学生的个体差异，面对考试科目的20种组合，鼓励学生从兴趣、爱好、特长入手，通过研究性学习、项目式学习、跨学科学习等多种学习方式强化优势，激发潜能，发展特长。如有的学校利用区位优势，帮助学生选择相应的企业进行职业体验：传媒方向的学生前往《法制晚报》《京华时报》，电子科技方向的学生到松下展示厅、北京电力展示厅，网络运营方向的学生前往F团购网等，物理学方向的学生深入通信博物馆、中科院高能物理研究所等进行职业体验，实现了新高考改革与培养模式及学习方式变革的有效衔接。

（二）形成了各具特色的育人方式

近年来，北京市普通高中培养模式呈现出多样化的特点，大部分高中学校都能够为不同层次、不同发展倾向的学生个体提供丰富多样、可供选择的课程套餐、活动套餐、职业体验套餐等，凸显学校优势学科及至特色学科群，形成了以健全人格培养为目标的整体化培养模式、以准专业人才（艺术类、语言类、科技类、人文类、媒介类）培养为目标的特色培养模式、以提升学生自主发展能力为目标的书院式培养模式、以促进学生发展连续性为目标的一体化培养模式、以职业技能教育为目标的普职融通培养模式等多种形态以及丰富多样、各具特色的育人方式。

（三）加大了校际协同发展力度

为更好地发挥示范高中的辐射带动作用，推广其办学成果，项目组组织开展了跨区域高中特色发展联盟活动，指导城区优质示范高中对口支持郊区同类特色的普通高中，本着自愿认同的原则组建了10个特色联盟，加大对非示范高中（薄弱高中）的扶持力度，实现了示范高中与非示范性高中的共同发展。同时还组织开展了系列开放性调研活动，组织全市高中学校深入一所优质特色高中进行观摩学习、交流研讨，有效促进了校际协同发展。

（四）促进了政策的调整

深化育人方式改革最终还需要在政策调整上下功夫，通过实施分类发展策略，因区因校施策。从2015年开始，市教委在高中特色试验的基础上，打破体制机制壁垒，实施贯通培养，在部分高中开展了人文、科技、艺术、体育、小语种等领域的"1+3"人才培养贯通试验，是培养模式多样化驱动高中育人方式改革的典型实践。2020年2月，《北京市关于深化育人方式改革推进普通高中多样化特色发展的意见》（京教组发〔2020〕2号）出台，倡导"坚持一校一案，分类引导学校立足自身传统、历史积淀、学校文化、办学优势和条件资源，找准发展定位，培育一批多样化特色发展的优质学校"。通过市级层面的顶层设计，切实推进普通高中多样化发展和育人方式变革。

（二）非结构化转化案例

● 案例1：SAP 学校优质加速发展计划❶

SAP 是学校优质加速发展计划（School Accelerating Plan）的简称，主要针对新建普通学校如何科学、高速、高质量发展的问题。

一、新建普通学校的发展问题

面对日益增长的基础教育入学压力，在深综改的整体思路指引下，北京市近年来加大了教育布局调整力度，新建改建了一批学校，以回应百姓的需求。这些学校分为两大类，一类可称为"新名校"，这些学校重点投资建设、以名校分校或集团校身份出现，享受特别政策待遇，发展站在高起点上；另一类则可称为"新普校"，这些学校可以分为小区配套新建、校舍搬迁新建以及在改革后学校合并而成等不同类型，但其共同的问题是面临办学条件不良、社会信任压力、学校凝聚力不够、发展方向不明、骨干师资少等很多困难和挑战。从政府到百姓，往往更加重视"新名校"的建设，对"新普校"缺乏必要的关注与支持，因而一直存在一个怪圈格局，即新普校质量不能得到认同，发展处于自发经验状态，甚至新建即薄弱。重视新建普通学校的发展问题，必须讨论和回答三个基本问题。

一是新建学校如何实现育人目标或者如何培养具有较强核心素养的人，涉及如何整体设计课程教学以保证学生可选择、各得其所的发展，如何整合学生的直接、间接经验等。

二是学校发展的动力和方式问题，即是否能更有科技含量地、自主式地发展而不是更多的经验式、外控式发展，是否能够持续加速发展而不是跨越式、自然缓慢式发展。

三是符合百姓眼前和长远利益的优质学校以及实现的关键要素和运行方式是什么。

---

❶ 本案例为北京市"十三五"教育规划优先关注课题"深综改背景下学校优质加速发展实验"研究成果，主持人：张熙，执笔人：张熙、蔡歆、拱雪。

二、学校加速发展计划的创新点与价值

为了研究与解决新建普通学校的发展问题,切实推进新建普通学校依据教育规律更加科学、稳健、高速地发展,J 组织推出了学校加速发展计划(School Accelerating Plan,SAP)。SAP 指向教育公平,是办好每所学校、教好每位学生理念的外化,加速发展是社会的需求、百姓的期盼,它关注真正发生的教育,以工具和资源包为加速器,将科研引入学校,形成协同发展新常态,在百姓身边普普通通的学校中开展不普通的教育,在最短时间内让每一个平凡家庭的孩子能够获得教育的享受。学校加速计划既是一种新的学校发展理念,又是一种新的学校发展模式,更是一种新的教育实践。

学校加速发展计划首次提出义务教育学校优质加速发展的必要性,并阐释了其规定性,兼具理论创新、策略创新和方法论创新三重价值,具有广泛的社会意义。

(一)理论创新

以主体教育哲学、组织变革理论和复杂性科学方法论为指导,通过对优质、加速等概念的分析,对速度与质量、阶段与持续等关系的厘清,丰富和探索学校发展方式方法,构建学校"加速发展模型"的理论体系。

(二)策略创新

研究采取了"问题驱动、科研引领、学校实干、协同创新""三力合一"的工作机制,即管理部门、科研部门和学校紧密结合的机制。研究采取实验先行、逐步推广的实践模式,确保了成果应用的科学性、有效性。

(三)方法论创新

试图构建适于教育特质的方法论新体系,以跨学科的视角和多部门的参与突破以个别研究、质性研究为主的研究方式,在归纳、整理、比较、综合以往学校建设基础上发展新的更为合理有效的方法,构建了"优质加速发展"模型,并提供完整的 A-S-K 课程体系、动力课程以及思维课程等,形成学校加速态势,促进学校科学高效发展,最终达成"在普通的社区,给普通的孩子不普通的教育"。

三、学校加速发展计划构建与实施

（一）理论操作模型

理论研究发端于对当代学校发展实践问题的思考，"理论适度先行"是本案例始终坚持的原则。理论并非单一的，而是成层次组合状的，至少包含以下两个层次。

一是学校发展理论的丰富。

就理论研究而言，本案例首先明确了"优质"的三个本质属性（成效性、选择性、能量性）以及衍生属性（公认性、稳定性、发展性等）（见图4-5）。其次，构建优质加速发展操作模型（见图4-6），完整展示基线诊断、共同体建设、年度建设路径和路径选择、建设关键点以及结果呈现的流程图。形成了由动力系统、实施系统以及支持系统构成的完整系统（见图4-7）。再次，研发优质加速发展系列工具。除形成入学后新生测查、二年级和五年级学生测查工具外，还针对如何判断起点、如何选择路径、如何掌握建设要点等问题，开发出相关工具，指导学校客观解读数据、分析现状，科学选择路径，确认优先行动领域等，使学校发展有方向，行动有依据。

图4-5　"优质"的基本属性

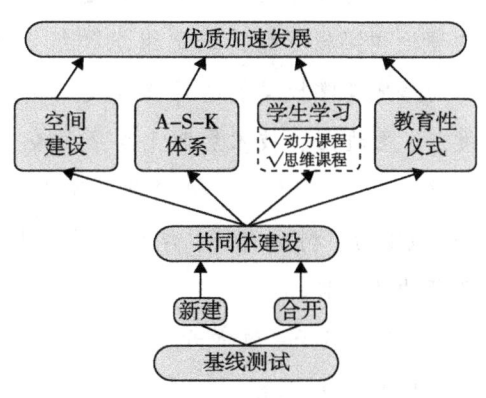

图4-6　优质加速发展模型

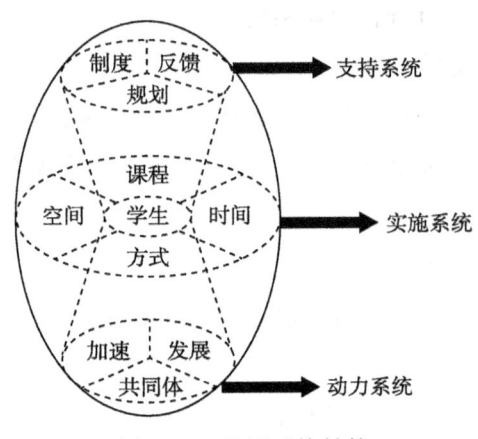

图 4-7 发展系统结构

二是教育学理论的更新。

整个优质加速发展计划，核心就是加入科学研究的力量，促进教育事业发展逐渐由经验化、自发性转向理论和实践相结合的加速发展混合态势，学校更多是依托智慧而加速成长，充分体现"科学技术是第一生产力"。这不仅表现在重视"新"要素（时间、空间）以及结构重组，更要回答九年如何一贯整体设计和打通学科壁垒问题。因此遵循着两条研究路线：一是公共政策的理论和实施研究；二是组织和组织变革理论以及学校运作和变革的研究，从而形成新学校发展的运作和变革实施的层级模型，展示学校的组织域、制度层、管理层、技术层四个层级的变革实施过程。这实际解决了教育政策和实施、"自上而下"和"自下而上"以及教育理论和实践的矛盾，凸显着"问题驱动、科研引领、学校实干、协同创新"的特点，反映出当前深化综合改革的新态势。

（二）路径——资源开发

1. A-S-K 课程

以发展学生核心素养为目标，其包括三方面内容：A-S-K Pre、A-S-K 学科攻关和 A-S-K 融通课程，各有定位，增加调整、补充整合现有的课程体系。以 A-S-K Pre 课程为例，其包括注意力、表达力、想象力、适应与自信、数学初步和科学初步六个模块，解决衔接的"学习品质"和"认知基础"问题。配套提供丰富的教学资源：A-S-K Pre 指导手册、教师教学设计用书、魔法学堂（学生用书）、教师演示文稿以及配套的多媒体资源。课程以情境故事为载体，以闯关游戏的形式带领学生完成一个个学习任务，让学生在轻松活泼的课堂氛围中完成幼儿园到小学的过渡。

2. 学生学习系统

以提升学习兴趣与个性化支持为目标，其包括动力课程和思维课程。动力课程主要是通过游戏性短课进行课程创新，从兴趣和能力两个角度赋予学生更充足的学习能量，推动学生学习状态不断优化，使学生全程保有持续学习和发展的意愿与本领。围绕"有意思"和"有意义"，在学校教师实践反思与讨论基础上提炼出教学策略模型。思维课程则是以问题解决的思维过程为载体，依据学生的不同思维类型特点，有针对性地科学分类培养学生思维能力的课程设计与实施体系。整体提供思维类型诊断工具、改进策略以及学具。

3. "儿童中心"的空间建设

倡导创造"儿童站在中央"的安全友好、支持学习的环境，力图让学生在与环境的交互中获得丰富体验，在天性的释放中逐渐了解社会法则、理解知识与文化内涵。

4. 典型教育仪式

主张让教育在仪式里发生意义，深度发掘每次活动的教育意义，通过活动开阔学生视野、锻炼学生能力、增进学生交流，将教育活动打造成学生发展的又一加速器。

(三)"加速发展共同体"建设及运行保障机制

所谓"加速发展共同体"指研究部门、管理部门以及学校内各成员对知识和学习等问题在认识论上达成深深的共识，以儿童视角、知识创生、整体构建、探究对话为主要目标，多层次参与并对活动作出不同的贡献。"加速发展共同体"是一种新型发展方式，实际上就是把学校建设发展过程切分开来，划分为管理、建设、效果几个部分，这种切分使过去笼统的"政府负责"有了主题性分解，为明确各参与主体的权责对应框架创造了可能，既转变和优化了教育行政管理职能，提高了管理服务水平；又促进了教育专业机构的研究深化和成果转化，提升了专业化水平；更激发了学校自主发展的意识，强化了学校的主动发展能力。这也是一种新的组织形式，把行政管理、专业引领以及学校全体组织在一起，为加速发展贡献力量。在共同体建设的基础上形成了联盟发展机制、学科工作站机制、课程实验机制、典型活动机制、规划与评估机制等，有效促进了学校发展。计划中采取了定性与定量分析相结合的方式进行动态评估，发现不仅学校整体质量水平、教师专业发展、社会声誉指标有明显改进，更重要的是学生的注意力、创造力等成绩均有大幅度提高，充分说明学生从中有了极大的"实际获得"。

四、学校加速发展计划的应用成效

学校加速发展计划推行的几年间形成了系列理论与实践成果。

理论方面，总结提炼普通学校发展过程规律、特点、策略，形成系列理论专著和学术论文，其中加速发展、教育时空等研究主题在学界和学校均引起了较大反响，学校发展进阶指导丛书为新建普通学校快速获得发展提供了行动指南。

实践方面，实验学校建校短期内便呈现优质发展态势，有的学校十年间从一个城乡接合部的薄弱学校成为区域领军名校，有的三年间由薄弱小区中的普通学校成为区域优质资源校，有的两年间由几经改制更名的弱弱联合学校跻身区域优质学校前列……仅以2015—2016学年度为例，实验学校学生平均获奖率为30%，平均每所学校获区级以上奖励14项。实验成果得到社会广泛认可，实验成果不断扩大，并向全国辐射。

系列成果验证了学校优质加速发展的理论假设，推进了教育均衡发展的实践。

● **案例2：A-S-K课程实验：学生核心素养培养的实验探索**[1]

一、问题的提出

2014年，教育部颁布的《关于全面深化课程改革落实立德树人根本任务

---

[1] 本案例为北京市"十三五"教育规划优先关注课题"深综改背景下学校优质加速发展实验研究"成果，主持人：张熙，执笔人：拱雪。

的意见》文件中,首次明确提出核心素养,并提出要研究制定学生发展核心素养的体系。2016年,中国学生发展核心素养正式发布,其中对学生发展核心素养的内涵、表现等做了详细阐释。中国学生发展核心素养的正式发布,标志着我国基础教育开始从"知识本位"的时代正式走向以"核心素养"为特征的时代。

那么,如何有效地培育学生核心素养,这些知识与技能和学生在校学习的内容有什么样的关系,如何通过学校教育培养时代所需之人才并使其具备终身学习的能力和素养,便成为教育发展的关键问题。

二、解决方案——专注学生核心素养培养的A-S-K课程

学校课程是一个国家或地区的教育系统实现其教育目标的重要载体。课程是否具有先进性和科学性,人才的知识结构和能力结构是否适应未来的发展需要,对国家、社会的发展,具有决定性的作用。因此,要实现对未来公民核心素养的培养,通过课程改革将这些素养融入学校课程体系中,就成为落实这些素养的重要途径。许多国家与地区、国际组织都把核心素养视为课程设计的DNA,努力研制基于核心素养的课程标准、课程体系,并以此推动课程改革。❶

(一) A-S-K课程体系的设计理念

A-S-K课程体系,是以培养学生的态度(Attitude)、技能(Skill)和知识(Knowledge)为基础,以发展学生核心素养为目标,通过PRE课程、学科攻关课程、融通课程进行进阶式培养,为学生终身学习、自我的终身发展和适应未来社会奠定基础的课程体系。

1. 以核心素养指标框架为导向

学生的核心素养框架在一定程度上讲是教育目标的具体化,从人的全面发展角度出发,体现了"促进人的全面发展、适应社会需要"的要求,按照学生发展规律规定在经历了一定教育后其必须拥有的基本素养和能力,解决

---

❶ 邵朝友,周文叶,崔允漷. 基于核心素养的课程标准研制:国际经验与启示 [J]. 全球教育展望,2015(8).

的是"培养什么样的人"的教育问题。❶ 因此，基于北京教育现状及学生培养需求，A-S-K课程体系以自行开发的核心素养指标框架为导向，从使用工具、自主行动、在社会异质群体中互动三个领域，语言素养、数学科技素养、信息素养、身心健康、学会学习、自我管理、创新精神、沟通合作、社会参与、国际理解十个方向，态度、知识、技能三个维度，着力培养"懂规划、会用工具、会学习、善沟通、有动力、有能力、有方法、可持续发展"的人。

2. 以现行学校课程为基础

以学生的核心素养培养为导向的课程改革，旨在推动学生核心素养培养的课程体系的完善、教育模式的生成。而这些变化需要以现行的学校课程、教育教学实践为基础，注重传统学科课程的调整，不同学科课程的整合，关注学生发展，强调适应现代社会所需能力的培养。

世界各国在推动课程改革的过程中，也逐渐建立起以学生核心能力和素养为中心的新课程体系。而新的课程体系大致分为两类，一类是增补型，另一类是改进型。A-S-K课程体系对学生核心素养的培养，有明确的定位与表述，考虑到现行的学科课程体系及学段特点，通过对现有学科课程进行调整，使其在实现学科知识培养的过程中实现核心素养的培养，同时对学科教学较难实现的素养进行增补。因此整体来看，A-S-K课程体系易操作、易实施，能够最大限度地优化学校现有课程。

3. 综合学习、进阶式培养

综合学习包括知识、技能和态度的整合，涉及对本质相异的各个组成技能进行协调，同时综合学习还强调将在学校环境中所学的迁移至日常生活与工作情境中去。❷ A-S-K课程体系以问题为中心，重视学生的个体经验和需要，把学科内容和学习者所处的情境相互渗透，把理解情境中的真实问题或者现实生活中的真实任务作为学习和教学的驱动，采用游戏化或者活动的教学方式，在激发学习兴趣的基础上，充分地帮助学习者整合知识、技能和态

---

❶ 辛涛, 姜宇, 王烨辉. 基于学生核心素养的课程体系建构 [J]. 北京师范大学学报（社会科学版）, 2014 (1).

❷ 杰罗姆·范梅里恩伯尔, 保罗·基尔希纳. 综合学习设计 [M]. 盛群力, 陈丽, 王文智, 译. 福州: 福建教育出版社, 2012.

度，促使学习者协调各种技能，更好地将所学东西迁移到新问题中去，解决教育中分割化、碎片化和迁移悖论等问题。

同时，A-S-K课程体系强调进阶式培养、一贯式培养，对于不同素养，其知识、技能、态度要求的程度呈螺旋式上升，并在不同阶段有所侧重，从而实现通过九年义务教育，培养学生适应终身发展和社会发展需要必备的关键知识、能力、态度。A-S-K课程体系提供教育经验和资源，包括课堂所讲授内容的结构、组织安排、重点处理及传授方式，以保证受教育者的学习质量。

（二）A-S-K课程体系的开发流程

A-S-K课程体系建设是在考虑该学段基本特性的前提下，以目标为基础和核心，围绕目标的确定、实现和评价来具体实施的，即目标模式。这种建设模式是由美国著名的课程理论专家拉尔夫·泰勒在1949年出版的《课程与教学的基本原理》一书中提出的，之后众多的研究者以此为基础，简化出四段渐进式的课程开发流程，即确定目标、选择学习经验、组织学习经验、评价。[1] 在A-S-K课程体系的开发过程中，将四段式流程进一步细化，主要包括确定培养目标、了解学生需求及教师状况、明确建设原则、构建课程结构及课程内容、开展课程研发、推动课程实施、完善课程评估、提供课程资源服务八个环节。

（三）A-S-K课程体系的结构与内容

课程结构是课程目标转化为教育成果的纽带，是课程实施活动顺利开展的依据。课程内容是一系列比较系统的直接经验和间接经验的总和，是根据课程目标从人类的经验体系中选择出来，并按照一定的逻辑序列组织编排而成的知识和经验体系。纵观国内外国家和地区已有的实践经验，基于核心素养的课程内容结构大体上呈现出两种实践样态，即一门课程或者一个领域体现所有核心素养以及一门课程或者一个领域体现部分核心素养。从各国的实践来看，采用第二种实践样态的国家较多。

A-S-K课程体系主要包括三大部分：A-S-K Pre模块课程、A-S-K学科

---

[1] 李介. 国外校本课程开发模式带给我们的启示 [J]. 教育理论与实践, 2010 (9).

难点攻关课程、A-S-K 融通课程，每块各有侧重。A-S-K Pre 模块课程侧重幼小衔接，基于已有的儿童认知发展理论基础，并利用现代信息化教育技术手段，针对学龄儿童"学习品质"和"认知基础"两方面为学龄儿童打造一系列以游戏化为特色的幼小衔接过渡课程。A-S-K 学科难点攻关课程以点、面结合的形式，在学科教学中实现学生核心素养的培养。针对学科重难点，明确其涉及的知识、技能，通过游戏化教学、活动设计等方式，优化教学方法，在突破学科重难点的同时实现核心素养的培养。A-S-K 融通课程针对学科课程中较难实现的部分素养，以模块进阶的方式进行一贯性设计与培养，注重学生的生活体验和学习经验，强调学生发展的主体性，满足学生的发展需求与核心素养的培养。

三、A-S-K 课程实践及效果

课程实践是课程建设的一个关键环节，课程实践是一个动态的过程，是把一项课程改革付诸实践的过程。课程实施的焦点是实践中发生改革的程度和影响改革程度的那些因素，也就是说课程实施不只是课程方案的落实，还是学校和教师在执行一个具体课程的过程中按照实际情况对课程进行的调适与改进。

（一）A-S-K 课程的实践保障

在 A-S-K 系列课程的实施过程中，通过课程培训、课程跟踪指导、课程评估与反馈、课程修订四个环节，确保课程有序、有效地进行。

1. 课程培训

每个模块课程的培训包括四个环节：基于认识、定位的通识性培训；针对关键点及教学流程的针对性培训；关注教学效果、实践改进的实战性培训；典型引路的示范性培训。确保授课教师能够实现从完成一节 A-S-K 课程、上好一节 A-S-K 课程到共创一节 A-S-K 课程。

2. 课程跟踪指导

A-S-K 课程设有跟踪指导机制，对课程实施过程中学生的发展进行持续追踪记录，详细生动地刻画学生在整个课程实施过程中的能力变化。具体的追踪包括以下三个环节：课程开始前，对每位参与课程的学生进行相应的认知能力水平测试，了解每位学生的初始学习水平。课程开展中，收集每位学生在课程各教学环节中的学习数据资料，主要包括学习中留下的纸笔痕迹、操作学习软件的操作数据等。课程结束后,对每位参与课程的学生再次进行相应能力水平的测试,了解每位学生的最终学习水平。

专家依据课程跟踪情况进行点评指导。点评指导主要针对教师课上对教学内容、教学方法以及师生互动等环节开展,为提高教学有效性提出进一步的改进建议。A-S-K课程体系开发课程跟踪指导工具,以A-S-K融通课程为例,课程的跟踪指导主要借助于实践活页。实践活页指导协助教师把握活动目的、设计、记录、评估四个关键环节,使每一个活动有明确的活动目的,清晰的设计思路,充实的活动记录,完善的活动评估,从而提升活动质量,保证活动的有效实施。

3. 课程评估与反馈

A-S-K课程体系评估与反馈机制主要由两方面构成:一是对学生参与课程的情况进行全方位评估,包括A-S-K课程会在课程开展前后对学生进行认知发展水平评估,在课程实施后对学生、教师、家长进行课程实施情况调查;二是对教师实际的授课情况进行定性反馈,并提出持续改进建议。

课程反馈面向的对象群体包括三个部分,即学校主管领导、教师、学生和家长。学校主管领导将拿到全校课程开展整体情况(所有教师和班级)的反馈报告;教师将拿到自己和授课班级学生情况的反馈报告;学生和家长将拿到学生个人学习情况的反馈报告。

4. 课程修订

A-S-K课程体系根据课程的实施情况,不断进行修订。A-S-K课程体系提供工具,在每个模块课程实施后,授课教师要对课程进行实时反馈。依据教师反馈及课堂跟踪、评估等情况,对课程进行修订与调整。

以A-S-K Pre模块注意力课程为例,教师提供反馈表。教师反馈表为课程的修订提供了准确的信息与基础。

(二)A-S-K课程的实践效果

A-S-K课程由于明确的定位、科学的设计、完善的实施保障,实践效果显著。以在实验学校开展的A-S-K Pre注意力模块课程为例,不论在课程开展前后分别对学生注意力发展水平进行前测、后测,还是在课程开展后的调查,都得到了很好的反馈。

1. 认知发展水平评估

实验学校在注意力模块课程开展前后,对学生注意力发展水平进行了评估,平均分由 65 分提高到 69 分,注意力较高水平比例由 63.13% 增加到 80.03%,前测、后测差异显著($t=-4.807$,$P<0.01$)。

2. 学生获得

99.7%的学生喜欢 A-S-K 课程(魔法学堂);喜欢原因:能动手、玩游戏、和同学一起合作、获得奖励;97%的学生希望新学期继续开设 A-S-K 课程(魔法学堂)。

3. 教师成长

所有任课教师均认为有收获,62.1%的教师认为改变了自己的教学理念;82.8%的教师认为改善了自己的学科教学方式;接近 80%的教师认为 A-S-K 课程增强了学生的自信心,提高了学生的注意力和适应性;超过 60%的教师认为学生掌握了沟通与合作及学习技能;96%的教师愿意继续教授 A-S-K 课程。

4. 学校优质发展

92%的家长表示孩子喜欢 A-S-K 课程(魔法学堂);超过 80%的家长表示 A-S-K 课程给孩子带来了可喜的变化,认为本学期孩子沟通合作方面有变化的家长最多。

● 案例3:名校品牌提升[1]

一、名校品牌提升的创新点与价值

(一)名校品牌提升是对学校品牌可持续发展问题的关注

把品牌明确视为一个生命体的品牌生命周期学说是欧洲经济学院教授曼弗雷德·布鲁恩(Manfred Bruhn)首先提出的,之后的学者对品牌生命周期进行了多方面、多角度的探讨,主要分化为有限论、无限论两种观点。虽然我们暂时无法对某一派观点进行基于证据的支持或反对,但是,在现实品牌世界中,所有的品牌持有人都会尽最大努力使自己的品牌得以延续,即大家

---

[1] 本案例为史家小学品牌提升项目成果,主持人:张熙,执笔人:蔡歆。

都在通过实际行动来追求品牌生命周期的延长。我国对学校品牌的研究自2000年开始增多，2010年达到发表高峰。综观相关研究成果可以看出，学校品牌研究目前关注于学校品牌的界定、学校品牌的定位、学校品牌的策划以及学校品牌建设策略，整体上处于品牌建设的起步阶段，主要解决品牌的从无到有问题。对于品牌如何延续、如何发展、如何在衰亡之前走向新生还没有开始考虑。而名校品牌提升则是打开了学校品牌研究的新视野，着手探讨品牌形成、知名之后，如何进一步发展提高，保持品牌持久生命力的问题。

（二）名校品牌提升是对名校未来发展方向与路径的探索

在以往的研究中，围绕中小学校的"名校"问题，研究者主要从四个方面展开讨论：一是对一所或多所具体学校进行个案式研究，从学校办学历史中探究名校的特点；二是把名校的概念从具体学校中抽离出来，从学校教育的某一方面对名校应该"是什么"、应该"怎样做"进行总体式研究；三是结合近年来的基础教育改革实践，对一些名校或一些区域在探索基础教育均衡化发展中实施的具体方案进行反思；四是如何把待发展学校建设成为新名校。可见，除第四种外，前三种研究都是把名校作为一种必然的存在，在已然成名的基础上进行研究。然而，名校已然成名并不意味着仍将有名，名校除扩张和辐射等发挥社会效益的发展外，还应有符合其自身规律的、能够继续凸显其卓越办学品质的发展路径，特别是在优质均衡背景下，普通学校纷纷迅速发展提升，若不削峰填谷，名校必须加快自身内涵建设才能保持其在教育教学实践探索中的先锋作用，各种名校扩张的举措才能获得实际且长远的意义。对名校品牌进行提升，正是对名校这一类特殊学校发展规律的探索，它不是回溯性的提炼，也不是结果性的推广，而是朝向未来的建设。

（三）名校品牌提升是对教育现代化进程中学校使命的对标与引航

教育现代化是社会主义现代化建设的重要组成部分，是实现中华民族伟大复兴的基石。全面建设社会主义现代化强国，使加快教育现代化、建设教育强国的任务更加紧迫地摆在我们面前。基础教育阶段的各级各类学校须明晰其方向、对接其目标、笃行其方略，坚持以改革促发展、以创新探路径，为构建服务全民终身学习的现代教育体系奠定坚实的基础。其中，名校因其在基础、资源、动能、社会关注度等方面的固有优势，在实践探索中具有更为有利的条件，更有可能率先印证现有条件下学校现代化制高点的现实形态，成为学校发展的领军者。对名校进行品牌提升，就是加入科研的力量，帮助名校进一步瞄准和加快现代化建设进程中的改革方向与步伐，抓住学校关键之处进行创新，形成阶段内能够固化的教育形态，在推动名校不断向现代化目标逼近的过程中影响和带动更多学校一起发展。

二、名校品牌提升的关键点与实践效果

2017年8月，北京教育科学研究院正式启动史家小学学校品牌提升项目，根本目的在于深化品牌内涵并带动集团发展。经与校方协商，项目组按照项目书规定内容在二年级部开展学校品牌提升工作。项目组为了准确了解二年级部已有的实践基础，从而更好地判断提升方向，采取了问卷调研、专家咨询、每周入校观察和干预学校实践、与校区教师领导实时研讨等多种方式，对学校品牌价值现状进行判断，对品牌建设内涵进行重新提炼，对品牌建设关键活动进行整体规划，最终以"伙伴计划"的形式呈现学校品牌建设产品。"伙伴计划"全面升级伙伴内涵、系统开发实践体系，使以伙伴为特色的教育实践在时代性、深刻性、关键性上更进一步，凸显伙伴对个人全面成长以及未来持续发展的重要功能和价值，推动校区教育品牌在专业性、协同性、领先性上有更大突破。"伙伴计划"反映出名校品牌提升的四个关键点。

（一）名校品牌提升要尊重和继承已有精华

史家小学以"和谐教育"为办学理念，以培养"和谐的人"为育人目标，以"人与社会、人与人、人与知识、人与自身、人与自然"的和谐为五大和谐支柱，强化学生"责任、规则、创造、生命、尊重"五大基本意识，培养学生"认识社会、交往、学思知行、自主自律、体验和实践"五大核心能力。史家小学二年级部在总校和谐教育五大理念的引领下，敏锐把握该时期学生发展的需求和特点，将教育的特殊关注点聚焦于学生的社会性发展，注重学生社会生活能力的培养，提出"自信表达会沟通、同伴互动能合作、悦纳伙伴懂分享"的培养目标，在此基础上进行了一系列实践探索。这是已有品牌的重要基础，得到了教师、家长、社会的普遍认同，因此在品牌提升过程中需要尊重与继承。"伙伴计划"延续了学校的核心理念，也保留了"伙伴"这一品牌标识，同时对"伙伴"要义进行了新的提炼，深度挖掘"伙伴"对学生成长的特殊价值。

社会学习理论认为，个体的学习是在认知、行为与环境的交互决定中发展的。在伙伴交互的学习过程中，同伴是直接促进个体发展的社会性因素，同伴对对方的促进作用体现在三个方面：①示范与启示；②自我观察、自我判断和自我反应的参照；③自我强化与替代性强化。向同伴学习，这是伙伴间关系的第一要义。

建构主义认为，学习者与周围环境的交互作用，对知识意义的建构起着关键性的作用。学生在教师的组织和引导下一起讨论和交流，共同建立起学习群体并成为其中的一员。在这样的群体中，共同批判地考察各种理论、观点、信仰和假说；进行协商和辩论，先内部协商，然后再相互协商。在这样的协作学习环境，学习者群体（包括教师和每位学生）的思维与智慧就可以被整个群体所共享，即整个学习群体共同完成对所学知识的意义建构，而不是其中的某一位或某几位学生完成意义建构。在思维与智慧碰撞中建构新知，这是伙伴间关系的第二要义。

在人和人的交往中形成人际关系，人际关系促成了社会活动，社会活动成为学习的载体。随着学习环境开放性的增强，学习的社会化程度越来越高，更多有意义的学习在"关系"中发生。有了"关系"，认知才有可能不限于书本教育，思维才能在真实世界里建立起来。"伙伴计划"关注"关系"构成的复杂情境对学生学习的特殊价值，使得学习不是割裂的能力训练或知识传递，而是自身切实体验到的社会生活的需要，学习的过程和结果都是多种知识与能力的交错。在社会活动中产生学习需要，引发知识产生，体验知识运用，这是伙伴间关系的第三要义。

（二）名校品牌提升要重新审视时代育人要求

未来社会有三个显著特点：人工智能、虚拟与现实的融合、共享社会。面对这样的未来社会，传统教育所重视的育人目标要素是否仍然有效？显然，精准记忆、运算技巧等诸多内容已不再是人们立足和发展必不可少的条件，现代技术足以迅速补充应用的需要。面对未来挑战，教育应该培养学生什么样的能力？有专家指出❶：自主学习能力、提出问题的能力、人际交往的能力、创新思维的能力、谋划未来的能力将是人工智能社会人类的优势能力。也有专家指出：❷批判性思考与解决问题的能力、跨界合作与以身作则的领导力、灵活性与适应力、主动进取与开创精神、有效的口头与书面沟通能力、评估与分析信息的能力、好奇心与想象力是未来新职场世界的核心能力。

学校教育必须同时关切当下与未来，特别是要重视未来使命的担当，体现教育对社会发展的责任。"伙伴计划"是史家小学二年级校区在常规教育教学活动基础上的特色化举措，其"特"不仅仅特在以"伙伴"为途径的实施方式上，更体现在一般教育目标之上的特殊育人指向上。因此，只有站在时代发展的角度，选择可操作、对未来发展意义深远的关键能力进行重点培养，才能够体现"伙伴计划"在育人价值方面的先进性和引领性。通过综合分析，项目组认为，高阶认知能力、合作能力、创新能力应作为"伙伴计划"的育人目标指向。这三个关键能力体现了中外专家观点的共性要素，回应了我国教育政策文件的目标要求，也与史家和谐教育整体框架相呼应，能够在学校具体落实。

(三) 名校品牌提升要重点聚焦学生学习发展新形态

随着信息技术与人工智能的迅猛发展，学校必须考虑一种适应未来的学习方式，这种方式不仅能够让学生更有效地完成在校学习目标，而且能为将来持续不断的自我提升提供能量。由美国新媒体联盟地平线项目发布的《2017年地平线报告（基础教育版）》指出，"追求深度学习"已成为驱动未来学校发展的重要趋势。所谓深度学习一般认为具有"3D"（Deep）特征：学习参与的深度，外在表现为学生从识记、理解到思维、创造的提升；学习方法的深度，表现为在知识传授的基础上解决复杂的问题；学习结果的深度，最终实现认知的高阶能力发展的结果。

目前虽然深度学习的理论共识已基本形成，但实际运行中的成功案例范围有限。分析其原因可以发现，学校之所以难以充分开展深度学习很大程度

---

❶ 杜占元. 人工智能与未来教育改革 [J]. 中国国情国力, 2018 (1)：6-8.
❷ 托尼·瓦格纳. 教育大未来 [M]. 余燕, 译. 海口：海南出版公司, 2013.

在于教师试图在原有教学上提升改造,但教师、学生以及教学要求都受到惯性的束缚,难以大幅度改变。项目组认为,"伙伴计划"恰好是打破瓶颈、开拓深度学习实现新渠道的契机。虽然深度学习更多意味着高思维水平的学习状态,但并不表明它只能在高学段或者优秀学生身上发生,也不表明它只能体现在知识学习领域,更不表明它只能通过课堂教学实现。相反,目前,传统课堂囿于种种条件限制难以充分开展深度学习活动,恰恰是更开放的学校活动为深度学习提供了广阔空间,学生与真实情境联系在一起,学生神经网络的输出与输入联系在一起,形成了一个依靠知识学习解决问题、基于问题加深对知识的理解和迁移的"闭环",学生正是在这种"闭环"的循环迭代中逐层抽象,形成了深度学习能力。二年级学生在经过一年级的入校规范训练后,从"适应"阶段进入"学习"阶段,为提升学习品质,必须参与激发思维的深度学习活动,从活动入手锻炼深度学习能力,进而向学科过渡,最终走出学科、走向广域。因此,"伙伴计划"应是指向深度学习的体系,它为学生形成未来需要的自主发展与创造性建构能力提供了教育支持。

(四) 名校品牌提升要着力体现多元共建的过程

在日常生活中,学校品牌往往反映在家长、学生、社会公众对学校的认知印象与话语表达上,彰显的是一种正面的、良好的学校形象。学校品牌与其说是一套由名称、术语、标记等组成的符号意义系统,不如说是学校、家长、社会成员、政府等多元主体所建构的"重叠共识",[1]是教育利益相关者有关"何谓优质学校"的语言塑造。学校品牌是具有深刻意蕴和生命象征的意义系统,是教师、学生、活动、建筑、设施、历史、文化等要素的集合,彰显出独特的情感性与融合性。所谓情感性,意味着学校品牌是学生、家长及社会成员对学校品牌情有独钟的情感认同。所谓融合性,意味着学校品牌不是学校局部要素的凸显,而是课程、教学、活动等诸要素所形成的意义整体,融合并镌刻在教育利益相关者的情感地图之中。因此,应使所有利益相关者都主动成为名校品牌提升的主体,在共同努力、集体建构的过程中不仅完成品牌的再造,更在学校的方方面面凝聚众人的共识与情感。

---

[1] 佘林茂,张新平. 共治共享:学校品牌建设何以可能 [J]. 中小学管理, 2019 (12):36.

"伙伴计划"是将多主体深度卷入的综合方案。它依据功能将行动划分为不同领域，各领域有相应活动载体落实。基础领域是与日常教学和管理紧密联系的内容，拓展领域是在基础之上的延伸内容，创造领域是突破基础的新尝试，是更高层次的拓展，三者共同构成了学生成长发展的金字塔。支持领域是对前三者的保障。在"伙伴计划"中，学生不仅是受教育者，更是主动建设校园、积极传递个人智慧的实践者；教师不仅是教育计划的执行者，更是伙伴活动的开发和创设者；家长不仅是学校教育的配合者，更是通过家长沙龙形成教育合力的主导者；科研部门、社会机构、行政单位不仅是教育成果的品评者，更是教育过程的合作者、参与者。"伙伴计划"不仅是一个产品、一个结果，更是一个凝聚共识、情感和力量的过程。

在"伙伴计划"的推动下，伙伴校园有了新的风采。"高阶思维""具身认知""动态建构"已渗透在校区教育教学活动的点滴之处。所有教师都形成了自己在"伙伴计划"中重点探索的研究方向，并撰写了大量论文和案例；学生巡讲团、伙伴游戏节成为学校最有吸引力的名片，每届学生精心绘制的"伙伴教伙伴"校园生活经验画册成为新同学最好的开学礼物。调查显示，在前期得分已然较高的情况下，通过实施"伙伴计划"，学校品牌价值在品牌联想、品质认知、领导性、回忆性、忠诚度等方面仍实现了不同程度的提高。

第五章
知识创新服务案例研究

教育科研一直被寄予"顶天立地"的功能。所谓"顶天"是指教育科研要为教育决策提供咨询和依据，进而对教育宏观质量产生重大而深远的影响。所谓"立地"则是指教育科研要为中小学发展服务、为广大教师教学服务、为学生全面、生动活泼的健康成长服务。显然，教育科研成果的知识创新程度直接影响着"顶天立地"的水平和程度，那么能够"顶天"和"立地"的教育科研都有什么样的特征呢？

一、知识创新转化为政策服务

（一）从数据、信息提供到循证研究

提升教育政策的科学性和有效性既是行政决策部门的期待，也是地方教育科研机构的重要职责，更是教育改革和发展的现实需要。如果说，20世纪学界努力将大量的数据和信息推向决策者，试图影响政策并提升决策质量的话，那么这一趋势在20世纪末得到了突破式的发展。由于面对越来越复杂多变和难以把握的政治、经济、社会发展形势，决策者越来越意识到公共政策制定、执行与评估的难度越来越高，并且因决策失误可能付出的代价也越来越大。因此，1999年，英国布莱尔政府提出"基于证据的政策"（evidence based policy）。这种专业决策方法"依赖的是严谨的研究成果而不是惯例、个人经验或直觉"，是

"一种帮助决策者在更充分的信息条件下进行决策的政策过程"。[1]

这一倡导之后,迅速得到了诸多国家和国际组织的认同。例如,美国政府颁布了《不让一个孩子掉队》法案(2001),在该法案中提到110次"基于科学的研究"(scientifically based research),特别强调"基于证据"的思想方法。[2]所谓"基于科学的研究"是指"应用严谨、系统、客观的方法来获得与教育活动及教育政策相关的可靠、有效知识的研究"。[3]又如,欧盟委员会在《以知识为基础的教育、培训政策与实践》(2007)中明确提出,"成员国和欧盟机构需要推行以证据为基础的政策和实践,包括更加健全的评估工具,以确定哪一个改革和实践是最有效率的,哪一个改革和实践推进得最成功。教育和培训对于经济和社会发展具有重要影响。无效的、方向错误的教育政策也会导致大量的经费和人员成本的损失。"[4]

政策界为了尽可能地降低"非理性"因素在决策中可能产生的负面效果,尽可能理性思考、科学审视、谨慎权衡,从而提升决策效果,而在主动追求"证据"的背景下,教育研究工作者和知识生产以及创新获得了提升影响力的良好机遇。

(二)成为"证据"的知识的主要特征

能够成为"证据"的知识是什么样子的呢?有什么样的特征呢?《牛津英语词典》对"证据"一词的定义是:"表明一种信念或主张是否真实有效的事实或信息。"[5]单纯地从这个定义讲,"证据"的类型和形式都十分广泛,包括"专家的知识、现有的国内外研究、现有的统计资料、利益相关者的咨询意见、以前的政策评价、网络资源、咨询结果、多种政策方案的成本估算、

---

[1] 高尔. 教育研究方法 [M]. 6版. 徐文彬, 等译. 北京:北京大学出版社, 2016.

[2] ROBERT E S. Evidence-based Education Policies: Transforming Educational Practice and Research [J]. Educational Researcher, 2002, 31 (7): 15-21.

[3] 杨文登, 叶浩生. 社会科学的三次"科学化"浪潮:从实证研究、社会技术到循证实践 [J]. 社会科学, 2012 (8): 107-116.

[4] 欧内斯特·内格尔. 科学的机构:科学说明的逻辑问题 [M]. 徐向东, 译. 上海:上海译文出版社, 2002.

[5] 洪成文, 莫蕾钰. "基于证据"教育政策研究的评估与整合:以英国EPPI与美国WWC的经验为例 [J]. 新疆师范大学学报(哲学社会科学版), 2015 (6).

由经济学和统计学模型推算的结果"。❶

很多学者都对此问题进行了研究，比较有共识的是，"科研应用主要发挥启发的功能，它们能够逐渐改变决策者的观念和假设"，❷ "决策者很少会记起影响自己决定的具体研究结论，但是会意识到社会科学研究为自己的观念和倾向提供背景，而此种背景会对自己的行为产生重大影响"。❸ 由此，能够成为"证据"的知识具有三个特征，如图5-1所示。

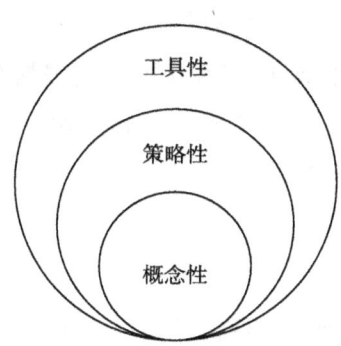

图 5-1 成为"证据"的知识特征

一是工具性特征。这是最外显的特征，就是研究成果（或知识创新成果）直接被决策者所采纳，从而带来了决策者行为的改变。比如，美国的《国家处于危机中》报告关于美国中小学核心课程、考试标准的建议都直接体现在《美国2000年教育战略》等政策法令中；我国的教育经费应占GDP的4%的建议直接写入了《中国教育改革和发展纲要》，都是该特征的典型代表。

二是策略性特征。这是指研究成果（或知识创新成果）发现可以被用于有选择地为某一立场提供支持，从而提升政策制定者或实践者行动的有效性。李岚清曾提到："教育部依据已有的研究（成果）和财政部等其他部委谈判，最终将4%确认下来。"❶ 以研究成果政策合理性的依据，体现出研究成果的

---

❶ 艾蒂安·阿尔比瑟, 崔俊萍. 走进OECD教育指标体系 [J]. 世界教育信息, 2014 (17).
❷ SABATIER P A, JENKINS S. Symposium Editors' Introduction [J]. Policy Sciences, 1988 (21): 123-127.
❸ WEISS H. Knowledge Creep and Decision Accretion [J]. Knowledge: Creation, Diffusion, Utilization, 1980 (3): 381-404.
❶ 李岚清. 李岚清教育访谈录 [M]. 北京: 人民教育出版社, 2004.

"策略性"特征。

三是概念性特征。这是指科研成果通过观念渗透来影响决策者的意识、信念和认识，而不是直接影响决策者的行为。诚如韦斯所言："概念、归纳、数据和观点通过多种渠道被人们吸收，它们没有出处，不分类别，常常神出鬼没，但有时会对最终的决定产生意想不到的影响。"❶ 举个例子讲，美国的《国家处于危机中》报告和《科尔曼报告》等研究成果之所以备受推崇，其中重要原因就是这些报告尽管没有体现为一种直接的政策，但是体现出系统性改革的谋划和布局，体现在随后几十年美国教育改革的思路和倾向中。显然，由于影响是间接的，因而常常不太容易被发觉。这也是教育科研成果的应用效果不够显著的重要原因。

（三）案例研究

党的十八届四中全会做出了依法治国的重大战略部署，反映在教育领域便是要推进教育决策的科学化、民主化，减少决策的人为性和随意性，这就要求教育科研能够为决策提供确凿的事实和依据。J组织力求把握工具性、策略性以及概念性特征，为教育决策提供更多的可靠证据。

● 案例1：系统分析支持区域、学校教育科学规划❷

随着经济的发展和科学技术的进步，教育愈来愈显示出对经济和社会发展的主导作用，教育已成为社会发展这个大系统中的子系统之一，对社会发展起着举足轻重的作用。因此，教育发展规划也成为国民经济和社会总体发展规划中的重要组成部分。

一、问题的提出

教育规划是一种战略规划，目标是要在未来历史时期使得教育事业主动

---

❶ 约翰·W. 金登. 议程、备选方案与公共政策［M］. 2版. 丁煌，方兴，译. 北京：中国人民大学出版社，2003.

❷ 本案例在以下成果基础上形成的：教育系统分析方法的应用（宋阳）、系统分析及其在教育中的应用（拱雪）、"十四五"时期西城区推进教育现代化的思路与措施研究报告初稿（张熙、拱雪、左慧等）以及区域推进学校特色建设（拱雪）。

适应区域社会经济发展的需要，为区域经济建设服务，同时与区域经济发展水平相适应。

但是，教育是一个复杂、开放的系统，系统内部教育主体复杂多样，关系纷繁交错，而且更为重要的是，教育系统本身还包含在社会这个特殊开放的复杂巨系统之中。同时，作为这一系统基本要素之一的教育内容，会随着社会的发展不断改变、更新。因此，应用传统方法做教育规划，难以充分考虑基础教育系统内部各因素之间的关系以及外部环境的影响，很难令人满意。

如何引入新的方法，从而实现立足当前、因地制宜，高瞻远瞩、面向未来，科学、有效地制订教育发展规划成为教育行政部门及学者们要解决的重要问题。

二、新方法的引入

现代系统理论的发展为我们进行区域教育规划工作提供了一种新的思路、新的方法。运用系统分析方法来进行基础教育规划弥补了传统方法的不足，立足整体，统筹全局，综合地考察和协调各主体之间以及内外部环境诸因素的交互作用，使我们的规划更好地适应区域经济社会发展战略任务的要求，更好地为区域基础教育的宏观管理服务，使规划成为一个实实在在的科学可行、能够落实的规划。

在教育决策的宏观层面，用系统分析的方法可以考察教育的发展和变化规律，分析其基本构造及运行机制，有利于解决诸如教育布局、资源配置、教育规划等牵涉全局的重大问题。而在教育决策的微观层面，系统分析方法可以为学校发展做出整体规划，帮助探索学校的德育建设、教师需求、学生发展等问题。

三、应用案例

在教育中，系统分析方法被不同的层次所应用，如教育行政管理部门进行教育政策决策、制订区域教育规划。用系统分析方法研究教育规划首先要确定规划目标，根据国家关于教育发展的有关政策和地区经济社会发展对教育的要求确定出实实在在的规划总目标和一系列子目标，并将目标尽可能地定量表示出来；之后，进行广泛的调查研究，掌握区域教育系统过去和现在的信息资料，探讨区域教育发展的规律，对区域教育系统内部各要素之间的各种复杂的关系以及与经济社会系统之间的有机联系进行定性和定量的研究，建立模拟区域教育规划系统的数学模型并对系统发展中可能出现的种种变化做出认真的政策分析，把定性研究、定量研究、政策分析结合起来，以期制订出平衡协调稳步发展的规划方案。同时，系统分析方法也被应用于教育科研部门进行教育政策分析，学校对未来发展进行整体规划等。下面以西城区"十四五"规划及北京市小学学校特色建设区域规划的部分环节为例进行呈现。

（一）系统分析支持西城区引跑教育现代化的开拓型战略

2020年是中长期教育规划纲要、"十三五"规划收官和"十四五"规划起步的衔接期。值此之际，依据2035年远景目标，聚焦未来五年教育发展的战略性问题、当前教育发展面临的紧迫性问题、人民群众关心的问题，遵循可实施、可评估的原则，进行顶层设计，明确发展目标和行动方案，科学指导今后五年区域的教育事业改革发展。

1. SWOT因素分析，明确西城区教育现代化现状

基本实现教育现代化之后，西城区朝向更高水平方向发展，学前教育服务保障能力不断提高，义务教育优质均衡发展水平不断提升，高中教育多样化特色发展取得新进展，学习型城区建设迈上新台阶，灵活开放的终身教育体系已经形成。教育综合改革取得新突破，教育集团办学、学区制、贯通培养、绿色评价等各项改革举措成效显著，人才培养体制、办学体制、管理体制、评价体制、保障体制改革全面深化。优质教育资源辐射带动作用得到了进一步发挥，服务北京城市副中心建设和京津冀教育协同发展的能力不断提高。公平、优质、创新、开放的现代教育体系和先进的学习型城区初步建成，西城区教育发展水平保持全市前列，国际影响力和竞争力不断提升。

具体来说，西城区的优势集中体现在四个方面：①深厚的历史积淀。一大批享誉国内外的百年老校坐落于西城区，不但惠及了西城区的学生，还辐射到首都其他区域乃至全国的学校与学生。②高水平优质均衡发展。西城区坚持教育优先发展，大力推进教育综合改革，通过集团办学、学区制、贯通培养、绿色评价等多项举措，不断扩大优质资源的覆盖面，教育发展水平一直保持在全市前列，国际影响力和竞争力不断提升。③素质教育成效显著。

素质教育最早由西城区提出,并在各校扎根、发展,形成"着眼于未来、着力于素质"的浓厚育人氛围。④高素质的教师队伍。截至2019年5月,有正高级教师30名,在职特级教师68人,北京市学科教学带头人38人,北京市骨干教师193人,各级骨干教师在全市比例最高。❶

同时,西城区作为首都功能核心区,"四个中心"城市战略定位的落实,让其教育在面对新形势、新任务时,不能完全适应西城区经济社会发展的需求和人民群众日益增长的对教育品质的新要求、新期盼。例如,教育为西城区经济社会发展的服务能力有待提高,以满足城市经济结构转型升级的需要;教育资源规模布局结构还有待调整,以适应"四个中心"功能建设的需要和人民群众对更加公平、更高质量教育的需求;面向未来、五育并举的素质教育水平有待提升,以促进每位学生全面而充分地发展;教师的职业素养、专业水平有待进一步提高,以适应新时期教育现代化发展的需要;政府、学校、家庭和社会推动教育发展的合力尚需增强,教育治理体系和治理能力的现代化水平还有待提升。

2. 开拓型战略:西城区引跑教育现代化发展的战略选择

战略选择的基础源自对西城区教育内外部发展环境的分析。对外部发展环境的分析,主要是为了识别环境给西城区教育带来的机会和威胁,并实施与之相适应的战略和策略;对内部条件的分析,是战略能否顺利实施的保证,同时,较强的内部实力有助于西城区利用外部的环境机会,实现良性的战略运行效果。通过对西城区教育现代化发展所具备的条件、所处的环境进行分析,可以发现,西城区具有非常好的教育基础,在开展素质教育、办学体制与新课程改革、深化基础教育领域综合改革等方面,一直发挥着先锋模范作用,虽然还存在一些不足,但整体性优势明显;同时面临首都功能核心区战略定位、城市经济结构转型升级、教育现代化强国战略等重要发展机遇。因此,最适宜西城区教育发展的战略是开拓型战略。

开拓型战略又叫扩张型战略或增长型战略,当内部优势与外部机会相适

---

❶ 北京市西城区人民政府. 关于《西城教育现代化2035》的解读 [EB/OL]. (2019-05-13) [2020-10-12]. https://www.bjxch.gov.cn/xcdt/xcb/xxxq/pnidpv602940.html.

应时，将产生杠杆效应，在这种情形下，西城区可以利用内部优势撬起外部机会，使机会与优势充分结合并发挥作用，从而实现领跑首都高水平教育现代化建设。

(二) 系统分析支持区域整体推动学校特色建设

学校特色建设是学校在较长时间的办学实践过程中，遵循教育规律，发挥本校优势和传统，选准突破口，以点带面，实现整体优化，而逐步形成的一种独特的、优质的、稳定的办学风格。学校特色建设的过程是"理论、实践、理论……螺旋式上升的，是长期系统工程"。特色建设过程中，基层教育行政机关不能因为特色而只说特色，必须统筹规划，综合考虑特色建设需要的环境和因素，为学校的特色建设创造更有利的外部环境，探寻学校特色发展的内驱力。

在特色建设的开展过程中，区域规划、整体推进起到了重要的作用。学校特色建设虽是学校在明确自身的发展历史、现状和对未来学校发展方向等问题进行充分分析的基础上，对自身的发展定位，但学校的发展必定离不开整个区域教育的发展，而每一所学校的特色又是构成区域教育特色的基础，所以学校特色发展应该构筑于区域教育特色的基础之上，整体设计，体现区域教育特色。

1. 明确区域定位

社会是一个大系统，教育是其中的一个子系统。教育处于社会整体结构之中，以一种特定的社会结构要素的形式存在着。同时，作为社会的一个重要子系统，教育又不断地与社会其他要素子系统（如政治、经济、文化、社会生活方式等）相互交换信息、物质与能量，影响着教育的发展。因此，开展特色建设不仅要清晰对特色的认识，也要充分考虑区域定位，在此基础上明确区域推进特色建设的定位。

西城区结合区委、区政府"创造城市美好生活，建设世界城市示范区"的目标定位，确立了区域教育发展目标：建设"均衡发展的先进区，素质教育的示范区，创新教育的实践区，优秀人才培养的高产区"，努力办高水平15年教育。小学围绕着区域教育发展目标，致力于营造"校校精彩、人人成才"的教育环境，坚持"以特色促优质均衡，以优质均衡促科学发展"，全面深化小学特色建设，整体提升学校办学水平和区域教育品质。

顺义区打造的"临空经济区"的定位和"高端产业新城"的建设目标使人才强区更为重要。保持经济强区的超前发展需要与之相适应的人才，更需要通过特色教育培养出多样化人才。因此，打造每一所学校富有个性的卓越领域，形成区域内互补式的整体办学优势、全面发展均衡的教育格局显得尤为重要。特别是小学规范化建设工程的高标准实施，使顺义基础教育步入一个更加注重提高质量、更加注重内涵式发展的高位均衡发展阶段。

2. 确定建设目标

建设目标是区域推进学校特色建设的方向，区县在深入分析区域定位的基础上，根据区域学校状况，制定清晰明确的区域建设目标，以指导特色建设。

在特色建设的过程中，东城区一直认为，学校的发展离不开特色的培植与孕育，特色文化建设是学校发展的重要抓手和内在增长点，是教育优质均衡发展的内在活力。小学规范化建设工程，让东城区坚定了"提升学校办学质量，促进学校特色、内涵发展"的决心和目标，"让每一所学校都精彩""一校一品"是学校发展的重要导向。

小学规范化建设为促进朝阳区教育的均衡发展奠定了基础。在此基础上，朝阳区结合小学建设发展的实际需要，大力推进小学办学特色建设，积极引导学校根据实际，选择适合自己的独特发展方向，走个性化、特色化的内涵式发展之路；引导学校寻找突破口，主动积极地争取新的发展，促进朝阳区义务教育均衡发展，全面实施素质教育，增强学校办学活力，提高教育教学质量。朝阳区学校特色建设的总体思路是政策引导、分层推进、典型带动、整体提升。教委通过一系列政策的出台，引导全区特色建设逐步深入；通过分层推进，引导各类学校得到不同的发展；通过典型带动，引领学校不断跟进，寻求自我发展道路。围绕总体思路，全区各小学学校有特色项目，共同结合学校实际，探索内涵发展之路，激发学校的办学活力。

海淀区小学启动了"学校特色建设工程"，简称"绽放计划"。力争在实施"绽放计划"进程中尊重全区各小学自身的发展潜能和优势，倡导多元化发展态势和生态化发展格局；引导各校提高自我改进的能力，立足校本，扬长发展；鼓励全区各类型小学积极作为、有所建树、丰富内涵、提升质量。提出特色建设口号："让每所学校都绽放""让每所学校都有绽放的可能""让每所学校都有绽放的力量""让每所学校都有绽放的舞台"，全区小学特色建设务力达到每所学校都拥有自己的特色教育内容，逐步形成学校办学特色的目标。

可见，系统分析为教育规划提供了有力支持，提升了教育规划的科学性、有效性。

● 案例2：城乡中小学校一体化发展的政策转化与实践引导[①]

一、北京市义务教育均衡政策发展新阶段

2007年，北京市政府发布《北京市进一步推进义务教育均衡发展的意见》，全面部署推进义务教育均衡发展工作。2015年，北京市16个区县全部通过国家义务教育发展基本均衡县（区）评估，教育部部长称北京市义务教育的均衡发展为全国其他地区提供了有益借鉴。这一时期，北京市的均衡发展经验包括以下六个方面：政府履职保障义务教育优先发展；办学达标标准化建设供给优质资源；人才强教打造高素质专业师资；综合改革打出优质均衡组合拳；素质教育面向全体学生全面发展；为各类群体提供均等机会。[②] 分析上述政策具体内容可以发现，这一时期的均衡政策以量化标准制定与达成为主，政策的刚性程度较强。如果借鉴国外学者麦克唐纳（McDonnel）和艾尔莫尔（El-more）关于政策工具划分的观点将义务教育均衡发展的政策工具分为命令型工具、激励型工具、象征和劝诫型工具、能力建设型工具以及系统变革型工具的话，这一时期，命令型政策的数量明显占优势，同时也有一些激励型、个别劝诫型和能力建设型政策。

党的十八大以后，均衡理念进一步发展，"优质均衡"成为新的政策着力点。如果说"均衡"能够借鉴经济学成果进行量化表征，那么相比较而言，

[①] 本案例为北京市教委专项"城乡中小学校一体化发展机制研究项目"成果，项目组人员：张熙、蔡歆、张理智、赵艳平、汪志广、艾巧珍，执笔人：蔡歆。
[②] 李培. 北京市义务教育均衡评估一次性通过"国检"六大经验彰显"北京理念"[J]. 北京教育，2015（6）：2-5.

"优质"的内涵更难把握，因此，政策类型也难以进行刚性限定，而逐渐转为激励与能力建设类型，特别是城乡校际基于学校发展软件要素的优质资源共享与辐射。集团化、名校办分校、手拉手学校、城乡一体化学校等多种办学机制成为均衡政策重点，在多项相关政策文件先后颁布后，2018年，北京市教委、市财政局、市人力社保局、市编办和市政府教育督导室联合发布《北京市城乡中小学校一体化发展项目管理办法》，积极支持城区优质教育资源通过城乡一体化学校、名校办分校、集团化办学、手拉手合作等形式，到中心城区以外地区办优质学校或辐射带动本区学校发展，整体提升教育质量。政策目的清晰、内容明确，但是由于具体目标和具体行动没有刚性规定，很大程度上需要学校创造性地落实，因此需要在政策制定与实际执行之间搭建有效的转化桥梁，否则将会出现政策执行的偏差、迷茫甚至漠视。

二、教育政策执行中转化引导的重要作用

公共政策是政府对整个社会的价值作权威性的分配，而这种分配的有效性绝大部分取决于政策的有效执行。美国著名政策学者艾利森认为，政策目标最终能否得到实现，仅有10%取决于政策方案的确定，而其余的90%则依赖于政策的有效执行。❶ 教育政策作为一种分配教育资源的手段，其执行过程体现了管理者对教育资源和利益分配的价值取向。在教育政策的执行过程中，由于政策系统内部和外部双重因素的影响，往往容易出现执行结果偏离政策预设目标的情况，而在政策系统内部，执行主体的行为偏差是影响教育政策执行效果的重要因素之一。计划行为理论提出，行为态度、主观规范和知觉行为控制这三个变量对个体实际行为起到重要决定作用。而政策执行人是否理解和认同政策要求，是否能够感受到执行政策压力的轻重缓急，是否觉得自己有能力去执行好这一政策，直接影响政策能否有效执行。

对于每所相关的学校来说，中小学校城乡一体化发展这样的鼓励型政策意味着什么？学校做与不做、做成怎样是否会有社会的关注？学校是否知道如何去做？政策本身没有对这些问题做出过多解释，学校囿于经验和视野也难以对此做出深刻的思考。此时，教科研部门政策服务的职能有了用武之地。

---

❶ 陈振明. 政策科学：公共政策分析导论[M]. 北京：中国人民大学出版社，2004.

教科研部门站在政策、实践、理论的三维联结点上,用学校能够接受的方式解读政策,使学校理解政策执行对本校发展的直接意义与价值;搭建项目学校交流沟通的平台,用共同体的形式而不是行政督察验收的形式制造政策执行主体之间的群体氛围;阐述学校行动的思路、方向与要点,帮助学校校准行为发力的重点。学校在意识上对政策产生了认同和重视;在对比中感受到同行们都在积极推进、你争我赶,不能落后;在行动中提高了自我效能,积极主动投身于政策执行全过程,明晰政策执行过程中各对象与资源的地位和作用,厘清其中的各种利益关系,主动为政策执行排除困难。可见,为了确保政策能够顺利实施,取得成效,在制定者和执行者之间进行相应的转化与引导不可或缺,并且直接关系着政策最终实际效能的高低。

三、对北京市"城乡中小学校一体化发展政策"的转化分析与实践引导

(一) 剖析一体化过程中校际支持下新优质校产生的内在逻辑和机制

项目组对通过帮扶行为促进一体化进程中的新优质学校生成的机制进行了剖析。日本的野中郁次郎等指出,在社会化、外部化、系统化、内隐化四个阶段依次转化的螺旋式上升中,组织知识的创新得以实现,并持续推动组织的发展。❶ 这一理论的引入帮助学校更清楚地认识到帮扶的内在机制。

1. 组织学习是内外力结合与转化的运行机制

新优质学校建设过程具有明显的外力支持特征,而组织学习的四个阶段则是将内外力进行结合,并不断推动外力向内力转化。首先,外部支持人员进入被支持学校,在进行初步观察、诊断后,一方面与学校领导进行会商,讨论并确定支持需求与方向;另一方面对学校教师进行示范、指导、培训。这一过程通过个体之间以思想、风格、经验、方法为载体的隐性知识对学校产生影响,是支持内容在被支持学校实现社会化的过程。随着支持行为的推进,无论学校管理、课程开发还是课堂教学都在外力作用下或多或少发生变化,而在变化过程中,学校原有的基础因素也在调节着变化的方式,领导、教师要结合自身理解、认识和实践,通过反思、案例、论文、手册、思维导图、资源库、活动方案、演讲等形式将变化成果表达出来,形成不仅仅依附

---

❶ 竹内弘高,野中郁次郎. 知识创造的螺旋 [M]. 李萌,译. 北京:知识产权出版社,2006.

于个人的、可更大范围指导与迁移的公共资源,即隐性知识显性化,这是支持内容校本化磨合后的外部化阶段。各个领域的点滴成果不断积累、扩大,实践成果由一人走向一组,再走向全校,形成了局部显性知识的连接,学校的教学、课程、管理等内容、标准、要求乃至规划发生了变化,完成了组织学习的系统化融合。面对新的组织制度与要求,教师再次全面反思自身的行为,进行优化,推动学校文化与办学品质的升级,这也是组织学习的内化阶段。通过组织学习的四个阶段,支持性外力与学校自身发展力合二为一,每个学习阶段对学校发展都有不可替代的动力作用。

2. 组织学习中的知识创造是学校优质化的关键突破

组织学习的各阶段转化完成了支持外力与学校发展内力的整合,而其中对学校发展成果最具显性意义的部分是该过程中的知识创造水平。简单的、模仿性的、弥补性的组织学习固然也能够实现办学质量的提升,但这是一种旨在维持和追随的目标取向,在各个学校办学质量都不断提升的情况下,这类学校依然会处于相对劣势。只有在外力的帮助下,学校的组织知识创造体现出丰富性、系统性、适切性、创新性的特征,并且这些知识的指向是"关注如何让教育过程更丰富、师生关系更和谐、多样化学习需求更充分满足"[1],学校才能够符合"新优质"的内涵。如果说一般的课堂教学改进和管理制度优化是普通学校提升的必要基础,那么基于学校深度诊断和理论引导的专题学习与研发及文化升级则是组织学习螺旋上升的方向。在这一过程中,将怎样的隐性知识投入社会化过程以及如何将最有价值的隐性知识有效外化是极为重要的两个环节,它们直接影响着知识创造的水平。

3. 知识创造能力是学校实现优质发展的持续动力

一所学校的资产除了固定资产,主要是人力资本和品牌效应,而学校的人力资本和品牌效应主要凝聚在该学校保存的信息、知识和经验上。人力可能流失,品牌可能褪色,但是如果学校具有丰富的共同知识和组织记忆,那么就可以超越具体的时代和个人而存在。[2] 目前来看,新优质学校的建设离不

---

[1] 尹后庆. 每一所学校都要走向新优质 [J]. 上海教育科研, 2015 (3): 1.
[2] 余凯. 学校的组织学习与知识管理循环理论 [J]. 中小学管理, 2015 (11): 24.

开有力的外部智力支持，但从长远看，一所学校的持续发展必然靠学校自己的内生力量，而这种内生力量是什么？就是根据外部条件和内部特征的变化不断进行组织学习，不断创造顺应时代背景、符合学校实际、关注学生内心的教育教学校本化知识的能力。这样的学校发展不依赖某位专家，也不依赖某些名师，而是拥有丰富的校本知识库，并且能够源源不断加深认识、更新观念、改进行动以维持校本知识库的有效性和先进性。在现阶段优质学校建设中，学校不仅要关注教育教学成果的取得，更要培养开展研究获取成果的能力。

（二）建构一体化发展中新优质学校建设的进阶模型

新优质学校建设是一个组织学习的过程，学什么、怎么学决定了学校是否能够达到"新优质"。外部优质资源支持普通学校向新优质学校迈进，必须通过组织学习促进外力向内力转化，实现直接经验输入向自身成果产出的螺旋式上升。

模仿性学习是基础，重点任务是通过模仿与借鉴快速弥补原有不足，提升底线，为形成本校的核心领军力量做好准备。进而进入支持下的创造性学习层面，与支持方一起仔细分析学校特点，通过支持方的启发和建议与其共同开展更加适合本校的专题性探究活动，这一层面决定着支持转化的针对性与长效性。在此基础上，学校进入自主创造性学习层面，逐渐形成检视现状、发现问题、尝试改进、互动研讨、科学论证、规范表达的习惯与机制，更多的自主研究得以展开，这些成果聚合在一起推动着学校办学品质的整体升级，教师们在更高的教育教学标准下继续调整自身实践，争取获得更高的成就。相应地，新优质校建设过程中的组织学习可以用三层进阶模型来表达，每一层在社会化、外部化、系统化、内隐化的环节中具有不同的典型学习行为；从低到高的进阶发展中，外力参与逐渐减少，本校主体作用逐渐增强，如图5-2所示。当然，这三层并不是截然分开的，特别是不同类学习内容同时存在时，可能出现多层并进的状态，但最终的方向一定是向上层流动。

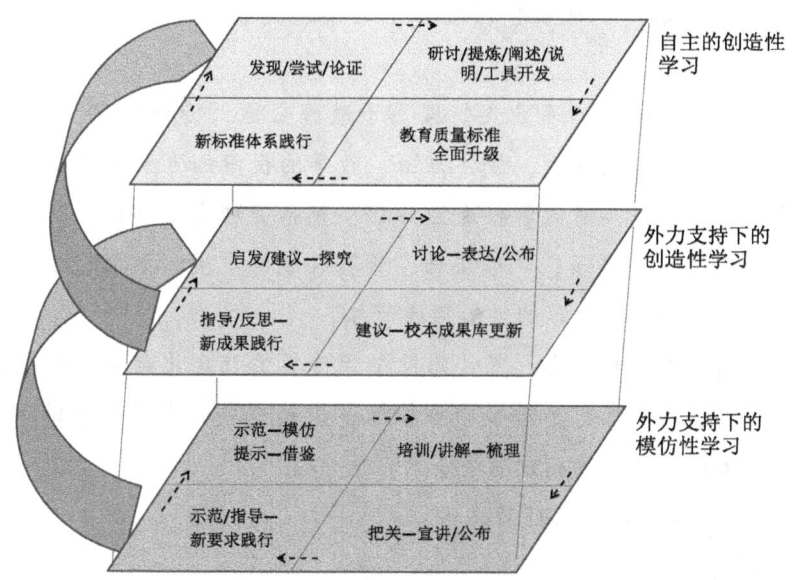

图 5-2 新优质校建设过程中组织学习进阶模型

（三）对政策实施现状进行调研分析

基于舒尔曼关于教师知识分类的理论框架和知识创造 SECI 模型以及知识螺旋结构的理论，采用问卷调查法和访谈法，对 56 所项目学校的校长、教师进行了问卷调查，同时对部分教师分别进行了实地访谈。从支持校提供的支持情况；被支持校的校长和教师对项目的认知、投入状况；被支持校对支持校在促进被支持校的教师专业知识的重构方面所起作用的认识；被支持校在项目中获得状况的自我评价；不同合作方式的学校在对支持校提供的教师知识的评价方面的差异情况五个方面对调研结果进行了描述和分析。

调查暴露出的政策执行问题包括以下方面。

其一，被支持学校的教师在学科知识、教学知识等知识领域获得了不同层面、不同水平的提升，但不同群体、不同个体之间提升情况差异较大。就学科知识而言，不少教师特别是年青教师在学科知识的整体把握、知识的结构化与网络化、学生理解和运用知识的障碍、核心素养和学科素养的认识与培养等方面存在不足。就教学知识来说，方法和技能方面的知识尤其为被支持校教师所重点关注，但对这些方面的知识的理性思考和实践反思又不甚感兴趣，对核心素养和学科素养在教学中的落地比较关心，但对如何做比较茫然。

其二，支持校提供的专业支持偏重于教师层面、传统视角、个体层面、经验型、实践型、方法层面、教学方面、教学的视角的专业知识，对学校作为一个专业组织应该具有的学校专业知识，包括管理专业知识、教育专业知识等的供给则关注得不多，学校层面、管理领域、学生和学习视角、全课程和全学科建设等的专业知识的供给仍属阙如。

其三，对支持过程来说，基于隐性知识传播的社会化学习充分，但知识的固化不足；校本知识积累途径中移植性举措较充分而生成性举措不足；对组织学习能力提升结果的关注有限。

（四）提出政策实施的行动建议

1. 组织学习层面

输入校要建构基于价值理性的专业共同体。包括激活思维、组织授权和开发工具。输出校要优化教育实践知识提炼、传播、转化过程，包括超越经验、对话互动与能力导向。教育研训与行政部门要加强业务引领和政策保障，包括培训交流、研究细化和权益保障。

2. 教师专业发展层面

一方面提高教师的主动研究能力，使其成为自觉、理性的专业人才；另一方面全面调动教师发展动力的心理因素，在专业情感、专业态度、专业信念、自我实现等方面加强影响，实现支持外力向教师发展内力的转化。

3. 课堂教学层面

以分析学生思维为关键切入点，在教学内容的整合性、教学目标的针对性、教学结构的思维完整性、教学策略的思维促进性等各方面加强提升与改进，突出学生思维品质的培养。

- 案例3：难点、热点问题
- 案例3-1："同行教育"——北京市随迁子女教育问题解决方案❶

改革开放以来，城市化进程加快，北京市逐渐成为全国流动人口主要聚集地之一。与2000年相比，2010年北京市外来学龄儿童增加了13.4万多人，在全市学龄儿童中的比重上升了19.1%。随迁子女人数和比例的剧增，给北京教育的承载力提出了新的要求。

一、问题的提出

大量流动人口涌入北京务工、经商，随迁子女的数量也急剧增加，其受教育问题日益凸显，已成为教育管理部门、研究人员以及全社会关注的热点、难点问题。

北京市随迁子女教育政策经历了从排斥到接收两大阶段。所谓排斥阶段，是指随迁子女这一群体基本被排斥在北京市基本公共服务之外。所谓接收阶段，是指北京市逐步完善关于随迁子女的基本公共服务，并在基本政策中进行主动设计和纳入。1993年颁布的《北京市实施〈中华人民共和国义务教育法〉办法》，开启了北京市随迁子女教育的接受阶段，而如何解决好北京市随迁子女的教育问题并保障教育公平就成为此阶段要解决的首要问题。

二、解决方案

基于北京市随迁子女教育问题的现实需求及已有研究基础，我们的研究并不着眼于随迁子女如何进入北京的问题，而更关注他们在北京"怎么样"；不着眼于描述每一个随迁子女的具体学习生活情况，而更关注不同群体的协同发展；不着眼于感性描述和质性研究，而更关注整体性的设计和关键点的调整。如何为随迁子女提供公平的入学机会与教育过程，营造相互悦纳、和谐、共同发展的教育环境，使务工人员随迁子女在学习、生活和心理等方面与本地相融，为每一位学生的适性扬长服务，促进其全面和谐发展，这是解决北京市随迁子女教育问题的出发点和归宿。

---

❶ 本案例是在以下成果基础上形成的："十二五"时期北京市随迁子女教育问题研究（张熙、拱雪、左慧、宋阳），北京市随迁子女融入教育状况调查及行动计划（方中雄、张熙、拱雪、左慧），"同行教育"促进每一个学生适性扬长（张熙、拱雪、左慧、宋阳）。

因此，针对北京市随迁子女的教育问题，我们设计了由基线调查、政策改进、行动计划、实践指导构成的系统的、完整解决方案。

（一）基线调查

对来京务工人员随迁子女的基本情况进行摸底，以期为政策调整、实现教育公平奠定基础。本案例主要采用问卷调查形式，对象涉及学生、家长等群体。调查内容包括来京务工人员随迁子女的基本情况，以及他们在学习、生活、心理三个方面的融入条件、融入过程和融入结果等。

根据对随迁子女学习、生活、心理融入状况的调查分析，可以得出以下结论：第一，随迁子女的学习条件一定程度地落后于京籍学生，且随迁子女与京籍学生所受教育最大的差异在于家庭教育的相对缺失。第二，随迁子女家庭的生活条件劣于京籍家庭，随迁子女家长也因为忙于生计，较少陪伴孩子，这也导致随迁子女尤其是高年龄段的孩子更难以融入北京生活。第三，随迁子女在心理融入的大部分指标上都与京籍学生相当，与京籍学生的差距主要体现在公开表现和社交方面的能力。第四，在随迁子女比例不同的学校之间存在很多指标差异，且往往是随迁子女比例越高的学校，随迁子女融入难度越高。

（二）政策改进

基线调查一定程度上折射出北京市随迁子女义务教育政策实施的结果及新的需求。来京务工人员随迁子女融入教育是一个系统工程，既需要他们自身及其家庭的积极努力，更需要国家、政府、社区等社会力量形成一种教育合力。因此，有必要构建家庭、学校、社会全方位的教育体系，促进来京务工人员随迁子女融入城市。

北京市委、市政府已经完成随迁子女在京接受义务教育的政策转型，教育的公平性、普惠性得以较好落实。但实践中出现的来京务工人员随迁子女在学习、生活、心理等方面的融入问题迫切呼吁相关政策的调整与完善。基于调查结果、综合国内外经验，北京市关于来京务工人员随迁子女的教育政策方向应该从"接收"走向"融入"；政策着力点在于"扶弱"但也要兼顾；政策措施注重"系统提升"；政策表达体现"不歧视协调发展"。具体建议如下。

1. 开展学业补偿教育，缩短融入周期

随着越来越多务工人员随迁子女进入北京公办学校接受教育，因地区、城乡教育的差异性，随迁子女普遍存在知识断层、学习不适应等学习障碍。要根据务工人员随迁子女的不同情况采取形式多样的辅导帮扶措施，如社区教育学校培训、志愿者教育补习、务工人员随迁子女新老生结对等。通过补偿教育，帮助他们顺利消除不同区域教育过程中的差异，尽早适应新的教育环境。

2. 重视家庭教育，加强家校合作

家庭教育是青少年儿童全面发展和健康成长不可或缺的重要方面。受自身低文化素质的影响，大多数家长在教育孩子方面缺乏科学的理念，造成务工人员家庭教育链条的缺失。要充分利用学校资源开办务工人员家长学校，定期或不定期开展家庭教育培训，重点抓家庭教育观念的转变和教育方法与技能的培训，改变务工人员在家庭教育上的随意性、盲目性，提高家长思想文化素养，为务工人员家庭教育提供良好的客观环境。

3. 启动学校改进工程，提升教育质量

针对接收来京务工人员随迁子女比例高的学校教育质量有待提高的现状，借助专业教育机构的力量启动学校改进工程，全面提高此类学校的教育教学质量，整体提升北京市义务教育的基线水平，实现全市义务教育的优质均衡发展。

4. 开展各类活动，促进文化融合

充分利用社会资源、社区资源，积极组织学生在课余时间、双休日、假期参加各类社区活动，促进学校教育与社会教育相结合，如定期开办各种技能培训班、讲座，开放社区内的学校图书馆、体育馆、运动场，举办各类比赛等。通过参加活动，务工人员随迁子女可与本地学生相互交流沟通，构建一种积极主动、自主探究合作的学习方法，锻炼学生的组织能力、交往能力、协作能力和生存能力，培养他们的社会责任感和社会归属感，促进其合理智能结构的形成。

（三）行动计划

根据上述研究，建议在北京市实施以系列活动为主体的"同行教育"计划，让学生在活动中感受教育、在活动中共同成长，感受北京现在，创造北京未来。"同行教育"计划意为"心同在，路同行"，旨在为全体学生服务，既体现包容、厚德的北京精神，又有青少年携手共进，家校携手、社教合作，共同追求美好未来的期望。该计划目的在于充实学校教育，完善家庭教育，利用社会支持系统力量以保障随迁子女受教育权益，减少群体间教育差异，促进义务教育公平发展，共同实现教育优化。

"同行教育"计划注重充分挖掘和利用学校教育资源、家长资源和社会文化资源，建立"你我同行"的发展机制，联合行政部门、专业教育机构，采取社会支持、内部互助方式，推进系列主题活动。"同行教育"计划方案包括教育质量提升的"力争上游计划"、共同协助的"手手相连计划"和社会实践的"七彩生活计划"三大板块六个子项目，使随迁子女在学习、生活和心理等方面与本地相融合，促进其全面、和谐发展。

1. 力争上游计划

"力争上游计划"旨在充分利用教育资源，发挥教育机构、教师等的专业技能，解决随迁子女教育环境和教育背景问题，真正实现"起点"融入，提升他们的学业感受。"力争上游计划"主要包括"提高基线计划"和"师生同行计划"。

提高基线计划：针对接收来京务工人员随迁子女比例高的学校教育质量有待提升的现状，实施学校改进行动。教育机构为其提供专业性指导，提升学校的办学品质与教育质量，改善随迁子女的就学环境，全面提升北京市中小学的教育教学水平。

师生同行计划：针对学生学业困难问题，充分发挥教师的专业技能、学生的主体地位、教育机构与企业的支持作用，采取多种形式，改善学生的教育背景。可以调动任课教师积极性，适当提供教育补助（企业冠名赞助、政府资助），在校内开设学习辅导班；班主任引导学生组建"学习帮帮团"，形成同伴互助机制；发放"学习券"，由学生自主选择社会教育机构和参加学科补习，多渠道帮扶学生学业，减轻由于教育背景造成的教育负担。

2. 手手相连计划

"手手相连计划"以"同行同成长"为主题，主要针对群体关系、习惯培养、家长教育的改善，通过系列活动实现学生、家长的共同成长，包括"学长同行计划"和"家校同行计划"。

学长同行计划：建立学业、心理辅导机制，小学阶段，校内建立低—高的牵手年级，学长带动、共同成长；初中阶段，结成初—高的牵手学校，鼓励高中生参与，并计入综合实践活动的学分。

家校同行计划：调动家长资源，充分发挥家长委员会的积极作用以支持学生成长和学校发展；丰富家校短信内容，定期提供"科学育儿经"，如成长规律、沟通方法、习惯培养、心理调适、能力锻炼等；推行"学校助手积分制"，鼓励家长利用闲暇时间成为学校教学、活动、安全等各方面工作的得力助手，每次按内容、时长计分，家长凭累积积分可换取亲子活动奖励等。

3. 七彩生活计划

"七彩生活计划"以"同行同快乐"为主题，旨在利用社会资源丰富学生的童年生活，包括"暑期同行计划"和"艺术同行计划"。

暑期同行计划：联动社会、家长、大学生志愿者开展"主题夏令营"活动，每年设定一个主题，循序渐进地促进学生快乐成长；组织"企业感受游"活动，让学生参观各类企业，零距离接触企业家，感受不同的职业特征和企业文化。

艺术同行计划：以金帆艺术团为主，开展"艺术巡演"活动，带动承办学区或学校的学生共同演出；协调艺术场所对学校、学生开放，让学生体验艺术之美；发放"艺术券"，由少年宫为有需求的学生提供艺术指导。

（四）实践指导

在构建"同行教育计划"以后，我们指导学校进行了实践，学校在融入课程的设置、学业补偿、特色活动的开展等方面有所探索。

1. 各有侧重的融入课程

学校提供的课程对学生发展的影响极大，而开设有利于融入教育的课程能让随迁子女获得更多的知识、能力，更加自信地融入学校生活，在平等环境中快乐成长。如东城区天坛南里小学坚信书籍的力量，认为大量的阅读可以陶冶道德情操。学校开设了"书香小课""书香课堂""文学课堂"三个校本课程，让学生道德在诵读中得到洗涤、提升。"书香小课"是共同阅读活动，抓住课堂主渠道，以传承中华优秀文化为宗旨，结合家庭教育开展亲子读书活动，从而创建"书香学校""书香师生""书香家庭"；"书香课堂"也叫孔子学堂，开展国学教育，启迪学生的天性；"文学课堂"带着学生走进文学，了解作家，欣赏作品，品味人物。房山区良乡中心校固村完全小学，通过环境课程和活动课程对学生开展热爱学校、热爱家乡、热爱祖国的三热爱教育；以德育校本课程为载体，培养学生的良好习惯；针对随迁子女特点，改进课堂教学方式，激发学生的学习兴趣、提高学习成绩。

2. 辅助支持的学业补偿

部分学校采取了多种帮扶措施，提高学生的学业水平，从而提升其学校生活质量。如海淀区清河中学，所有任课教师都全面了解了随迁子女的基本情况和个性特点，课堂上按照常规进度要求开展教学活动，课后根据学生的基础与学习状况开展个别辅导。朝阳区平乐园小学培养随迁子女良好的学习习惯，如课前预习、上课听讲、积极思考和发言、课后复习、及时完成作业；课上积极引导基础差的随迁子女，激发他们的学习兴趣，鼓励他们主动参与，学会听课、思考、表达、合作，让他们享受学习，自觉地融入课堂。

3. 丰富多彩的特色活动

学校通过组建丰富多彩的主题活动，鼓励随迁子女参加，充分挖掘其艺术、科技、体育等方面的才能，让随迁子女有效地展示自我，从而促进他们的融入。如顺义区河南村中心小学在"一个就是一切"理念引导下，对随迁子女的教育强调"四多"——多关注、多联系、多理解、多帮助，逐步开展"五个小""六个一""七个巧"系列教育活动，构建不同群体同一时间的共同活动，由此增进了解，在互动过程中培养了能力。东城区精忠街小学认为融入教育是一种无痕的自然融入，积极探索"尊重—平等—融入"的教育模式，充分利用校级、班级的"伙伴手拉手""师徒结对子""爱心交易会""小百花艺术节"等系列特色活动，引导随迁子女尽快融入现有的学习环境中，以实现京籍、非京籍学生的共同进步。

4. 齐心协力的家校合作

学校健全与家庭的联系制度，加强与随迁子女家长的沟通，指导家长掌握科学的子女教育方法，为他们更好地融入北京提供细致、周到的服务。如西城区红莲小学以家校联动、形成合力的方式共同促进学生成长,具体措施有:办家长学校,定期召开家长会;举办家校专题研讨会,指导家长有效协作;发动家长志愿者,参与学校重大活动;针对家庭现状,提供健康育儿与安全常识教育。昌平区中滩中学为了改善家庭教育环境,提高家长素质,促进家长和学校的沟通和理解,使家长积极配合学校教育工作,除了开好正常的家长会,还成立了家长学校。

学校在课程、教学、活动上的探索和创新,家长参与积极性和能力的提升,社会资源与力量的不断投入,三者的协同作用为随迁子女的成长与发展提供了更多的条件与机会,营造了更好的氛围与环境,初步形成了"同行教育"新模式。

● 案例3-2:减轻中小学生课外负担的现状与建议❶

一、课外负担问题的提出

减负不仅是教育问题,更是社会问题。学生参加校外培训班数量比例高,并且以文化类课程为主、课外作业时间及参加校外培训时间过长,学生在家长驱使下承受着课外培训班的额外压力,甚至心理健康受到较大影响等现象普遍存在。

近期,教育部门已采取一系列措施,大力推进校外培训机构综合治理,取得初步成效。但是,要充分认识减负工作的复杂性、长期性和艰巨性,必须各方合作、共同努力、内外结合,全面推进教育综合改革,实现源头减负。把减负作为一项重要工作来抓,科学制定相关政策,完善法律制度保障,做好配套服务工作,真正减去违背教育规律和儿童、少年成长规律的功利化教学行为和违规办学乱象。坚持育人为本,尊重教育规律,科学减负。

二、我国减负政策的回顾与分析

在我国,减轻学生课业负担政策由来已久,根据已经发布的相关减负政策可以将减负工作按时期划分为三个阶段。

---

❶ 本案例为2018年北京市教委委托课题"北京市减轻中小学生课外负担的实践研究"成果,课题负责人:张熙、李海波,执笔人:张熙、李海波、蒲阳、单鹰。

第一阶段（1951—1966 年），其间共发布 8 个有关减负的政策文本，其基本主题就是改善或保证师生的身体健康。这个时期的着力点：一是在思想上强调端正教育思想以及提高教育质量的必要性。二是在行为上进行规范。例如，有关"每日上课、自习时间，每日睡眠时间"和"每日体育、娱乐时间"的规定。三是具体规定执行措施，针对具体问题增减。例如，教材内容过深、分量过重了，就减深度，减分量；课程多了，减课程；社团活动多了，减活动；课外作业多了，就减课外作业；考试、测验多了，就减考试或测验次数；等等。

第二阶段（1967—1976 年），学校成为"文革"的发源地，课业负担的施加主体，如校长或教师，成了被"批斗"或"专政"的对象，无暇顾及课业负担问题。

第三阶段（1977 年至今），时间跨度约 40 多年。这一阶段在大力倡导"素质教育""教育现代化"和"教育均衡"等方向的同时，学生课业负担过重问题成为显性问题，并诱发恶性案件屡次发生，成为政府发文最多、社会最为关注、家长最热议的话题。这一时期减负政策文本的基本主题，不仅专注于"身体健康"，而且关注心理，从而变为"身心健康"，并始终贯穿于"全面贯彻教育方针，全面提高教育质量""全面推进素质教育""学生综合素质""动手实践""创新""民生"等方面，减负政策直接针对并治理外部增负因素，如"奥赛""教辅材料""英语等级考试""校外教育辅导机构"之类的问题。

由上述历史回顾，我们总结出以下几点。

(一)"减负"主题在不断深化

相关教育政策主题，从为解决由学校课业负担过重、卫生条件差、饮食缺乏营养所导致的学生出现较为严重的健康问题，延伸到国家提出"素质教育"，保证学生的全面发展与各项综合素质的提升，促进教育质量的提高；再发展到在学校教学减负、校外减负、考试评价减负、教师教学减负、家长和社会减负等方面推进减负工作。在完善政策的实施细则基础上，还强调了课程改革、与就近入学等一系列配套政策的实施。从政策初期的针对学校教育的改革，到现在更强调政府、学校、家庭的作用，共同减轻学生课业负担。

(二)"减负"政策的措施越来越具体

一是从时间方面来减负：小学生的时间主要包括学习时间、体育娱乐时间和睡眠休息时间，在减轻学生负担的政策中，这些时间均作为硬性要求被明文规定。

二是从作业量的规定来减负：政府颁布的法令中对作业量也有明确的规定。如小学生低年级不留作业，高年级不超过 30 分钟，初中不超过 1 小时等。

三是从考试、评价方式方面来减负：要改革考试的办法，严格控制考试的科目和次数，除语文、数学外，其他课程不得组织考试。学生的学习成绩应以平时考查为主，应根据德、智、体诸方面发展的要求，全面考查学生；学校也不得按考试成绩排列学生名次，公布小学生学业成绩排名实行等级制，取消百分制等。

四是从精简课程方面来减负：降低教材难度，减少教材分量。

五是从严格控制各类竞赛活动方面来减负：在国家的减负政策中，明确要求要严格控制各种竞赛、读书、评奖等活动，停办各级各类奥数班（校），把学生从各种竞赛活动中解放出来。

(三)"减负"政策更趋于平衡

政策是一系列的规则和激励，当前"减负"政策以实现政策与各行动者利益之间的平衡关系为目的，引导与改进中小学校、中小学生和家长的行为，实现政策与各行动者之间的良性互动。"减负"政策的制定和实施，更趋于营造一个良好的社会环境，通过社会、学校和家长的共同努力，使政策真正地行之有效。

三、现阶段中小学生课外负担的研究现状

本案例采用实证的方法，从北京市 17 个区中各抽取 4~6 所学校，每校抽取四年级、六年级、八年级、九年级各两个班学生及其对应的家长和每校对应年级班主任及任课教师来确定样本量。共对 9486 名学生、9330 名家长和 725 名教师进行了问卷调查，以调查数据为依据，呈现学生课外负担现状及主观感受。具体结论如下。

本市中小学生课外学习存在一定负担，学生和家长均表示属于可以接受

的一般水平。学生数据显示，参加课外班的学生对课外班的认可度较高。家长数据结果，学生课外负担感受处于"比较不符合"与"一般"之间，接近"一般"的水平。

本市有七成以上的中小学学生参加课外班，校内减负、校外增负的趋势已形成。课外负担现状的基本特征，从区域看，城市重于城镇、农村区域；从学校类型看，优质学校重于一般学校；从群体看，高学历群体子女重于低学历群体子女；北京户籍子女重于非北京户籍子女。

本市中小学六年级阶段因升学问题课外负担趋重，升学考试指挥棒效应明显。在初中随着年级升高，参加数学、物理、化学课外班学习的比例逐渐升高，而其余科目如体育、艺术等非应试类学科的比例下降幅度较大。这充分显示了升学考试指挥棒对课外负担趋重的巨大催生效用。

近八成学生参加学校组织的课后服务活动，有66.7%的家长认为应该由学校负责学生下午3：30放学后的活动，其中47.2%的家长选择"校内社团"，32.1%的家长选择了"校内教师学科辅导"。但是，有近四成家长不太满意目前状况，认为目前学校的课后活动不能满足孩子的发展需求。

减负政策从内容上增添了严管校外培训机构，仍是局限于基础教育自身搞减负，针对深层根源，如高等教育的等级制、考试、用人制度等问题，对下游教育课外负担的指挥棒催产效应触及不够。

四、减轻中小学生课外负担的政策建议

本次减负政策出台层次之高、联动部门之多是近年来第一次，说明减负不是教育部门一家的意愿。希望通过政策建议可以为减负工作提供借鉴。

第一，多措并举形成育人合力。解决这个问题，需要加强顶层设计，提高认识水平。"减负"的焦点不一定是缩短在校时间长度、减少作业数量和取消考试。不是不再提倡勤奋刻苦的学习态度，更不是降低教学质量、片面追求教育资源均衡，而是坚决减去违背教育规律和青少年成长规律的功利化教学行为和违规办学乱象。大力提升初中办学水平和质量，拓展小学到初中的出口宽度，降低小学生第一次升学的压力和家长择校的欲望，从而为减负创造良好的教育生态。

第二，推进校外机构专项治理。需要加强组织领导，大力推进校外培训机构专项治理，按照《校外培训机构专项治理行动实施方案》，治理行动要责任到级、责任到人、责任到部门；明确治理标准和时间表，开发校外培训机构管理服务平台，实现排查登记、治理跟踪、备案审核、信用公示等全业务监管；开展部门协同联合执法，对热点区域开展全时段、无死角检查，采用开发监管App、面部识别设备、举报平台等基于信息技术的手段，使监测机制的人防、技防等措施逐步落实到位，规范培训机构办学行为，尽快取得"违规必查"的社会效果。

第三，充分发挥学校主体作用。学校寻找"减负"空间，挖掘"减负"潜力，进一步发挥"减负"的主导作用。抓住导致学生涌向课外班的校内主源。在课程设置和教学指导方面，开展精准把握关键问题解决能力的研究，探索分层教学、分专题教学实验研究，提高教学质量，力争使问题在课堂、校内解决。

第四，综合施策破解课后难题。家长普遍认为"校外培训机构对成绩提升吸引力强"，说明中小学校开发课程不足，而校外培训机构做得比较专业；需要通过政府出资购买社会教育服务入校，满足学生全面发展的现实需求。同时，发挥现有的学院制资源、实践基地资源、社会大课堂资源、劳动基地资源等的作用，为课后服务提供丰富多样的艺术类、体育类、科技类、阅读类等课程。对学生完成参加次数并取得学习成果赋予学分，并计入综合素质评价档案。

第五，科学设定课后服务规范和标准。做好课后服务的资源补充，引入体育、艺术和美育方面的优质民办机构资源；发挥公益组织的力量，少年宫、共青团、大学生志愿者等参与作用；鼓励学校有特长的教师和管理部门参加。课后服务标准和内容：小学阶段一、二年级以团队活动、课外阅读、实践活动、手工操作类、作业辅导为主，不得借课后服务布置书面家庭作业；三年级以上以课外阅读、作业辅导、兴趣小组、团队活动、综合实践为主；初中阶段以作业辅导、解疑释惑、课外阅读、兴趣小组、综合实践、团队活动为主；高中阶段以学法指导、课外阅读、社团活动和对学习有困难的学生进行补缺补差为主。

第六，引导家长回归教育理性。部分家长对孩子未来期望过高的焦虑和担忧，已超出了中小学生身心成长可接受的程度。教育行政主管部门要积极作为，不断深化基础教育和中高考改革，改革评价体系，尊重学生个性和兴趣，满足家庭对孩子培养的多样化需求。学校应积极推动家校互动、家校协同，依托家委会、家长学校等，加强对家长的培训和指导，宣传先进教育理念和科学育人方式，避免"学校减负、家长增负"情况的发生。要重视舆论引导，让家长真正能够从孩子成长的实际出发，尊重教育规律，回归教育理性。

● 案例 3-3：北京市劳动教育实践特征、问题与推进策略①

一、问题的提出

2015 年 8 月 3 日，教育部、共青团中央、全国少工委联合印发的《关于加强中小学劳动教育的意见》明确指出，义务教育阶段三至九年级要切实开设劳动与技术教育课，高中阶段要开好通用技术课。力争用 3~5 年时间，推动建立课程完善、资源丰富、模式多样、机制健全的劳动教育体系，营造普遍重视劳动教育的氛围。

2018 年 9 月 10 日，习近平总书记在全国教育大会上强调要在学生中弘扬劳动精神，教育引导学生崇尚劳动、尊重劳动，懂得劳动最光荣、劳动最崇高、劳动最伟大、劳动最美丽的道理，长大后能够辛勤劳动、诚实劳动、创造性劳动。这一讲话再次引发了关于劳动教育的讨论热潮，贯彻落实劳动教育，事关社会主义教育的性质、本质和特点，事关学生的德智体美劳全面发展，具有重要的时代意义。

二、研究的创新点

本案例梳理了中华人民共和国成立后的劳动教育的不同发展阶段，不同的时代特征和内容，总结了劳动教育从教育与生产劳动相结合到教育与生产劳动、社会实践相结合的变化过程；实施途径从"教师主导"到"走出学校"，再"回归学校"的变化过程；从形成独立课程到独立性逐渐弱化，从独立的农业常识课、生产劳动课……到融合于劳动技术课、思想品德课，但课程内容日益丰富，对学生的培养要求逐步提高，是培养学生综合素质的重要

---

① 本案例为 2019 年北京教育科学研究院委托项目"劳动教育现状与建议"成果，主持人：张熙、李海波，执笔人：张熙、李海波、蒲阳、蔡歆、袁玉芝、赵艳平。

组成部分。在比较国外探索的基础上，获得了关于劳动教育定位、实施途径等若干启示。

研究分析了北京实施劳动教育的特征，提出了进一步认识劳动教育对学生的全面和谐发展的重要意义，实事求是地分析学校实施劳动教育的可能性。

三、北京中小学劳动教育实施特点

北京作为首善之区，牢固树立"四个意识"。坚持以社会主义核心价值观为引领，坚持教育优先发展、优质育人，全面深化教育领域综合改革，具体表现为四个特征。

（一）坚决贯彻国家政策，大力推进课程改革

北京市始终高度重视中小学劳动教育工作，在中小学学科教学及义务教育课程设置中融入中小学劳动教育，切实落实了《关于加强中小学劳动教育的意见》的精神。北京市经历了初步实验、实施推进、重新修订三个阶段。初步实验（2003—2007年）：拉开了北京市劳动技术课程改革实验的序幕。实施推进（2008—2012年）：学校依据北京市《义务教育课程设置实验方案》的课程计划的要求，开课专题主要有金工、木工、电子、编织、茶艺等近20种，课程模块的开设呈现多样化。重新修订（2013年至今）：为了将劳动技术课程更好地与高中通用技术课程相衔接，规范劳动技术教学行为，修订劳动技术课程采用"3+6"专题教学方式。

（二）创建实践育人体系，增加资源建设投入

加大经费投入。

建立了中小学劳动技术教育中心。为学生开展综合实践、开放性科学实践活动创造了实践条件。

启动中小学生社会大课堂（2008），健全学校、社会、家庭三方协同育人机制，实现了北京市独具特色的"实践育人体系"，获得了中央领导的肯定。十年来，有超过100万学生参加活动，全市中小学生社会大课堂共有社会资源单位1300余家。

（三）推进考试改革，构建开放学习平台

2017年，北京市教委印发《中小学综合实践活动课程指导纲要》，明确了小学、初中、高中各学段具体的教学目标，对活动课程的内容设计、组织

实施、指导评价等都提出明确要求。本市初中学生综合社会实践活动和开放性科学实践活动成绩计入相关科目中考原始成绩。考试招生制度改革，突出了实践育人，引导学生按时、足额、认真参加实践活动，构建了开放学习平台，培养了学生的社会责任感、创新精神和实践能力。

（四）发挥学校能动性，探索校本实施路径

发挥学校积极性，因地制宜、因校制宜地探索校本实施路径。通过使学生走入田间，开展实践学习，增加了科学探究性。开展了服务性学习活动，将学习和服务相关联，通过服务进入学校，将学习成果转化为服务实践等。

四、北京中小学劳动教育实施中存在的问题

可以看出，北京市中小学劳动教育越来越受到重视，劳动教育内容丰富、形式多样，劳动对学生综合素质发展起到了有力的推动作用。但同时，还存在以下六个方面的问题。

（一）劳动教育理念认识尚不到位

尽管已经颁发了一系列关于劳动教育的政策文件，但对劳动教育的界定不够明确，理论支撑以及实践操作体系研究不够，特别缺乏对劳动技术教育、综合实践活动以及综合实践活动中的劳动技术教育三者及它们之间的关系、利弊以及内部逻辑性的研究，缺乏对劳动教育核心内容和标准的规定，学校只能基于自身资源和自己对劳动教育的理解开展一些教育活动，教育活动的目标、内容与方式缺乏系统设计，随机性比较强，这就导致劳动教育整体质量难以把握和衡量。

（二）劳动教育内涵的时代特征不够凸显

目前的劳动教育多以体力劳动实践体验为主，强调对劳动过程的初步认识和感受，这虽是劳动素养不可或缺的部分，但并不是全部。特别是置身信息化社会，面对人工智能等技术变革对劳动者素质要求的新挑战，劳动教育必须加入新的要素。

（三）劳动认知与行为脱节的现象依然存在

部分学生都认为做家务是有必要的，这证明学生已经具有很好的认识了，但在行为层面，很大一部分学生并不主动做家务，学生的劳动认知与劳动行为严重脱节。有些教师往往只重视学生学习知识的获得，而忽视让学生在劳

动中体验生活，收获技能，懂得珍惜劳动成果以及学生学习方式的变革。很多学校虽然开展了多种教育活动，但在实际校园生活中对学生的自主管理还不敢完全放手，造成劳动教育成果不能及时向生活迁移。

（四）教师素质、配置与要求有距离

学校劳动相关课程专职教师少，整体水平偏低，影响劳动与技术课程的教学质量。劳动技术课程的教师队伍数量还不能满足所有学校开设课程的要求，许多学校根本没有配备专职教师，调查显示，专职教师仅占54.18%；有的学校只有一名劳动技术课程教师，一个年级分两批开课，即一个专题只学半个学期。

（五）劳动教育缺乏统筹机制与专业引领

实施劳动教育由于缺乏统筹机制，市级层面缺乏相关政策，教师专业引领不足，教研、科研部门对劳动教育的课程理念、内涵的认识不同，以致对学校实施劳动教育的指导、培训水平和力度存在差异，出现了各自为战的局面。

（六）经费与安全问题制约

劳动教育活动需要一定的经费保障，作为国家规定的必修课程，需要有经常性经费支持，目前专项经费投入不足，限制了教育的开展。另外，学生劳动实践活动的需求与安全管理成为长期撕扯而又不可调和的矛盾，成为劳动教育实施中的一个现实问题。

五、对策建议

（一）深刻领会精神，把握劳动教育的时代内涵

学习领会习总书记的全国教育大会讲话，切实理解"德智体美劳全面发展"，开展劳动教育就是把立德树人融入各环节，这是办人民满意的教育的战略决策。新时代通过劳动教育，不断提高中小学生的劳动素养，培养学生的劳动态度和习惯，必须加入新的要素，将劳动教育从简单的以技能为主的体力训练提升为更加适应未来社会劳动需求的实操技能以及以沟通、应变、探究和创造为主的脑体结合能力的培养上，同时还需加强契约、环保、协作等现代劳动观念的培养。

（二）依据学龄规律，科学设置劳动教育的内容

抓住劳动教育的关键环节，根据学生的身心发育规律和年龄结构特点，

在小学阶段的劳动教育以自我服务、家务劳动、公益劳动以及适量的技能培养为主，主要培养学生的劳动习惯。初中阶段以培养学生积极主动分担力所能及的家务劳动，积极参加校园、社区等公益劳动，形成基本的劳动技能为主。高中阶段培养学生良好的生活习惯和独立生活能力，使其能够胜任家务劳动，能积极承担公益劳动，能为家庭和社会服务。

（三）统筹协同配合，完善劳动教育的实施途径

合理利用北京市现有教育资源，根据各校的办学特色和条件，因地制宜组织劳动教育的活动内容。劳动教育的实施过程需要统筹各环节协同配合，明确整合协调、课堂教学、学科融合和家校配合的实施途径。学校应将劳动教育纳入学校教育计划，统一安排，努力做到定人、定时、定岗，统筹组织。在开足开齐劳动技术课，做到课时落实、师资落实、管理落实的同时，通过学科融合开展劳动教育。家长与学校明确各自承担的任务与责任，共同帮助学生将劳动教育成果迁移运用到现实生活中。

（四）明确课程导向，加强劳动教育课程体系建设

劳动教育课程是有目标、有计划、有系统、有独立内容和方式的教育课程，做到相同教学内容统一教学进度、统一教学要求，避免上课的随意性；加强教师对课程目标、教学目标、教学内容、教法、学法等方面的教研活动，采取以任务为驱动式的教学，保证一学期学生能完成任务；组织各种形式的研究课、观摩课、教学设计评选等教学研究活动；鼓励教师通过课题研究解决实施过程中的教育教学问题，提高教师自身实施课程的能力。

（五）统筹协调体系，建立劳动教育的保障机制

建立劳动教育统筹协调、师资队伍、资源保障和督导评价四大体系的统筹整合和总体设计。加强对劳动教育的领导，明确劳动教育责任主体和负责部门，确保劳动教育的时间、师资等落实到位。积极建立专兼职结合的劳动教育教师队伍。加强对劳动教育教师的专业培训，促进劳动教育教师专业化。因地、因校制宜，充分利用北京市独具特色的中小学资源来保障劳动教育的实施。

（六）针对不同层面，建立劳动教育的评价体系

建立起一套科学合理、针对不同层面劳动教育的课程教学、学生个人和学校管理的评价体系，以保证学生参与劳动教育实践的深度和广度。加强对

课时计划、备课教案、成绩记载、教学技能等要素开展的评价。落实学生个人评价，以劳动态度、劳动技能、劳动质量、劳动习惯等为评价内容，以学生为主体、教师为指导、社区为依托、家长为后援的双向评价。强调学校劳动教育的组织领导，学期劳动课程计划等管理工作的评价。

因此，我们在总结以往的探索经验，提炼优秀经验的同时，更要清醒地认识面临的问题和困难，以问题为导向，努力破解难题，将劳动教育落到实处，最大限度地促进学生全面发展。

二、知识创新转化为基层服务

（一）从理论普及到改善实践

毋庸置疑，教育科学研究对教育实践起着重要的指导作用，但与此同时，"教育科研是个框，什么都能往里装"的贴标签的状况也比比皆是。学者们抱怨基层只用"科研"装点门面，缺乏问题意识和科学方法，研究过程随意性强，缺乏科学研究所应具有的"连续而严密推理"过程，研究结果都是"成功有效"，缺乏深入分析和正确的归因。而大量实践工作者则认为，理论是那么遥不可及，听起来是美好而心动的，但是现实是骨感的，这些"放之四海而皆准"的教育理论和法则很难指导实践，不能带来行动的改善。因此，教育研究如何解决理论、实践两张皮问题是长期争论的问题。

质性研究作为量化研究的反驳蓬勃兴起后，广大实践工作者对具体的方法诸如叙事研究、行动研究产生了极大的兴趣，在实践中广泛采用。

叙事是接近人类经验的一种研究方式，它不仅是理解经验的一种方法，还是一种体验形式、一种生活方式。正是由于"叙事"带给人们特有的真实感和遭遇感，这种源自文学母体的方法越来越多地受到基层教育工作者的欢迎。"隐喻"是常常用于具体经验叙事中的语言，可以使教师通过调动身体感官体验，会通生活体验和教学体验，从而达成自我认同和自我统整，理解自己的教学。叙事焦点的远近变化，力求叙述者的主体性在"历史化的故事"

和"故事化的历史"之间达到平衡。行动研究是源于行动的研究、在行动中的研究以及为了行动的研究。行动研究聚焦于问题解决,采用研究者的内部视角将理论与实践相结合。❶

无论叙事还是行动,其现象学、民族学、人口学、社会学等背景都饱受争议,其合法性常常被质疑。因此有学者认为,叙事、行动研究作为一种参与式研究的特殊范式,其价值在于指向实践者行动的改变。如果我们从学校环境的特殊性以及教师知识结构的复杂性等角度看,其合法性和有效性是能够被论证的。❷

尽管如此,实践中的教育科研样态开始有了变化,更多的不是只接受理论培训、掌握科学方法,而是表现为学校管理者和教师对教育实践问题不断突破个体自我的认知边界,不断通过教育教学组织形式和教育内容的不同组合进行不同程度的创新,在改善实践的同时也丰富了教育理论。

(二) 成为"改善实践"的知识的主要特征

究竟什么样的教育科研具有"改善实践"的作用,起到人们所期望的、正向的、促进效果呢?由前述可知,研究根据目的不同有不同的分类,而成为"改善实践"的知识主要应具备以下特征,如图5-3所示。

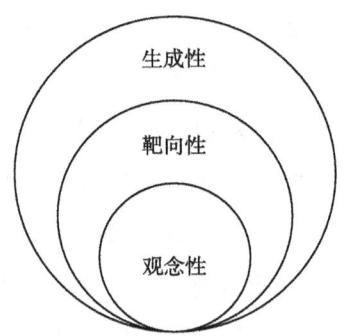

图5-3 成为"改善实践"的知识特征

---

❶ 简·克兰迪宁,迈克尔·康纳利. 叙事探究:质的研究中的经验和故事 [M]. 张园,译. 北京:北京大学出版社,2008:130.
❷ 魏戈,陈向明. 真实的叙事·执着的行动·别样的智慧:"第二届课程教学改革与教师发展国际研讨会"会议综述 [J]. 教育学术月刊,2013,(9):13.

一是生成性特征。由于基层教育工作者大多面临高风险考试和行政绩效管理的压力，工作都特别繁忙、琐碎，因此，他们的研究应该与学术界的研究有所不同。如果说，专职学者的学术研究的目的是求真，要求研究者尽可能中立、客观地描述、解释和分析社会现象，不对研究现场进行干预的话，那么实践者的研究多指向"求善"，寻求行动者批判反思意识的强化和能力的提高，改进不尽如人意的社会现实，因此需要积极的行动干预。在行动研究中，教师是研究的主体，外来学者只是合作伙伴，在必要时为他们提供支持；研究的问题来自教师日常工作中的真实困惑，而不是为了研究而研究；研究的结果作为指导教师下一步改进工作的依据，而不仅仅是为了发表论文。因此，检验行动研究的标准不再是学术界常用的效度、信度和推广度等概念，而是适切性和有效性——"我们喜欢所获得的结果吗？这个结果对改进我们的工作和生存状态有帮助吗？"

二是靶向性特征。"靶向"原本是一个医学名词，它强调的是一种目的性和针对性。基层实践者在日常工作中经常面临进退两难的问题，如"为什么有的学生总是坐不住？""为什么大部分学生不爱回答问题？""为什么禁止什么，学生就非尝试什么？"，回避是不行的，但是直接干预只解决了技术层面的问题，而且是针对问题解决问题，其结果可能是没有解决问题，反而强化了问题。由此，就需要在这个"靶向"上聚焦多种力量，将"单路径学习"变为"多路径学习"，借助学者、他人等力量有针对性地解决问题。

三是观念性特征。主要是指研究的概念、理论视角和研究结论对人的观念的影响。比如高阶思维、深度学习等。

（三）案例研究

● **案例1：区域教育科研机构发展研究**

区域教育科研机构发展可以有多重视角，以下仅从机构的队伍建设和研究引领（学校、教师、学生）两个角度进行分析。

● **案例1-1：区域科研队伍建设**[1]

区域教育科研队伍一般由两部分人组成，一部分是专职的科研人员，也就是区教科所的在编人员，他们负责本区教育科研工作的管理、重难点问题的研究等；另一部分是兼职的科研人员，如工作在基层学校的科研骨干和其他部门的教育工作者，他们是单位科研的主力军，是区教科所的助手。科研队伍的研究能力、管理水平直接影响区域科研成果的质量和课程改革的推进。

一、基本情况

（一）机构设置差异显著

由于市教委对区及科研机构的设置没有统一的要求，区县教科所的职责定位、科室设立、人员配备上，存在着较大差异。17个区中有三个区的设置为正处级单位，内设机构不一。例如，海淀区教科院设有海淀教育历史研究所、教育科研管理研究所、社会教育研究所、德育与心理教育研究中心、课程研究中心、教育质量监测与评估中心、教育政策研究中心、现代教育技术研究中心、网络数据中心、海淀敬德书院、海淀区教育学会11个研究室；西城区教科院则设有科研管理、课程中心、德育心理、比较教育、评价中心、教育学会等11个部门。

14个区县教育科研单位均隶属本区教师进修学校（或教育学院××分院、教育教学研究中心），我们统称其为"××区教科所"，其中四个区（或办事处）的教科所编制为4人以下。

（二）机构职能偏重管理

各区教科所均具有科研规划、课题管理指导等职能，多数教科所还兼管教育学会、教育刊物编辑、教育督导评价研究、课程教材研究、德育研究等工作，囿于人员缺少、职能繁杂，研究任务有限。

二、以问题解决为导向，加强区域科研队伍建设

区域教科所的研究水平、服务能力直接影响着区域科研水平的提升、课程改革的进程。J组织紧紧抓住"两会一班一行动"（即教科所长会、科研员年会、骨干班、助力行动）加强科研队伍的建设。

---

[1] 执笔人：佟德。

(一) 抓"两会"，不断完善教育科研联动机制

一是定期召开区县科研工作会。

每学期J组织汇编各区教科所工作计划，组织分享交流。这样能够更好地了解各区县科研工作的指导思想、工作重点、特色活动，也能对本区的工作进行反思，查找差距，吸收借鉴好的做法，改进本区科研工作。从组织上讲，主要有总体思想引领和经验共享、问题研讨三类活动。

总体思想引领是指J组织介绍市教科研工作思路，为区县教育科研机构的建设和良性发展指明方向。例如，J组织结合教科研组织的职能定位，介绍"拓展空间，创新机制，加快有特色的教育智库建设"的工作思路和科研业务新格局；通报市级研究的重点项目，吸收合作伙伴；等等。

经验共享是指加强区县研究机构之间的交流与合作，开展系列走进区县活动。各区教科所虽然科室设置不同，职责不同，但都在自己的岗位上发挥特长，创新工作，形成了具有本区特色的经验和做法。我们采取走进区县、亲身体验的做法带领区县所长走进兄弟区县、学校。区域特色一定具有先进性、引领性，值得学习，有借鉴的意义。我们本着成熟一个推出一个，让所长们真正能够有所收益。J组织先后组织区县所长走进通州区，参观"科研视导活动"；走进朝阳区，观摩、考察该区的"教育科研网络管理系统"；走进海淀区的"敬德书院"参访交流；走进东城区，学习"东城在深综改中如何发挥科研的作用"；等等。

问题研讨是指针对教育教学中的研究性问题和管理实践中的难点问题进行讨论。

教科所应成为区县教育行政部门的智囊团，为地方教育事业发展进行合理规划，为教育行政部门的决策提供依据和科学论证，并接受教育决策的咨询服务。这就需要科研人员特别是所长掌握上级的文件精神，清楚教育改革的趋势、最新的研究成果和特色学校。我们通过组织专题研讨，请所长阐述观点，智慧共享，丰富理论，提升认识。在客观分析自身学术基础、研究优势和人才资源的前提下，结合自身优势，确立合理可行的发展战略规划和工作目标重点任务。J组织先后组织了"深综改背景下首都基础教育学校发展的特色"讨论会、"新时代，区县教科所应该如何定位"讨论会、"如何评价一

所学校的办学活力"主题研讨，总结出了多种类型学校的发展经验。通过这些专题的研讨，促进区域教科所所长们重新思考"我们该干什么？""怎么去干？"，使其更加清晰地了解教育部、市教委的文件精神，把握首都课程改革的趋势，为教科所更好地服务政府决策、服务基层实践打下基础。

新时代如何进行有效科研管理也是区域教科研部门关心的问题，J组织就专门组织了讨论会。会上朝阳区详细分享了经验，区教科所所长姚卫东和合作团队的技术人员详细介绍了朝阳区科研管理网站的设计理念、功能、优势等，人性化的设计、强大的管理功能赢得了各位所长的好评。会后，很多区县相继建立起了自己的线上科研管理系统。

二是举办科研员年会，搭建高水平学术平台，促进区县专职科研员成长。

为了实现教育科研成果的充分交流，促进区域教育科研水平不断提高，J组织连续举办"区县教育科研人员学术年会"活动。各区教科研人员提交会议交流论文，可谓"以文会友"。这些论文涉及面广，涉及了校长、教师专业发展研究；实验项目和区域学校的改革实践研究；教学内容、方法与手段改革研究；创新人才培养模式研究；教育管理与学校办学体制改革研究；教育教学质量评价与考试招生制度改革研究以及教育政策与发展战略研究等方面，涵盖了首都基础教育改革发展过程中的系列重大理论和现实问题。每年的交流有思想观点的碰撞，更有经验的学习分享，是一个科研工作者的盛会。

（二）抓"一帮一"行动，为实践提供坚实助力

一是举办骨干班，不断提升基层科研工作者的能力。

J组织利用自身优势，为基层排忧解难，分析基层的实际问题，为区域培训科研骨干。例如，和顺义区教委一起举办兼职科研员骨干研修班。为了保证研修班有序推进，J组织制定了研修手册，建立了"联系人制度"，并要求填写"交流记录表"。这些保障制度规范了培训过程，加强了学员和导师的互动，提高了研修的质量。

J组织以实效为核心，确定研修课程及方式。根据学员的基础和培训目标，采取了有针对性的培训策略：既有集中培训，开办讲授课程，将新的教育理论和实用的研究方法传授给学员，完善学员的知识体系，规范研究方法，

开拓思考角度，明确问题思路；也有分组指导，分组指导分两个阶段，即"计划商定"与"定点清除"。"计划商定"，意为指导教师与学员商定研修目标和成果形式。如有的学员结合"十二五"末课题结题的现实，选取自己或者学校统领课题的结题报告作为主要研修内容；有的学员面向"十三五"选题，来确定开题报告或申请书的撰写；还有的学员选择自己正在研究的课题或者项目，确定阶段报告的撰写。这样的目标既有针对性，也有"跳一跳摸得着"的适宜高度。"定点清除"，意为指导教师一对一指导，针对学员的现有资料，分析问题，探讨改进对策。还有"手把手"的个别指导，即通过邮件、短信、面对面交流等各种方式，导师和学员随时进行有针对性的沟通，学员将自己遇到的实际问题向导师咨询，导师对具体问题进行个性化解答，使学员由被动接受转为主动思考，提高学员学习的自觉性和主动性，提高培训的时效性和实践性。这样的培训受到了基层的欢迎，效果显著。

二是开展"助力行动"，现场解决区县学校难题。

"助力行动"是J组织根据区县教育改革的需要给予有针对性的智力支持。通过与区县教科所一起对区域或学校中重难点问题进行分析、破解，提升他们运用科研方法解决实践问题的能力，从而促进地区教育的发展。先后举办了"走进通州，助力副中心教育改革""多方协作谋发展，科研助力延庆兴""走进门头沟，助力科研上台阶""走进顺义，助力实现新发展"系列活动。"助力行动"密切了市区两级教科研机构的合作，突出了教育实践指导，充分发挥了J组织的咨询服务职能。

● 案例1-2：学校教育科研绩效内涵与评价指标[1]

一、学校教育科研绩效内涵特征

所谓绩效，传统上认为是"特定时间范围，在特定工作职能、活动或行为上生产出的结果记录"[2]。但是随着实践与研究的发展，越来越多的研究者

---

[1] 本案例为教育部"十二五"规划课题"中小学教育科研评价指标与模型研究"成果，主持人：蔡歆。

[2] BERNARDIN H, BEATTY R W. Performance appraisal: Assessing human behavior at work [M]. Boston: Kent Publishers, 1984.

意识到，受到组织性质、组织使命、组织文化、组织活动过程特征等不同因素的影响，绩效的内涵具有多维性。目前，更多研究者赞同绩效不仅是工作的结果，也包括工作过程本身，绩效的价值在于其刻画了工作行为对实现特定组织目标所产生的积极意义。基于该观点，本案例提出，"中小学校教育科研绩效是中小学校开展教育科研活动所取得的最终成果，以及为取得该成果所实施各项工作的意义实现"。中小学校教育科研这一活动产生于中小学校这一有着特殊使命和文化的组织中，中小学校教育科研与其他机构的科研活动有所不同，因此其绩效在符合一般定义的基础上必然有其特殊性。正确认识中小学校教育科研绩效内涵，及时澄清理解误区，对中小学校科研有着方向性作用。

（一）中小学校教育科研绩效是组织的绩效而非个人的绩效

不可否认，学校教育科研活动需依托每位教师而展开，但必须明确，学校教育科研不是教师个体研究的简单叠加，而是一项系统的组织行为，学校作为研究主体要承担设计、组织、协调、实施等一系列责任。任何一项科研活动都不仅仅是分散、孤立的教师个人职业兴趣，而是学校为了提高其教育供给能力、适应发展需求所做出的整体专业发展规划的一部分。教育科研是学校基于组织使命与目标自我更新、自我发展的途径，研究什么、谁来研究、如何研究、研究成果如何使用……都要在学校发展需求诊断的基础上做出判断与选择。因此，学校的科研绩效取决于学校对科研工作的统筹设计及结果呈现，体现了学校在科研方面整体推进的程度。

（二）中小学校教育科研绩效衡量的是问题解决能力而非成果载体形式

学校的根本任务是育人而不是新知生产，学校在科研活动中不断产生新认识、新实践的目的是促进管理和育人能力的持续提高，其直接价值体现在帮助学校实现教育教学实践改进从而提升学校效能上。论文、案例、文集等以文字形式固化、表达、传播学校科研成果的形式不可或缺，但只能是研究过程的载体和工具，并不是最终绩效的表征。相反，对教育实际问题的把握、分析和破解的工作机制、人员素养以及实际效果才是中小学校科研绩效的核心内容。

（三）中小学校教育科研绩效首先关注效益而非效率

从一般意义上说，绩效包括成果、效益和效率三大部分。成果指工作的直接产出；效益指工作成果所产生的影响；效率指工作的投入与产出比，以较少的投入获得较大的产出符合经济理性。从目前中小学教育科研发展现状来看，应提倡效果（成果与效益）第一性。科研绩效的最终功效应体现在学生、教师、学校的综合提升上，这是科研整体效益的体现，也是目前学校积极投入教育科研的动机所在，反映这一水平的绩效可称为"效果绩效"。在保证相同效果的同时，也要兼顾考虑投入的效率性，避免投入产出不当造成的浪费行为，这种浪费不仅直接影响学校对教育科研的认同，更会影响师生健康发展，因此，课题组也要研究"效率绩效"如何评价，通过效率意识的建立促进学校科研工作内涵发展。

（四）中小学校教育科研绩效取决于持续状态而非个别事件

在实践中，学校往往倾向于通过描述某项特色科研活动或是某个课堂教学创新片段来展示科研实效，但是这些典型案例不具稳定性，今天有，明天没有，这里有，那里没有，并不能反映学校科研兴趣、能力和水平的普遍状况，因此不用于反映科研绩效现状。只有能够在学校中固定为常态的机制、内容才能决定学校的科研绩效。学校科研绩效的增长，一方面体现为能够固化为常态的管理机制与教育教学创新增多，另一方面体现为教师对固化为常态的管理机制、教育教学创新的参与度、认可度、践行度提升。

（五）中小学校科研绩效评价的最大权重主体应为本校教师而非独立第三方

对中小学教育科研绩效进行评价的目的在于帮助学校判断科研管理工作的问题与改进，而不是进行校际比较和鉴别。学校教师是学校科研绩效最直接的感知者和创造者，教师对个人在学校科研经历、体验的判断最能够反映学校科研现状。基于自我改进的目的，以教师反馈为主的绩效评价信息相对于以外部管理单位检查浏览为主的绩效评价信息更具客观性、真实性和指导性。要建立以学校内部自评为主要模式的中小学校科研绩效反馈、协商机制。

二、学校教育科研绩效评价指标

已有关于中小学校科研绩效评价研究的成果和实践或只重视学校教育科研结果，对科研过程视而不见，忽略了在研究过程中"能力提升"这一学校教育科研的绩效特征；或重视科研过程相关工作的齐备性、投入的丰富性，如是否有开题程序、多少资金支持等，但并不能从"效"的层面揭示学校教育科研的质量。所谓"效"，《现代汉语词典》的解释为"功用"，中小学校教育科研主要过程环节的主要活动是否对取得新知、改进实践、提升能力起到了切实作用才是绩效指标关注的重点。

那么，中小学校教育科研的主要过程环节应在哪些方面体现哪些"效"呢？研究试图把中小学校教育科研绩效划分为组织绩效、关系绩效、适应绩效和学习绩效，从不同维度判断学校教育科研过程对科研目标达成的有效程度。

①任务绩效是组织所规定的行为，是与特定工作中核心的技术活动有关的所有行为，如学校教育科研的直接产出及其效果。

②关系绩效则是员工自发的行为，是体现组织公民性、亲社会性、组织奉献精神等与特定任务无关的绩效行为，它不直接增加核心的技术活动，但为核心的技术活动保持广泛的组织环境、社会环境和心理环境，如教师参与科研活动的态度与表现。

③适应性绩效可理解为，在实现组织目标的过程中个人、人际、人与工作任务、人与组织文化等方面，化解问题与矛盾、选择有利于组织目标实现的行为，例如，如何使学校科研产生更大合力。

④学习绩效是组织成员主动获取、分享知识以提高专业能力从而服务于组织目标实现的行为，如科研过程中的文献、理论、他人经验的学习成效。

为研究中小学校教育科研各维度绩效下应设立哪些具体指标，课题组进行了四步研究：

第一步，通过文本分析法进行探索性研究，找出备选绩效指标。

第二步，通过德尔菲法提炼出关键指标。

第三步：对绩效指标与结构进行验证性分析。

第四步：运用层次分析法，分别对一级指标和二级指标权重进行计算，最后综合成专家群体判断矩阵，得到如下模型，见表5-1。

表 5-1 中小学校教育科研绩效结构

一级指标	权重	二级指标	权重
任务绩效 （核心任务的完成）	0.40	设立核心课题	0.11
		科研活动成为常态	0.22
		研究结论明晰可行	0.22
		改进原有举措	0.33
		成果被授奖项	0.11
关系绩效 （组织成员的参与态度）	0.30	团队分工协作	0.22
		主动同伴互助	0.11
		遵守科研规范	0.22
		自觉反思小结	0.33
		课题成为体系	0.11
适应绩效 （目标的一致性）	0.15	校长参与研究	0.45
		形成科研骨干队伍	0.35
		所有教师参与	0.20
学习绩效 （专业能力获得）	0.15	提供专题培训	0.30
		个人学习需求被知晓	0.20
		培训切实有效	0.50

三、学校教育科研绩效评价方法

科研绩效评价的方式可分为两大类：第一类，定性评价方法。主要包括同行评议、维度测评和德尔菲法。第二类，定量分析法。包括文献计量分析法、主成分分析法、层次分析法、人工神经网络法、数据包络分析法、灰色决策评价法、模糊综合评价法、平衡记分卡法等。具体到中小学校教育科研评价，最常见的方式是专家评议法和加权计分法。但是，专家评议法的客观性不能保证，加权计分法也不能很好地体现中小学校教育科研的特性，因为其中很多成果难以用客观的量化数据反映出来。考虑到"难以量化""整体判断""效果与效率兼顾"等评价要求，本案例尝试采用"效果"与"效率"两步评价的方法实现评价目的，为此分别引入各自适合的评价方法与模型。

（一）利用模糊综合评价法评价效果绩效

模糊综合评价法（fuzzy comprehensive evaluation method）是一种基于模糊

数学的综合评价方法。该综合评价法根据模糊数学的隶属度理论把定性评价转化为定量评价，即用模糊数学对受到多种因素制约的事物或对象做出一个总体的评价。它具有结果清晰、系统性强的特点，能较好地解决边界模糊的、难以准确量化的问题。模糊评价通过精确的数字手段处理模糊的评价对象，能对蕴藏信息呈现模糊性的资料做出比较科学、合理、贴近实际的量化评价；同时，评价结果是一个矢量，而不是一个点值，包含的信息比较丰富，既可以比较准确地刻画被评价对象，又可以进一步加工，得到参考信息。

模糊综合评价法的引入能够将教师对科研效果各方面的主观体验、感受和判断进行取值和量化，有效地解决了中小学校教育科研感受性与客观性的冲突。

（二）利用数据包络分析法评价效率绩效

数据包络分析（data envelopment analysis，DEA）以相对效率概念为基础，是用于评价具有相同类型的多投入、多产出的决策单元（decision making unite，DMU）是否技术有效的一种非参数统计方法。其基本思路是把每一个被评价单位作为一个决策单元，再由众多 DMU 构成被评价群体，通过对投入和产出比率的综合分析，以 DMU 的各个投入和产出指标的权重为变量进行评价运算，确定有效生产前沿面，并根据各 DMU 与有效生产前沿面的距离情况，确定各 DMU 是否对 DEA 有效，同时还可用投影方法指出非 DEA 有效或弱 DEA 有效 DMU 的原因及应改进的方向和程度。DEA 特别适用于具有多输入、多输出的复杂系统，因为它同时接受多个输入和输出变量，并且不需要预先估计各变量的权重，在避免主观因素和简化运算、减少误差等方面具有不可低估的优越性。

本案例主要采用规模效率不变的 C^2R 模型和规模效率可变的 BC^2 模型来对中小学校教育科研效率进行分析，将每个学校视为一个决策单元（DMU），通过模型计算学校群体中的有效生产前沿面，并通过每所学校与有效生产前沿面的比较判断其在这些学校群体中的相对效率。

四、研究的创新点

本案例的创新点主要体现在以下三方面：

(一) 理论层面

从组织发展的角度对学校教育科研的内涵特征进行了揭示,将学校教育科研视为学校发展可持续的动力,使学校教育科研与学校整体发展有机融合,避免了科研短视与偏差。

(二) 方法层面

摒弃了简单的外部量化评价方式,充分尊重教育科研的参与者——教师的实践体验,从效益和效率两个层面评价科研绩效,并且提出效益第一的原则,为学校根据不同发展阶段确定科研绩效目标提供了选择空间。

(三) 实践层面

清晰界定了学校教育科研的评价指标与权重,为学校设计与推进教育科研工作提供了方向引导,明确了学校教育科研工作的重点与目标。

● 案例1-3:中小学教师职业认同的学校影响因素及提升策略❶

一、研究问题

(一) 问题的提出

教师职业认同是教师对其职业及内化的职业角色的积极的信念、情感和行为倾向的综合状态与发展过程,高水平的职业认同是教师专业发展的根本动力,也是抵抗职业压力、外来冲突的心理基础。❷ 关注教师的职业认同状况,正是考察教师在教育教学工作中的心理发展与专业成长情况。其发展受社会、文化、心理等因素综合影响,包括来自宏观层面的国家教育政策(Sugrue,1997;Scribner,2003;柯政,2008;Parkison,2008)、中观层面的学校组织文化和微观层面的教师个体因素(Beijaard等,2004;周淑卿,2004;Betina Yuan-Cheng Hsieh,2010;Claudia Lenuta Rus等,2013)等。深入系统地分析探究教师职业认同的影响因素将有助于人们合理化建构教师职业形象,减少教师个体与职业差距过大时产生的摩擦,为教师职业认同形成与发展创造适宜的条件,从而促进教师个体的专业自主发展。其中,学校作

---

❶ 本案例为北京市教育科学规划"十二五"课题"影响中小学教师职业认同的学校因素研究"(DIB141175)的研究成果。主持人:蒲阳(2014年9月立项,2019年6月结题)。

❷ 蒲阳. 教师职业认同的意义与现状 [J]. 人民教育,2018 (8).

为教育变革和教师职业认同发展与专业水平提高的关键场所，其对教师职业认同形成与发展的重要影响几乎已成为研究者的共识（Gaziel，1995；Jurasaite-Harbison 和 Rex，2010；M. T. Pillen 等，2013）。相对于其他因素的不可控而言，学校因素对教师职业认同影响的研究更具可控性与操作性，其改进策略对学校效能提升也更具推广性与实效性。介于其研究状态的零散与非系统，本案例认为对该影响因素进一步的集中系统深入研究很有必要。

（二）研究内容

研究从理论层面深入分析教师职业认同概念的内涵、结构维度以及学校因素的系统结构，借鉴相关研究将教师职业认同分解为职业价值观、角色价值观、职业归属感、职业行为倾向四个维度；❶ 并将教龄、性别、学历、学科、学段、学校地域、学校类型七个变量作为分析教师职业认同状况的背景因素；同时，将影响中小学教师职业认同的学校因素分解为"人的因素"（领导、同事、学生）与"环境因素"（组织文化、物质环境、班级教学）两个维度（六个因子），其中六个因子再进一步细化为发展平台、工作环境、教学班额、领导风格、同事关系、师生关系等25个变量。在此基础上实践深入中小学校，对北京市教师职业认同的现状进行调查研究，探讨不同学校背景下教师的职业认同水平特点与典型案例，分析学校因素对教师职业认同的影响机制，从而尝试为学校实施改革、提高教师职业认同水平的探索提出一些适用策略，探寻学校在多大程度上能够为激发教师对职业的情感、价值与行为认同提供适合的环境、支持的条件，促进其自主、持续、健康地发展。

二、学校影响因素分析

（一）北京市中小学教师职业认同总体情况

研究运用平均值和标准差对所有问卷分别从整体职业认同及其四个构成维度进行了统计，教师职业认同总体量表平均分4.086，高于临界值3，说明北京市义务教育教育阶段教师职业认同总体水平较高。四个构成因子中除角色价值观为3.901以外，其余三个平均值均在4分以上，各因子平均值大小

---

❶ 魏淑华，宋广文，张大均. 我国中小学教师职业认同的结构与量表［J］. 教师教育研究，2013，25（1）.

依次为：职业行为倾向>职业价值观>职业归属感>角色价值观。

（二）不同背景的中小学教师在职业认同及其各构成因子的差异分析

分别以学校地域、类别、教学班额、任教学科、任教学段等学校背景以及教师性别、教龄、学历等教师个人背景为自变量，以教师的职业认同以及各构成因子为因变量逐一进行单因素方差分析，结果显示，不同背景的中小学教师在职业认同及其各构成因子上存在差异：

不同性别、任教学科的教师职业认同总体上存在显著差异，女教师得分显著高于男教师，书法、信息、综合实践等"其他"学科以及音体美教师的得分显著高于数、理、化及史、地、政、生等学科教师。而性别差异还表现在职业归属感因子上，学科差异还表现在职业价值观、角色价值观、职业归属感因子上。

不同学校地域、教龄、学历的教师职业认同总体上不存在显著差异，但在具体构成因子上存在差异：职业价值观、角色价值观、职业行为倾向等方面城乡差异显著，城市学校教师的得分明显高于农村学校教师；角色价值观因子上存在显著教龄差异与学历差异：教龄5年以下的教师得分明显高于其余各教龄段的教师，11~20年教龄的教师得分最低；伴随学历增高得分逐渐升高，研究生学历教师得分明显高于其余学历教师。

不同类型学校、学段之间的教师在职业总体认同与各构成因子上均不存在显著差异。

（三）不同学校因素与教师职业认同的相关分析

组织文化因素：职业认同整体及各层面均与文化活动、管理机制、职称评价、发展平台、教师场域等各因素在0.01水平呈现显著正相关，但与学校类型因素的相关性则有所减弱甚至不存在显著相关。

物质环境因素：职业认同整体及各层面均与工作环境因素在0.01水平显著正相关，与学校地域、工资水平、收入满意度因素的相关性则相对减弱或不显著。

教学班级因素：职业认同整体及各层面与教学成绩、教学情绪感受两因素在0.01水平显著正相关，个别层面与教学班额、任教学科两因素在0.05水平上显著相关，但与授课学段、是否担任班主任因素则均不存在显著相关。

领导因素：职业认同整体及各层面均与学校领导认可、对领导风格的适应度、领导关系三因素在0.01水平显著正相关。

同事因素：职业认同整体及各层面均与认可同事、同事关系两个因素在0.01水平显著正相关。而同事认可因素则仅与职业归属感层面在0.01水平上显著正相关，与其余各层面皆无显著相关。

学生因素：职业认同整体及各层面均与学生认可、认可学生、师生关系三个因素在0.01水平显著正相关。

（四）不同学校因素对教师职业认同的回归分析

分别以方差分析及相关分析中差异或相关显著的人口统计学变量、学校因素为自变量，对教师整体职业认同及其构成因子做逐步回归，发现学校因素的不同变量对教师职业认同的不同层面具有不同预测作用。

整体职业认同：发展平台、教学情绪、同事关系、教师场域、工作环境、文化氛围、收入满意度、教学成绩、班额为41~50人、公平的职称晋升机制对其具有正向预测作用；任教学科为物理、化学对其具有负向预测作用。其中，发展平台、教学情绪、同事关系的预测力较高，这三个变量对教师整体职业认同的联合预测力达36.8%。

职业价值观：教学情绪、学生认可、发展平台、同事关系、师生关系、认同同事、工资水平为3000~6000元、领导认同等因子对其具有正向预测作用。其中，教学情绪、学生认可、发展平台的预测力较高，这三个变量对教师职业价值观层面的联合预测力达45.5%。

角色价值观：领导认同、教师场域对其具有正向预测作用，这两个变量对教师角色价值观层面的联合预测力达19.8%。

职业归属感：同事关系、教师场域、领导认同、领导关系、教学情绪、收入满意度、性别、认同同事、教学成绩、领导风格、文化氛围、发展平台、工作环境对其具有正向预测作用。其中，同事关系、教师场域、领导认同的预测力较高，这三个变量对教师职业归属感层面的联合预测力达31.8%。

职业行为倾向：同事关系、师生关系、教师场域、学生认可、教学情绪、领导关系、教学成绩、适应领导风格对其有正向预测作用；收入满意度、文化氛围、认同学生对其具有负向预测作用。其中，同事关系、师生关系、教师场域的预测力较高,这三个变量对教师职业行为倾向层面的联合预测力为 34.2%。

三、研究结论与对策

(一) 研究结论

①整体而言,北京市义务教育阶段教师的总体职业认同均值大大高于临界值,处于较高水平,但四个构成因子的得分水平不均衡。

②不同背景的中小学教师在职业认同及其各构成因子上存在不同差异:不同性别、任教学科的教师职业认同总体上存在显著差异;不同学校地域的教师在职业价值观、角色价值观、职业行为倾向方面存在显著城乡差异;不同教龄、学历的教师在角色价值观因子上存在显著差异;不同类型学校、学段的教师在职业总体认同及其各构成因子上均不存在显著差异。

③学校因素不同变量与教师职业认同各构成因子的相关程度存在差异。其中,管理机制、文化活动、职称评价、发展平台、教师场域、工作环境、教学成绩、教学情绪、领导认可、领导风格、领导关系、同事认可、同事关系、学生认可、认可学生、师生关系16个变量与教师职业认同各层面之间均存在显著正相关;学校类型、学校地点、教学班额、任教学科、工资水平、收入满意度及同事认可7个变量仅与教师职业认同个别层面存在显著相关;任课学段、是不是班主任2个变量与教师认同各层面均不存在显著相关。

④学校因素的不同变量对教师职业认同的不同层面具有不同预测作用。其中,教师场域、教学情绪、发展平台、同事关系等变量对教师职业认同多个层面具有较高的正向预测力,其次为教学成绩、领导认可、师生关系、学生认可等因素。

⑤相对于学校物质环境与外在客观条件(如学校类型、学校地点、任教学科、任教学段、工资水平)等"硬件"因素而言,学校的"软件"因素(如教师场域、教学情绪、教学成绩以及与领导、同事及学生的认同合作关系等)对教师职业认同的预测作用更为直接。

(二) 对策与建议

1. 丰富学校文化建设,营造自主支持的场域文化,提升教师职业情感的认同

丰富文化建设,倡导积极心态,营造合作向上、自主支持的集体氛围。

学校创设文化情境作为一种组织环境，对教师的职业归属感、角色价值观影响显著。结合学校实际与教师实际，从完善丰富精神文化、物质文化、制度文化等方面着手，让教师感受到集体的感召与力量；同时倡导积极心态、对教师进行积极心理学培训或组建学习共同体，引导教师从积极的视角去发现自己、同事和学生身上的优势与美德，营造合作向上的集体氛围。

2. 搭建发展平台，加强不同阶段教师支持的针对性，提升教师职业行为认同

一方面，加强不同阶段教师的职业规划与引导。针对初任教师及时加强教师职业规划指导，明确职业目的和方向，帮助其制定个人职业生涯和专业发展的具体目标，并采取师徒结对、师傅带教等具体实在的方式，帮助新教师站"稳"讲台、站"好"讲台；对处于稳定成长期的"熟练"教师的支持主要体现在"发展性"上，如提供平台促进其独立熟练地从事教学，并逐渐形成自己的教学风格，化经验总结为理性思考，逐步提升教研科研能力等；对于已获得高级职称或水平相当的"高级后"教师群体，则更多地关注其"引领性"的发挥，在引领学校教师队伍健康发展的同时，也带动其自身突破职业生涯高原期限制，解决发展的瓶颈问题，走出专业发展被动化困境。

3. 优化学校考评机制，注重教师自律的内化发展，提升教师职业价值认同

一方面，从教师职业认同的发展动态性特点出发，优化教师专业知识与技能的考核评价体系。改变以行为为表现依据的后顾式评价机制，注重教师发展的主动空间、搭建教师自主的发展平台。即建立发展型教师评价机制，考虑教师专业发展的阶段性特征，强调自主参与、质的评价、相对评价以及过程互动的综合评价，用动态、发展的眼光来看待现实的教师表现，促进教师的自律内化发展。另一方面，帮助教师通过教育教学实践将其对职业的认识逐渐内化为自身的内在标准。赋予平凡的日常工作以意义与价值，减少教师的习得性无助，缓解消极情绪，减少角色冲突、职业倦怠感；重视教师职业反思的经常化、系统化，不断从经验中进行学习建构、提升实践智慧，坚信教师自身内在力量与信念的存在，"内部世界的真实性可以给予我们影响外部客观世界的力量"。形成自身的认同特点与职业理念，促进职业价值认同的

回归与重建。

4. 提高物质待遇，减少外界不合理干扰，促进教师职业认同环境的系统发展

一方面，进一步提高物质环境、教师福利待遇，切实提高教师职业的吸引力，使教师真正成为令人向往的职业；另一方面，减少不必要的行政干预及其额外形式主义杂务的干扰，在社会主义核心价值观的主导下还教师应有的教育教学权利，让教师能静心教育教学。同时，正确引导社会舆论，引导家长理性科学地参与学校事务，加强家校沟通，减少教师压力，切实提高教师的社会地位，营造有利于教师健康发展的社会氛围，综合促进教师职业认同发展环境的系统改善。

四、研究创新点

（一）研究内容集中于学校因素的系统影响分析

涉及学校因素的许多研究将学生、课堂教学、同伴、学校组织文化等因素进行了相对独立的分析，或者只是选取其中的特定变量、特定方面进行研究，或者对学校因素内各子因素不加区分而进行探讨，少有研究关注各子因素间的系统关联。此外，已有研究大多证实了教师职业认同与某些因素之间存在相关，但少有具体数据深入揭示不同学校因素对教师职业认同不同层面的影响表现和差异，对影响教师职业认同的学校因素的系统整合鲜有探讨。鉴于此，本案例立足于北京市义务教育阶段学校教师职业认同的现状调查，系统研究学校因素对教师职业认同的影响作用：集中比较了不同学校背景的教师职业认同之间的差异，讨论了不同学校因素与职业认同各层面的相关关系，分析了不同学校因素对教师职业认同构成因子的预测比重，为教师职业认同的针对性提升策略提供了翔实依据。

（二）研究方法注重量化研究与质性研究的结合

相关主题的国外研究者多用叙事研究、个人生活史等质性研究方法对教师职业认同问题予以探讨，而国内运用小样本问卷来调查了解某学科教师特别是高校教师职业认同基本状况与影响因素的居多，运用质性研究考察该问题的不多见，将二者结合运用的亦为稀少。本案例注重量的调查与质性研究相结合，通过问卷调查与深度访谈相结合的方式进行数据收集与案例研究，深入北京市中小学校,从大样本的问卷数据与深度访谈资料、案例的结合分析来把握北京市中小学教师职业认同现状,揭示不同学校因素对职业认同不同层面的影响比重与相互作用。

(三) 研究对策与建议注重针对性与实操性

对策与建议基于研究结论,针对数据分析与深度访谈中教师反映较为集中的问题或愿望要求提出,分别就教师职业认同的价值、情感与行为等不同认同层面提出,并注重系统性与操作性,关注于研究结论所强调的学校"软件"环境改善的逐层措施,有利于学校结合自身情况有针对性地选择相应的、可行的措施与方法,尽可能发挥学校环境对教师职业认同发展的促进功能,改善学校大环境;同时也呼吁了社会结构大环境等因素的协同作用,促进教师职业认同环境的系统发展。

● 案例1-4:中学教师情绪工作的探索与实践[①]

一、问题提出

情绪工作是霍克希尔德(1979)提出来的,他认为情绪工作是通过管理或控制自身的情绪,表现出一种组织要求的特定情绪,来达成组织交付的任务。拉法埃利针对不同职业进行质性研究,引起研究者对情绪工作的关注,但大都为服务业一线员工,如服务员、专业医疗人员、助理或者秘书、刑警或急难救助人员等。教师作为非营利组织中的个体,并未涉及。教师的工作不仅是简单的体力或者脑力劳动,还需要大量的情感投入。教师高负荷的情绪工作对个体的负面影响也比较大,由于情绪工作需要持续的意志努力,需要付出较多的身心能量,教师可能对自己的工作失去热情和兴趣,产生情感冷漠,容易引发情绪失调和情绪衰竭,从而影响教师的心理健康。

本案例分析了教师情绪工作的心路历程;将问题情境与情绪工作相结合,分析教师情绪工作过程中的情绪动力变化,突破了以往情绪工作研究方法的局限性,采用16通道多导生理记录仪,对情绪唤醒的生理指标进行客观测量;从情绪工作动力的角度探讨了不同情境下教师情绪工作的适当性。本课

[①] 本案例为李海燕博士论文"教师情绪工作的职业特征及动力机制的实验研究"成果。

题在李海燕博士论文实验研究的基础上,持续聚焦教师情绪工作,研究教师情绪工作内部心理机制及学校实践中的教师情绪管理和调节等,既有基础实验研究,又有落地的学校实践指导,为教师心理健康和学校组织绩效的提升提供了一定的理论支持和实践指导。

二、中学教师情绪工作的影响因素

(一) 情境与教师情绪工作

教师情绪工作是在学校组织中,为了完成学校交给的教育教学任务,对自己的情绪进行必要的调节和管理,以表达出适合教育教学互动的情绪过程,教师的情绪工作是与问题情境相联系的。

教师的消极情绪主要是教学目标受到干扰的相关情境,如学生的问题行为和违反规则,学生因为懒散和不专注而学业成绩较差;课堂外的因素使教学很难开展;不合作的同事以及家长不遵循恰当的行为规范或者不履行责任义务。其中,学生的课堂问题行为是教师经常面对的问题,也是教师职业压力的主要来源。课堂问题行为干扰课堂正常秩序,需要教师付出一定的精力去处理和调节。教师通常会使用各种策略来帮助他们管理和调节自己在课堂上的情绪,以防止自己在课堂上大发雷霆(Sutton,2004)。教师还可以化解潜在的问题情境,讲个笑话或者转移注意力,这样就不会让消极情绪干扰自己。教师认为指向他人的问题行为比指向自己的问题行为更为严重,教师根据不同课堂问题行为的类型采取相应的策略,例如,通过提醒、说服、惩罚等方式寻找课堂情绪恰当表达的平衡点,对他们来说是非常有帮助的。

(二) 经验与情绪工作

情绪工作是情绪表现的管理,情绪工作的选择会影响员工工作满意度及幸福感。因此,很多研究都关注个体差异来预测情绪工作策略选择。我们根据社会情绪选择理论的研究结果,以人一生积极的情感特质发展为假设,推测年龄与情绪工作策略的链接。根据社会情绪选择理论和积极的情感特质追求,个体不断地降低消极的情绪体验和促进积极的情绪体验,情绪调节动机与情绪工作的关系随着年龄的增长而发生改变。

社会情绪选择理论背后的中心推理是情绪体验,尤其是积极的情绪经验,当个体不断增加经验时,他们最大化地体验积极情绪,减少消极情绪。尽管情绪工作理论家并没有考虑年龄的改变与情绪工作有何关系。我们认为情绪调节动机配合深层行为策略，是一种策略符合自然的动机倾向，他们期望自然地减少消极情绪来感受更积极的情感。因为经验多的人是更愿意感受积极情感的，包括在工作中的时候，他们期望年龄会与表达自然真实感受呈正相关，因而不需要额外的调节。年龄与情绪工作不会直接相关，但年龄会带来更多的人际经验和调节技巧，可能有助于发展更好的情绪智力，从而形成情绪工作的相应倾向。

(三) 人格特质与情绪工作

从20世纪90年代起，出现了许多人格评定的特质学说，大五人格模型在长期的探讨过程中基本上得到了普遍认同，包括神经质、外倾性、开放性、尽责性、宜人性五种特质。大量研究表明，神经质、外倾性人格特质与情绪存在密切的联系，在自主生理反应方面，不同特质被试的皮电、指脉振幅、r-r间期、心率指标存在差异。外倾性的情绪唤醒大于神经质的情绪唤醒，神经质的心率唤起比外倾性的要高，外倾性被试的指脉率比神经质的要高。指向他人的问题行为严重干扰他人的课堂，对教师来说是很难容忍的，生气时，外倾性的教师唤起要更高。神经质教师的担心、焦虑的情绪唤醒比外倾性的教师要高。有研究者发现，外倾者有更多的正面情绪，高神经质者有更多的负面情绪。外倾者的情绪唤醒比神经质要低，神经质与负性情绪呈现正相关。

三、中学教师情绪工作的研究结论

本课题以中学教师为研究对象，采用访谈法、问卷法、实验法及行动研究法，分析了教师情绪工作的主要策略及心路历程；不同情境下，教师情绪工作的动力性；采用"双任务"实验范式，探讨了教师在不同问题情境下采用情绪工作策略的恰当性；探索教师情绪工作调节和管理的方法策略，为教师情绪管理和专业发展提供支持。具体结论如下。

(一) 教师情绪工作的职业特点

1. 从教师互动对象来说，教师情绪工作存在客我不对等性

情绪工作的过程包含的一个重要特征是，情绪工作发生在工作者与客户的面对面的或者声与声的相互作用下。互动对象是不同职业之间最重要的区别，教师每天接触最频繁的对象是学生，无论是从年龄还是认知水平上，互

动双方存在一定的不对等性，如认知发展不对等性，这是由教师"教书育人"的特点所决定的。这种认知不对等性是教师职业区别与其他服务性职业的重要特征之一。教师对互动对象的认知、学生对教师的不理解，加大了教师的心理负担，使其在情绪工作的过程中，需要更多的情绪努力，支出更高的心理成本。

2. 教师情绪工作的负担：情绪工作多样化、时间连续

教师情绪工作表现在，职业工作对象与其他职业不同，工作对象具有多样性的特点，跟同事、领导、家长等不同对象的互动，对教师提出了较高的情绪表达要求。教师情绪工作表现在工作时间的连续性，除上课外，教师还会花费其他时间用于备课、业务学习进修、科学研究等；在空间上的广泛性，无课内外之分，这些都是无法用课时量简单计算的。教师面对学生，并且频繁地重复接触，跟其他职业呈现不同的特点，互动程度很高，在教学和日常管理过程中展现的情绪比较频繁，持续时间较长。

3. 教师情绪工作策略表现在：表层工作、深层工作、负性情绪展现

教师同其他服务业的不同在于，教师的情绪表达不总是表现正性，适当的负性情绪表达也是需要的，也是教师课堂管理的一种方式。教师会采用表层工作的方式来调节情绪唤起，比如压抑自己的情绪表现、假装高兴继续上课等，这些问题行为的指向性不太明显。教师会采用深层工作的方式来调节情绪唤起，比如，努力站在学生的角度去想，能够从认知上去调整，能够改变自己的情绪状态。深层情绪工作的使用与知觉到的情绪有关，与问题情境持续的时间存在相关性，与情绪变化性存在一定的相关性。教师提到了以下几种情况：教师负性情绪的直接爆发、表层展现负性情绪。负性情绪的爆发有时候是必要的，教师将其作为一种管理的方式。

4. 教师的情绪工作具有情境性特征

教师情绪工作的情境变量主要包括工作事件和交往过程。工作事件中常研究的是工作事件的正负性，交往过程包括交往频率和交往持续时间等。当问题行为不严重影响他人时，教师一般都采取提醒策略，而对这种问题情境引发的情绪体验，都选择压抑或者控制的表层工作。当问题行为干扰他人听讲，教师都会引发较大的情绪反应，此时，为了避免情绪失控，教师一般都

采取认知重评策略，即深层的情绪工作策略。与指向他人的问题行为相比，教师在解决指向自身的问题行为时，更多地采用了提醒、改变教学方式、沟通了解的策略；而在解决指向他人的问题行为时，更多采用了说服教育、学生自我管理和惩罚的策略。教师情绪工作的策略与问题情境的指向性、情绪反应强度相关，情绪反应强度大，则倾向于采用深层工作策略。

（二）教师情绪工作的动力性特征

教师情绪工作与问题情境间存在相关性，并且与问题情境指向性和情绪强度有关。冲突高低特性是组织情绪工作中的重要变量，其引起情绪变化的特点是情绪工作状态的重要表现。实验研究采用单因素实验设计，设计不同情境下的教师情绪反应动力性特征和模式，并测量被试内倾、外倾特征。研究结果表明，高冲突情境下，唤醒的是生气的情绪反应，低冲突的问题情境唤醒的是担心的情绪反应，皮电和r-r间期存在唤起的情境差异。教师的情绪反应动力性变化呈现不同的特点：高冲突下，情绪唤起在短时间内达到高峰，但持续时间不长，恢复得较快；在低冲突下，情绪唤起得较慢，恢复得也较慢；在教师情绪反应动力性的变化过程中，表现出一定的人格和教龄的变化。高冲突下，外倾性人格唤起较快；低冲突下，神经质人格唤起较快；教龄在10年以下的教师比教龄在10年以上的教师情绪唤起要快，恢复较慢。

（三）不同情境下教师情绪工作的适用性

教师情绪工作通常包括表层工作和深层工作，表现在教师如何调节问题情境引发的情绪变化特征上，一是通过改变外在表现而进行情绪控制，以符合情境要求，二是通过改变认知、调整自己的情绪失调，满足组织情绪需求。研究结果表明，在高冲突的情境下，在生气的情绪状态下想要保持微笑，采用深层情绪工作比表层工作效果好；在低冲突的情境下，在担心的情绪状态下想要保持微笑，采用表层工作比深层工作效果好；不同情绪工作下，教师表层和深层情绪工作的情绪反应动力性存在人格和教龄的差异。高冲突情境下，表层工作情绪变化量与神经质显著相关，随着教龄的增长，相关变得不显著；低冲突情境下，情绪工作不存在人格和教龄的显著差异。

（四）教师情绪工作的学校探索与实践

学校中教师情绪来源很多，一方面是生活中的情绪，另一方面是工作中的情绪。我们期望在学校中分析教师情绪工作的来源，并对关键指标进行适度的干预，起到认识压力、缓解焦虑的作用。我们一方面，将教师生活的感知分为主观幸福感及生活满意度；另一方面，则分析教师工作的情绪知觉：工作压力状态及职业行为表现，分析压力程度、压力来源、职业认同及职业倦怠等。立足学校实际调研，我们建构教师情绪工作的整体设计及实施策略，包括教师专业能力提升行动，优化教师结构，推动系统功能最大化；提升不同类型教师岗位技能，如优化班主任队伍，提升教师管理与辅导能力；提升学校干部服务管理能力，引领学校发展；聚焦实际工作中的真问题，构建教师情绪工作辅导体系，提升教师情绪能力。

四、课题研究的创新点

（一）突破了以往教师情绪工作研究的静态分析局限性

情绪工作经历从情绪工作的内在感受到重视情绪工作外在行为，再到重视情绪工作的情境（人际交互的情境），最后到重视情绪工作的内在心理加工（强调心理调节加工）的过程。情绪工作包含静态—动态的特征，每个行业都有自己特殊的情绪规则，情绪规则是静态的，而个体在工作中情绪工作的动力性变化则是动态的。情绪工作是与情绪密切相关的，而情绪与认知最大的不同，就在于其动态性的变化过程，从情绪工作的界定来看，情绪工作本身就是静态和动态的结合，本案例从情绪工作的内部动力性过程出发，探讨情绪工作的动态性变化，能发现情绪工作更为本质的内容。

（二）突破了情绪工作过程的测量学指标

在情绪工作的作用机制中，情绪的变化性反映了情绪动力性的核心特征，以往有关情绪工作的测量，只是问卷调查的方式。但从情绪工作概念的界定来看，情绪工作不仅涉及可观测的外在表现，还关注个体内心的动力性过程，因情绪唤起本身就具有动力性的特征，仅仅采用问卷调查的方式往往忽略了很多行为背后的生理变化过程。以往的研究通过自我报告的效果变量进行情绪工作效果分析，而对情绪工作策略对其情绪变化性的动力性特征没有考察，从情绪变化性特征到可观测的心理变量，如工作满意度等，中间做了太多的推论，无法还原情绪工作效果的本质。在研究中，我们采用16通道多导生理记录仪来测量被试在情绪唤起及恢复的过程中的情绪反应动力性的生理指标，弥补了情绪测量只绝对性信任被试主观报告的不足。我们可以将主观报告和生理报告相结合来做进一步的分析。

(三) 创设课堂问题情境，加强教师情绪工作互动性分析

情绪工作本身是与问题情境相结合的。教师情绪工作涉及人员中，学生是频率最高的互动对象，而学生的问题行为则是教师情绪困扰的主要来源，先前的研究得出教师知觉到的问题行为的10种最常见的类型，并对问题行为的归因、应对策略做了相应的分析，但这些问题行为会不会引发教师的情绪反应、情绪变化的特征如何则没有涉及，厘清教师面对这些问题行为的情绪变化是进一步研究情绪工作策略恰当性的前提。本案例将情绪工作的情境性特征分离出来，加强了情绪工作互动性分析。

● 案例1-5：九年一贯制对学生认知、非认知和知觉发展的影响[1]

一、问题的提出

"九年一贯制"是指小学、初中联体办学，使九年义务教育成为一个连续、系统的整体的办学模式。从20世纪90年代起，国家就出台了系列文件，推动九年一贯制相关工作，各地也在国家政策的引领下，出台了系列推进九年一贯制学校建设的改革措施。北京市在"十二五"期间出台了系列政策，积极推进九年一贯制学校建设，截至2016年，北京市九年一贯制学校有116所。

九年一贯制是推进义务教育办学模式改革的重要举措，不同办学模式的探索无非是为了更好地促进教育的发展，归根结底是为了促进学生的发展，实现学生能力（认知与非认知等）的提升，增加学生的实际获得。因此，九年一贯制对学生能力的影响是评估九年一贯制办学模式改革成效的重要方面。然而九年一贯制办学模式是否能达到预期效果？与小学、初中独立办学相比，对学生的认知、非认知等方面的发展是否产生了影响？产生影响的原因是什么？

二、研究设计

国际上，对于一贯制办学成效的研究多是间接性研究，且大多集中在发达国家，如在美国，由于独立办学，小学和初中在办学目标、课程目标、学

---

[1] 本案例为北京哲社基金课题研究成果，主持人：拱雪。

生培养、学校管理等方面均存在较大差别，小学升入初中，整体环境的变化对学生学业成绩与社会性等非认知因素方面产生影响，多为实证性研究。在相关的实证研究中，结果并不相同，如施瓦兹等（2011）[1] 在研究中均发现小学升入初中，升学对学生的学业成绩产生负面影响；Bedard 和 Do（2005）发现对学生后续的按时完成高中学业产生了负面影响。此外，也有一些文献研究了升学带来的师生关系的变化影响学生情感、社会性等。我国关于九年一贯制的研究鲜有学生视角，更少有实证研究，内容主要集中在理论与实践两个维度。

从研究方法上看，对学生视角的实证研究，早年主要利用普通的最小二乘法，或者利用面板数据，但是最小二乘法回归或者类似的方法，有严重的内生性问题，利用面板数据来解决内生性问题可以消除不随时间变化的遗漏变量误差，但是无法克服随时间变化的遗漏变量误差和反向因果误差。研究方法的更新，对研究有重要的价值。

因此，本案例选择学生视角，使用潜在因素模型来识别潜在的非认知和知觉发展，并结合逆向倾向评分加权和离散因子近似的方法，分析北京九年一贯制学校对学生认知、非认知和知觉发展的影响。

三、实证分析

研究提出实证模型，描述学生认知、非认知和知觉发展、初中入学后第一次考试成绩以及升学状况之间的关系，分析升学状况对学生认知、非认知和知觉发展带来的影响。

本案例中的数据来自北京市教委的相关行政统计数据，调查则共涉及61所学校，6260名学生，其中，初中转入学生3490人，连续就读学生2770人。在学生的背景方面，初中转入的学生中男生比例为48.6%，连续就读的为52.0%，拥有学龄兄弟姐妹的数量初中转入的学生略高于连续就读学生，而关于父母学历、职业、家庭收入等，初中转入学生的状况均好于连续就读学生；在学校背景方面，关于班额、生师比、教师学历、教龄等，两组学生也

---

[1] SCHWARTZ A E, STIEFEL I, RUBENSTEIN R. The Path Not Taken: How Does School Organization Affect Eighth-Grade Achievement [J]. Education Evaluation and Policy Analysis, 2011, 33 (3): 293-317.

是有差别的，尽管对于某些指标而言，差异并不大，但总体来说，初中转入学生与连续就读学生在学生特征和学校特征上都存在显著差异。由于两组学生在背景特征上存在差异，因此利用普通的最小二乘法回归模型进行分析，结果很可能会有偏差。

对初中转入学生与连续就读学生的认知、非认知和知觉发展指标进行分析，指标主要包括自述成就、行为和态度。其中，自述成就用二元变量，行为和态度用虚拟变量。从结果来看，自我报告的成就改善方面，连续就读学生略好于初中转入的学生，但没有显著性差异；而初中转入学生与连续就读学生在一些行为和态度结果上存在差异，例如学生对所就读学校的感觉和在同学中的受欢迎程度。

（一）分析框架与模型

1. 认知、非认知和知觉发展的测量系统

潜因子分析能够有效减少维度，并有助于容纳潜在的测量误差。在对学生的认知、非认知和知觉发展进行测量分析中，运用潜因子分析，从27个观察项中确定6个潜在因子。对于每个潜在因子 θ_k，有以下测量系统。

$$Y_k^l = f_k^l + g_k^l \theta_k + \in_k^l \tag{1}$$

其中，Y_k^l 是第 K 个潜在因子 θ_k 的第 l 个观测指标，$l=1,\cdots,l$，$k=1,\cdots,k$。f_k^l 是截距，g_k^l 是 Y_k^l 中潜在因子 θ_k 的因子载荷，$\in_k^l$ 是误差项。通过对潜在因素模型的标准假设，我们不仅确定了因子载荷 g_k^l，而且还确定了潜在因子的联合分布 $\{\theta_1, \cdots, \theta_K\}$，$\theta_k$ 表示认知、非认知和感知发展的6个潜在因子。

2. 分析框架与潜在内生性

用产出方程描述学生发展、学业成绩和升学状况的决定因素。θ_{ik} 表示学生 i 的认知、非认知和感知发展的第 k 个度量。

$$\theta_{ik} = a_{1k}X_i + b_k A_i + c_{1k}M_i + r_{1k}Z_i + V_{ik}^1 + e_{ik}^1 \tag{2}$$

其中，X_i 是学生背景特征向量。A_i 是初中入学后第一次考试的自我报告成绩；如果排名前三分之一，则 $A_i = 1$，否则为 0。M_i 是升学状况的一个指标；如果学生从其他小学升入九年一贯学校，则 $M_i = 1$，如果为连续就读的则为 0。Z_i 是学校特征向量。V_{ik}^1 是第 k 个潜在因子的不可观察决定因素。e_{ik}^1 是与 X_i、A_i、M_i、Z_i 和 V_{ik}^1 无关的随机误差。a_{1k}、b_k、c_{1k} 和 r_{1k} 分别是 X_i、A_i、M_i 和 Z_i 的系数。

进入中学后第一次考试的自述成绩由以下潜在指标函数确定：

$$A_i = \begin{cases} 1 & if\ A_i^* > 0 \\ 0 & if\ A_i^* \leq 0 \end{cases} \tag{3}$$

$$A_i^* = a_2 X_i + c_2 M_i + r_2 Z_i + V_i^2 + e_i^2 \tag{4}$$

其中，A_i^* 是衡量学生 i 在初中入学第一次考试中表现的潜在指标。V_i^2 是 A_i^* 的不可观察决定因素。假设随机误差 e_i^2 服从 logistic 分布，A_i、a_2、c_2 和 r_2 分别是 X_i、M_i 和 Z_i 的系数。

学生的升学状况（M_i）由以下潜在指标函数确定：

$$M_i = \begin{cases} 1 & if\ M_i^* > 0 \\ 0 & if\ M_i^* > 0 \end{cases} \tag{5}$$

$$M_i^* = a_3 X_i + r_3 Z_i + V_i^3 + e_i^3 \tag{6}$$

其中，M_i^* 是衡量学生 i 升学状况的潜在指标。V_i^3 是 M_i^* 的不可观察决定因素。假设随机误差 e_i^3 服从 logistic 分布，a_3 和 r_3 分别是 X_i 和 Z_i 的系数。

我们不观察 V_i^1、V_i^2、V_i^3。但是如果它们是相关的，我们就遗漏了方程（2）中 A_i 和 M_i 的系数和方程（4）中 M_i 的系数的变量偏差。如果在分析中不进行控制，则方程（2）和（4）中 A_i 和 M_i 的系数就仅显示相关性，而不是与学业成绩、升学状况和学生发展相关的因果关系。

3. 逆倾向评分加权和离散因子近似

为了控制潜在的内生性，我们考虑了内生变量间不可观察的异质性的任意相关。通过将逆倾向评分加权（IPSW, Hirano, 2003）和离散因子近似（Mroz, 1999）相结，对这种不可观察的异质性进行建模。

在众多的倾向性评分的方法中，我们采用 Hirano 和 Imbens（2001）采用的方法,该方法结合了 Hirano 等(2003)的 IPSW 方法和 Robins、Rotinzky(1995)的回归调整。IPSW 方法被广泛用于解决由于自我选择而导致的内生性问题,但它只能控制与观察变量相关的常见的不可观察的异质性,如学生背景特征。我们使用离散因子近似来识别 V_i^1、V_i^2 和 V_i^3 中不可观察的常见的聚类,它们与观测到的学生背景不相关。

通过加权最大似然估计,从式(2)、式(3)和式(4)中,可以得到,升学(从其他小学升入九年一贯制学校)对学生认知、非认知和知觉发展的总影响 c 为:

$$c = \frac{\partial \theta_{ik}}{\partial M_i} = \frac{\partial \theta_{ik}}{\partial M_i} + \frac{\partial \theta_{ik}}{\partial A_i}\frac{\partial A_i}{\partial M_i} = c_{ik} + c_{0k} \tag{7}$$

其中,θ_{ik}[式(2)]是升学(从其他小学升入九年一贯制学校)对学生发展的直接影响。c_{0k} 是通过第一次考试排名反映出的升学对学生发展的间接影响,从式(1)、式(3)和式(4)中,可以得到间接影响为:

$$c_{0k} = \frac{\partial \theta_{ik}}{\partial A_i}\frac{\partial A_i}{\partial M_i}$$

$$= b_k c_2 \frac{exp(a_2 X_i + c_2 M_i + r_2 Z_i + t_2(X_i - \bar{X})M_i + d_2 v_i + u_i^2)}{(1 + exp(a_2 X_i + c_2 M_i + r_2 Z_i + t_2(X_i - \bar{X})M_i + d_2 v_i + u_i^2))^2}. \tag{8}$$

直接影响(和其他系数)通过方程(1)~(6)联合的最大似然估计可以获得,通过方程(7)和(8)得到间接效应和总效应。逆倾向评分加权和离散因子近似联合的方法解决了潜在混淆的问题,使结果更接近因果关系。

(二)结果分析

1. 潜在的认知、非认知和知觉发展

利用探索性因素分析(EFA)评估认知、非认知和知觉发展,从观察到的 24 个行为和态度观察项中产生了 5 个潜在的行为和态度因子。分别是对学校的总体评价(标注为学校)、教师的责任感和关注度(教师)、同伴中的受欢迎程度(同伴)、自信心(自我)和学习习惯(学习),此外还根据身体素质进步、社会适应能力提升、学习成绩提高三项的自我报告得到了第6个潜在因子即整体改善（改善）。学校和教师是关于知觉发展的，同伴和自我主要是从非认知的角度来衡量个人的发展，学习和提高反映认知和非认知的发展。由其他学校升入九年一贯制学校的学生对学校的整体评价较低，在同伴中受欢迎程度较低，整体改善上进步也比较小。

2. 直接和间接影响

从由于转入初中对学生认知、非认知和感知发展的六个潜在因子的总体影响来看，学生在身体素质、社会适应能力、学习成绩方面有整体进步；对学校总体评价、在同伴中的受欢迎程度、自信心有显著的影响，分别为 -0.111、-0.078、-0.070 和 -0.067。对于教师责任感和学习习惯没有显著影响。

对于总体影响进行分解，对学校的总体评价，无论直接影响还是间接影响都没有统计学意义；对于教师的责任，只有间接影响具有统计学意义，直接影响不显著，并且有积极的迹象，导致教师责任总体上不显著；转入初中并没有直接影响学生在同伴中的受欢迎程度，但显著的负间接影响（-0.010）表明，转入学生的受欢迎程度会因第一次考试表现相对较低而降低；同样，我们也发现转入初中对自信有显著的间接影响（-0.022），但并不会直接影响学生的自信心；转入初中对学习习惯有间接影响且影响显著（-0.012），而这与转入后第一次考试的成绩有关；最后，对于整体改善，有显著的直接影响，但无显著的间接影响。

（三）结论

本案例选择学生视角，使用潜在因素模型并结合逆向倾向评分加权和离散因子近似的方法，分析北京九年一贯制学校对学生认知、非认知和知觉发展的影响。主要发现与已有研究的结果一致，转入初中对第一次考试成绩有负面影响，转入学生与连续就读学生有所不同，在健康、社会适应和学习成绩方面总体改善较小；对学校的总体评价较低；更难建立自信和受到同伴的欢迎。转入初中对于学生发展产生的影响，只有部分可以用转入初中后第一次考试成绩下降来进行解释，而这种影响由于维度之间的相互作用，可能对学生学业成绩产生持续的影响。

办学模式是学者和教育政策制定者都关注的话题。小学、初中独立办学还是采取九年一贯制的办学模式，仍在不断的研究、实践中。本案例只针对初中学生，并不清楚小学段的学生是否会在一贯制办学中受益，因此仍需进一步完善，才能为相关政策的制定提供更有效的支持。

● 案例 2：研究型学校的建设和基层科研骨干教师培养[①]
● 案例 2-1：研究型学校的建设

建设研究型学校，是"科研兴教""科研强校"理念的落实。用教育科研引领学校发展，以教育科研提升学校品质，是研究型学校建设的重要共识与发展路径。开展科研先进学校评选活动，是推进研究型学校建设的重要策略和务实举措。

一、什么是研究型学校

研究型学校建设，是学校内涵发展、高品质发展的必然要求。建设研究型学校，是学校以教育科研工作促进学校管理整体优化和教育教学水平全面提高，追求科学可持续发展，扎实推进教师队伍建设，实施"名师强校、特色发展"的有效策略。

研究型学校的主要特征是：以科研为先导，优化学校管理，建立研究型管理机制；广泛开展以工作实践为对象的日常性研究，深入开展以课题为载体的专题性研究，建设研究型教师队伍；倡导以研究的方式开展工作，建构研究型组织文化；研究成果具有实效性，发挥了一定的示范辐射作用。

二、科研先进学校评选是研究型学校建设的必由之路

随着学校教育内涵的发展和品质提升，教师由单纯的教育教学实践者向教育教学实践者和研究者转化，教育科研的支撑、驱动和引领作用日益凸显。办好人民满意的教育，迫切需要教育科研更好地探索规律、破解难题、引领创新。然而，理性地审视当前学校教科研管理工作，还存在主动性不强、职能不健全、管理随意、缺乏系统思考等许多值得深思的问题。教育科研从理论普及到改善实践的转型升级，成为当务之急。

---

① 执笔人：汪志广。

为深化教育综合改革，推动基础教育科学研究的深入发展，营造教育科研学术氛围，促进学校教育科研自我成长，为学校的可持续发展积蓄力量，进而推进基础教育优质均衡发展和首都教育现代化进程，北京教育科学研究院基础教育科学研究所在"十三五"期间举办了北京市基础教育科研先进学校评选活动。

（一）以评促建，推进研究型学校建设

没有教育科研就没有科学的教育，高质量的教学需要有高水平的教育科研支持。J组织在2016—2018年先后评出北京市基础教育科研先进学校239所。其功效体现为下述几点。

科研先进学校评选发挥了导向功能。科研先进学校评选提供了衡量学校科研工作过程或结果好坏的标准，对学校整体教育教学活动具有导向或指导作用，就像一根"指挥棒"，引导着学校工作的各个环节。科研先进学校的一般标准是，学校必须重视教育科研工作，独立设置科研机构，丰富科研活动，科研成果助力教育教学改革成效显著，在本区域有较大的示范带动作用。明确而具体的评选条件，为学校创先争优提供了可参照的发展愿景和行动路线图。

科研先进学校评选发挥了诊断功能。在评选过程中，我们建立了完备的"反馈—矫正"系统，能够帮助学校和教师发现办学过程和教育教学工作中存在的各种缺陷或问题，也能够帮助学校和教师弄清、查明影响教育工作效果的各种因素，从而为学校改进工作提供依据。科研先进学校评选，能为学校的决策或教师的成长提供诊断性的咨询服务。

科研先进校评审工作，坚持客观、公平原则，采取"四评一查"程序，即学校自评申报，各区初评推荐名单，各区教科所长评审，市级专家评审，在市级评审中安排现场考察的环节，即入区到校的视导。到学校实地考察，由市基教所牵头，市、区两级科研专家组成评审组，包括听取校长汇报、规划课题指导、进班听课、召开教师座谈会等系列安排。这对学校是一次较为全面的诊断，既面对面指导了干部、教师，也给了学校展示成果的机会，有利于激发学校教职工进一步开展教育研究的动力与愿望。

科研先进学校评选发挥了鉴定功能。这是所讲的鉴定功能，主要是指市、区评审专家组通过学校提供的申报材料、校长和教师的座谈、规划课题研究工作汇报、进班观课、实地观摩校园文化建设等，对学校的工作业绩或教师的教学水平做出相应的评定，为学校进一步发展提供完善的基本依据。

科研先进学校评选发挥了育人功能。评选工作，既能促进学校的发展，又能促进教师的专业发展。对学校而言，评价可以督促学校梳理、完善已有的工作经验，对学校的全面工作进行重新组织或再加工，提高已有工作经验和研究成果的可利用性、清晰度。对教师而言，来自专家组的评价可以帮助教师发现问题，改进教育教学工作，促进教师在专业上不断成长与进步。

（二）科研实践，体现研究型学校建设的落实

教育科研是学校发展的助推器。评选科研先进学校活动，发挥专业引领作用，肯定并激励区、县科研机构和学校在教育科研中的实践主体作用，推动解决教育实践问题，鼓励结合实际开展教育改革实验，鼓励支持中小学教师积极参与教育教学研究活动，探索适应新时代要求的教书育人有效方式和途径，推进素质教育发展，有力地推进了研究型学校建设的步伐。

科研实践以提高教师业务素质为目标。科研以课题带队伍，学校形成了一支可观的科研力量，去探索教育教学中的重点、难点、热点问题。在学校已形成多渠道、多层面、多梯度的课题网络，形成了科研、培训与教研密切合作的研修局面。教育科研使教师走出了"与己无关"的误区，积极参与课题研究，沿着"合格型教师—教学能手—研究型教师—学科首席—名师"的成长轨迹发展。在课题研究过程中，教师逐渐由"职业型"向"研究型"转变，教师们在"我参与、我创造、我分享、我幸福"的研修情境与和谐互助的文化氛围中成长起来。

以陈经纶中学为例，学校一直倡导并开展"人人参与、人人提升"的教育科研，很多教师也努力做到把科研作为自己的工作方式。积极推进"三50工程"和"三个一要求"，实现课题引领路径。"三50工程"指50项区级以上课题、50节市级研究课和50篇核心期刊文章。"三个一要求"指每个教研组、每位骨干教师、每位高学历教师要独立承担一项课题。通过"三50工程"和"三个一要求"占领学术制高点，实现教师高端发展。

科研实践体现校本特色。教育科研可以为明晰学校发展目标提供研究支

持，依据学校文化背景、校史校历、地域特点、社会环境等资源，打造学校的办学特色。根据学校办学理念、育人目标、教师专业素质、课程特色等资源，打造学生品学兼优、教师师德高尚、社会信誉度高、百姓认可满意的教育品牌。学校在开展教育科研中，把教育教学中遇到的共性问题变成科研课题，探索全面践行素质教育和追求个性化的办学特色和品牌特色的途径和方法。

例如，北京市第一七一中学凭借"实施做人德育，创建青春校园"的德育工作模式，已成为学校教育创新的品牌，为一七一中学学生的特长发展谱出特色新篇。该校进一步提升教研组和学科建设的软实力，以实现常态优质和减负提质，最终追求教学工作的内在品质，实现教学工作科学内涵发展，打造"学者—学府"校园。

科研实践体现跨越学科边界。课堂是学校教育的主阵地，也是科研的主战场，教育科研围绕课改精神，在统筹课程和课时方面，创造性开展大小课、长短课、通识课等多种形式的教学行动研究。在教学方式和手段方面，拓宽科研供给的渠道，积极探索分层教学、走班制教学等跨越学科边界的研究。通过科研实践，打破了年级组与学科组的界限，有效引导教师跨越学科边界，共同开展富有实效的教育教学活动。跨学科课题研究统合了教学资源，实现了教学课时整合、教学效率提升，为学生多元发展提供了空间。

例如，清华大学附属小学将所有课题都与学校"1+×课程"建设有机结合，加强目标、内容、实施、评价等各方面的结构创新，强调整合育人思路、整合人员、整合学段、整合部门，优化组织变革，形成高效运转合力育人机制。"1+×课程"跨越学科边界相辅相成，形成合力，构成趋于合理的整体的课程结构，形成主题阅读课程、体育与健康课程、应用创新课程和种子课程。课程的实施像涓涓细流，最终汇聚成海，共同为达成学校的育人目标服务。

三、科研先进校作用发挥的案例分析

科研先进学校评选活动，有力地促进了中小学积极开展多种形式的校本教研活动，促进教师专业化发展，积极推进了学校管理工作改革和新课程的实施，促进了学生综合素质和关键能力的提高，彰显了中小学的办学特色，为建设研究型学校起到了积极的推动作用。无论地处中心城区、副中心，还

是新城区、生态涵养区，北京市基础教育科研先进学校都能够以教育科研为先导，在学校管理、师资建设、教育教学、校园文化等方面积极探索，勇于实践，开辟了科研兴校之路。

(一) 科研先进学校成为区域教育对外开放的"窗口"

例如，北京实验二小与本市9个区、县共15所学校，在津冀地区与河北省5个市、县共5所学校，以及除京津冀地区外的11个省、市、地区共17所学校合作。朝阳芳草地国际小学在区、市、全国均发挥着科研辐射作用，是教育部参观考察学校、北京市对外参观学校等，接待区域内外前来参观考察的专家、领导和教师。通州区中山街小学在本区与农村小学（西集）开展手拉手活动，积极参与潞河联盟共同体活动；深入内蒙古翁牛特旗进行支教活动；积极参与京津冀教育一体化活动，通过"走出去请进来"，在通武廊教育活动中发挥作用。

科研先进学校以理念先进、环境优美、氛围优雅、资源丰富，成为区域教育对外开放，展示学校内涵提升、品牌建设、主动发展和文化建构的"窗口"。绝大多数科研先进学校是本区域的优质学校，少数科研先进学校已在全国有较高知名度和影响力，成为基础教育阶段的品牌学校。

(二) 科研先进学校成为当地教育教学改革实验基地

例如，北京景山学校，从1960年中宣部创办的专门进行城市中小学教育教学改革试验的学校，到1983年邓小平同志"三个面向"题词的发源地，学校承担着中国基础教育"样板间"的重任。学校连续参加"六五"至"十三五"期间的国家级、北京市级和东城区级课题试验，均取得了良好的效果。通州区运河中学早在"九五"期间便开展了"运河文化校本课程"的研究，并产生了一系列研究成果，在全市产生了一定影响。北师大大兴附中积极承办各种课题研讨会、项目推进会，承办大兴区一年一度的科研周活动。

各区教委和业务主管科室领导普遍把科研先进学校作为当地教育教学改革实验的先行者和主力军，因此，科研先进学校成为当地教育教学改革实验基地，成为"素质教育实验基地"、课程教材改革实验先进单位，经常承办区域"课程改革""课题研讨""校本教研"等各类现场会，举办或承担市区各级示范课、公开课、交流课活动。

(三) 科研先进学校成为培养、输送教学和管理骨干的摇篮

例如，西城区黄城根小学先以自身的实例对西城全区小学、幼儿园、校外单位的科研室主任进行培训、经验推广；学校有房山、怀柔等多个校区，对每个校区都派中、高层领导进行教育教学管理，并不定期开展集中的干部教师培训。房山区良乡小学建立了8所农村地区学校研究共同体，成立了良乡小学教育集团，在集团内建立共研模式的科研组织，使其相互借鉴研究经验和成果，实现均衡发展。在深化基础教育综合改革的新时代，科研先进学校成为推进城乡一体化、集团化、一贯制、学区化等"供给侧"改革的重要力量，成为培养、输送教学和管理骨干的摇篮，成为区域其他学校前行的路标和发展的样板。

(四) 科研先进学校营造了教育科研的浓厚氛围

例如，北师大附中王莉萍校长率先承担课题研究，教学和德育副校长分别承担了"基于学校特色的学科课程建设探索"和"中学中华优秀传统文化教育活动的规范性实践研究"两项统领性课题，注重顶层设计，开展团队研究，研究活动丰富，出版了多部专著、编著与文集等。学校教科室有独立的办公室，有比较完善的教育科研管理网络。建立了比较完善的教育科研档案。教育科研骨干队伍形成，科研活动丰富，举办科研月、科研周、论坛等。教师参与课题研究人数多、水平高，涌现出研究型、跨学科研究教师群体。在校领导的顶层设计和课题引领下，教师小课题研究步步扎实跟进。

● **案例 2-2：基层科研骨干教师的培养**

抓好基层科研骨干队伍建设，对提高基础教育科研整体水平有着重要的引领和支撑作用。教师的教育科研能力决定了教师专业成长的速度及高度，影响着教育发展的质量及水平。振兴教育，必须依靠教育科研，必须树立以教育科研为先导的思想。研究型教师是实施素质教育、建设研究型学校的骨干力量，培养研究型教师是中小学教师队伍建设的重点任务之一。

一、科研能力是新时代教师必备的基本能力

教师是教育的根本，有好教师才有好教育。随着社会的发展和教育改革的深入，教师专业水平的提高越来越受到社会的广泛关注。新时代中小学教

师必须提高教育科研水平，教学与科研并重是提高教学质量的基本策略，教育科研能力是新时代教师必备的基本能力。

（一）科研能力是教师专业自主的前提条件

教师是专业人员，专业人员即研究者。在一定程度上，正是教育科研意识的强弱、能力的高低和行动的快慢，使原来情况相近的教师之间逐渐拉开了专业发展水平的距离。不提高科研水平，会导致教师的教学找不准方向。

中小学教师身在教育教学一线，在日常生活中有丰富的教育研究的机会。教育科研是教师改进教育教学实践活动的一种重要手段，既可以用于实施素质教育、推进新课程，也可以用于改进教学效果、提升学生学习成绩，等等。没有教育科研，教师的专业发展就缺少了生长点，工作就难以有活力，也就不可能获得专业上的持续发展。

（二）教育科研促进中小学教师专业成长

教师的专业发展，离不开来教育科研。一个好的教师必须是一个教育科学研究者。教师要创造自己的人生价值，积累经验、丰富成果、改革创新等，都需要通过教育科研来实现。教育科研是新时代教师的必修课。教师在日常的教学过程中针对教学实践问题展开思考与研究，在解决问题的过程中自我监控、反思，改进自己的教学策略，这种解决问题的过程就是研究的过程。通过教育科研，教师可以学习理论，更新观念；可以改进教学，提高质量；可以提炼经验，形成个人的教学风格与特长；可以验证教育假说，丰富教育理论。

要持续提高教学质量，需要教育科研。中小学办学水平评比越来越看重科研成果。深化素质教育，教书育人，立德树人，仅仅依靠行政命令是难以奏效的。现代社会是飞速发展的时代，教育也在不断地改革和发展，在这一过程中，会出现许多新的问题，也会遇到许多新的困难，这就需要教师投身于教育科研，在教育科研中学习现代教育理论，运用现代教育技术，探索新方法，借鉴先进的教改经验，深化教育教学改革。教育教学质量是学校的生命线，一所学校若不重视教育科研，光靠补课、大作业量、反复的考试，肯定是行不通的。

二、论文评选是提高中小学教师科研能力的有效途径

在教育科研队伍中，中小学教师是直接面对教育教学问题，也是运用科

学研究解决问题的最重要的人。培养一批具备较高科研素养的教师，是做好新时代教育科研工作不可或缺的重要组成部分。

（一）论文征集评选是群众性、基础性科研工作

为了给每一位教师均等参与的机会，论文评审的范围设置广泛：凡本市幼儿园、小学、中学、校外教育的教师个人、多人合作或集体论文（含调研报告、实验报告，不包含案例）均可参加优秀科研论文的评审。2020年，进一步扩大了参与者范围：凡本市从事基础教育教学、教学管理、教育研究的干部和教师均可投稿。2014年以来，累计收到论文104055篇，其中，获奖论文47336篇（见图5-4）。论文数量逐年上升的整体趋势，就可见证这一活动成功地推进了群众性、基础性教育科研的有效开展。当然，论文数量只是科研管理指标体系的一个组成部分，而不是全部。

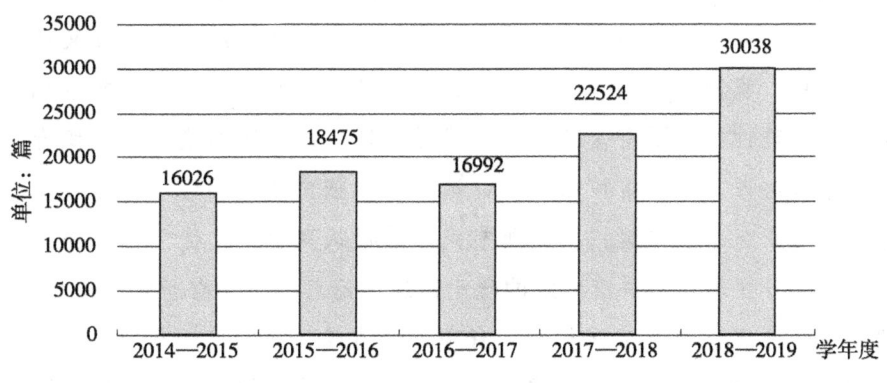

图5-4　2014—2019年论文数量统计

（二）论文征集主题引导教师明确教育研究的方向，指导教师抓好理论学习及理论应用研究

长期以来，征文通知均明确科研论文的七大类主题，包括：A. 教育教学理论；B. 教育管理、教育评价；C. 德育、班主任工作；D. 语文、历史、政治、地理教学；E. 数学、化学、物理、生物、科学教学；F. 外语教学；G. 体育、音乐、美术、劳动、现代信息技术在教学中的应用及其他。这些主题紧密联系教师工作实践，实现了对基础教育工作的全覆盖，从理论到实践，既体现出业务领域的差异，也区别了学科教学的不同。2020年，因时局变化，

征文主题亦有适当调整，及时将疫情防控中与教育教学实践相关问题的研究成果纳入征集范围。

（三）紧密联系基层实践，完善教育科研的闭环管理

论文管理是科研管理的重要环节。定期开展科研论文征集评选表彰，是做好基层教育科研管理的有效方法之一。论文是衡量一名教师科研水平的重要指标，它是集科研、教学和实践活动于一体的重要学术表现形式。论文的产出数量和质量直接反映出一名教师的科研能力和水平。国内外已经把学术论文的数量、质量及学术影响作为客观评价教师学科水平和学术地位的主要指标之一。征集优秀科研论文，为基层学校的科研管理提供了外部动力，给予一线教师对外输出思想和智慧、展示个人学术进步的机会与平台，有利中小学、幼儿园实现教科研的闭环管理。

（四）论文评选方向指引教师把握基础教育科研的规范

一篇优秀论文必须具有一定实用性、创新性和理论深度。在征文通知和评审工作中，我们一贯强调规范格式，条理清楚，有实有据。好文章既要有较高的学术理性，又要有接地气的实践操作性。每年度的论文均组织专家组进行初评和终评。专家组按照论文评选标准和征文通知的各项基本要求，本着公平、公正、公开的原则，对所有论文进行认真评审。优秀论文要紧扣中小学教育工作主题，并具有一定的理论高度；论点鲜明，有新意；论据科学，论证严密；注意理论与实践相结合，有实用价值或学术价值。其中，最突出的特点就是实践性。既有理论支撑又有实践做法的论文评价导向，在指引教师把握基础教育科研规范的同时，助力教师自身教学理念与教学技能的同步提升。

三、案例分析

（一）体现教育理论的创新性

很多优秀论文的创新性主要体现在"本土化"研究上，能够提炼出一些新颖的观点、理念和方法，并上升到一定的理论高度来展开论述，具有一定的理论创新性。

关于世界公民教育。培养具备国际视野与全球意识的世界公民是各国公民教育共同关注的焦点之一，同时也是一个理论难题。《世界公民课程体系的

构建与实施》一文基于东城区国际教育交流中心面向区域内初中学段研发的世界公民课程，简述了课程开设的背景及规划与开发的过程，从知识、技能、情感态度与价值观角度对课程目标、结构与内容进行了具体解读，对课程实施过程做了详尽阐释，通过图例、图表等形式呈现了课程的评价方式。该研究丰富了区域学校课程体系，构建了多方立体合作的推进模式，提高了世界公民课程教学指导的针对性和实效性。

关于核心价值观教育。在多元价值观并存的时代，如何强化核心价值观教育，实现中华优秀传统价值观教育与现代进步价值观教育相融合，整体构建学校德育体系，既是中小学教育工作的重点也是难点。《依托传统文化整体构建德育体系培育核心价值观研究报告》一文，反映了学校在这方面的研究，其观点与内容有一定的创新性。报告提出，以文化视角建构德育文化，促进德育可持续发展；分层制订德育目标，增强对德育实践的导向功能；确定德育内容体系，是确保德育目标实现的重要因素；构建德育实践体系，增强内化式体验，提高德育实效性；提升德育评价导向性，发挥评价中蕴含的教育能量。在评价体系构建中，利用品德发展水平评价，促进核心价值观引导与德育过程整合，使品德发展评价保持与学生品德发展水平之间的"张力"，取得了良好的效果。

关于核心素养的培育。我国课程改革从"双基"到"三维目标"，再到"核心素养"的转变，体现了育人目标的不断发展。如何通过学科教学，培养学生核心素养、实现学科育人功能，是中小学一线教师必须面对的重要课题。《培育高中生地理核心素养的深度教学路径探究》一文，以"太阳辐射对地球的影响"为例，介绍了通过确定深度目标、深析教学内容、创设问题情境、转变教学方式等途径实施地理深度教学，培养学生地理核心素养的路径和方法。深度教学是学科核心素养落地生根的重要路径。教师应以立德树人为根本目标，在把握深度学习与深度教学内涵的基础上，深度解读教材，深度分析学生，深度调控教学过程，不断思考和探索教学路径，关注学生在学习过程中的必备品格和关键能力，特别是价值观念的培养，走进学生情感和思维深处，最终实现学生的发展。

（二）体现教育实践的创新性

基层学校的教育工作者从教育教学实际出发，在学科教学模式、信息技术应用、资源设计开发与应用、研究性学习等方面，通过观察调查、教学实践活动、开展课题试验研究，提出了许多有建设性的意见与经验，具有较强的实践创新性。

关于教学方法与模式的研究。关于教学方法与模式的论文，在获奖论文的数量方面是排在第一位的，基本反映了中小学教师应用各种教育理论开展教学实践的理论性总结。《基于STEAM项目式学习的中学生生涯指导模式研究与实践》一文，介绍了以STEAM跨学科理念为核心，采用项目式学习方式，通过赛车工程、团队运营、实车竞速和团队展示四个基本模块，依托校内学科和社会支持两方面的鼎力支持，致力于培养中学生团队的创新、沟通、审辩式思维、合作和国际文化理解与传承等多项综合能力。既改进了学校常规教育教学活动，又满足了学生成长的内在需求，所构建的教学模式带有鲜明的自主、互动、创新的主体性教学模式的特征。中小学教学模式的构建要坚持以发展学生的学习能力、主体性、创造性和实践能力为教育目标。

关于学习资源的建设与应用研究。与课程改革、课题研究紧密结合，学习资源的建设与应用研究是一条建设与应用学习资源的有效途经。《探究新闻热点在初中道德与法治学科中的有效教学》一文指出，将新闻时事、社会热点和焦点问题引入道德与法治课堂教学中，不仅能够使学生了解国内外的热点政治事件以及发展趋势，提高学科素养，促进道德与法治的学习，也是应对中考的途径。学习资源建设是现代信息社会教育教学发展的基础，实现对各种资源的教育教学价值的有效集成、整合优化、充分利用，是学习资源建设的关键。如何提高学习资源的吸引力？如何将资源库的建设与使用纳入教师考评体系？这都是需要进一步研究的问题。

关于信息技术应用的研究。当前，教育迎来"云时代"，以先进教育技术改造传统教育教学，以信息化促进教育现代化，已成为我国教育发展研究的主题之一。信息技术既是教师的教学工具，也是学生的认知工具。在《运用数据分析技术，研究课堂行为，提高教学质量》一文中，作者提出，现在是大数据时代，教育测量与评价不能只依据经验判断，而需要根据数据进行分析，寻找问题，改进教学。此项研究为精准督导、精细化改进课堂教学质量，提供了基于数据链的综合测量与评价方法，有利于提高数学教学的有效性，有利于落实立德树人的根本任务。

第六章
知识共享联盟案例研究

一、从研究合作到知识共享

科研合作是指在科研工作中,个体之间、个体与团队之间以及团队与团队之间为了完成相同的科研任务而彼此分工协作的状态。❶ 科研团队合作攻关科学难题已经成为一种趋势,越来越多的学者投身于科研合作的相关研究中。学者大多以科研团队构架、团队成员、团队领导等为研究视角,讨论合作绩效的影响因素、合作模式的选择、研究生培养等问题,一般采用的衡量科研合作状况的指标有论文发表数量(特别是核心期刊的论文发表数量)、著作数量、科研项目的级别和数量、获得的科研奖项、授予的专利数量和科研基金数额等。❷ J组织的职能并不只是写论文,更重要的是解决实际问题和改进实践,因此,科研合作需要有新的模式和途径,如何通过组织之间的合作寻求共赢就是急需解决的问题。由于知识可能转变成新产品、新方法和新服务,从而提高组织的竞争优势,知识共享、知识联盟便成为组织间关系的新趋势。❸

---

❶ 张亦弛,王超. 论高校创新型科研团队建设现状及应对策略 [J]. 智库时代,2017 (15): 195.
❷ 王崇德. 论科学合作 [J]. 科技管理研究,1984 (5): 26.
❸ 廖成林,仇明全,龙勇. 企业合作关系、敏捷供应链和企业绩效间关系实证研究 [J]. 系统工程理论与实践,2008 (6): 118-119.

(一) 构建 J 组织与 H 高校的知识共享机制

在教育迅猛发展的背景下，知识联盟已经成为高校、研究院所提升自身竞争力和综合实力的重要渠道。❶ 尤其是在整合资源、节约成本方面更有互补的优势。❷ 国内的联盟类型有多种，从目标来看，有以联合办学为目标的武汉七校联合体，以培养一流的人才为目标的 C9 联盟，以提升区域教育经济为主的高校联盟，以提升行业类教育水平为目标的联盟，等等。从特点上讲，有按地理位置划分为区域联盟和跨区域联盟的，比如北京高科大学联盟、重庆市大学联盟、湖北高校师范教育联盟等；有按联盟成员实力划分为同等联盟和非同等联盟的；还有按合作范围划分为全方位联盟和单一性联盟的；等等。如何选择战略伙伴并形成有效的知识共享机制呢？

1. 选择合适的战略伙伴

战略伙伴的选择是联盟构建的基础和关键环节，也是重点和难点问题之一。有学者指出应遵循三条基本原则：❸ 一是兼容原则，这是构建知识共享联盟的前提条件。所谓兼容，主要是指战略伙伴在发展需求、组织文化以及战略规划等方面具有一致性。二是能力原则，这是指战略伙伴应具有相应的能力，需要说明的是，并非能力越强越好或越弱越好，而是要具有均衡的"知识势差"，即伙伴之间存在知识互补、知识增长与知识协同的可能与空间。三是互信原则，互信是对联盟意愿的确认，直接影响着联盟的紧密程度、互惠以及合作深度。

J 组织与 H 高校之间在学科建设、教学科研、师资队伍等方面都存在着水平差异，也就是说两者之间存在"知识势差"，知识势差成为两者建立知识联盟的基础与前提。从组织管理学角度看，两者都期待维持组织竞争优势并不断加强竞争优势，其最可能的方式是实现组织之间资源的不断交互和共享。

---

❶ 王志刚，郑存库. 一般地方高校构建战略联盟的思路与形式 [J]. 中国高教研究，2006 (8): 40-41.

❷ 李莉. 论中俄高等师范院校联盟与合作的模式及策略 [J]. 齐齐哈尔大学学报 (哲学社会科学版)，2014 (3): 150-152.

❸ 孙明琪. 区域师范院校教育联盟发展路径及优化策略研究：以辽宁省教育事业发展联盟为例 [D]. 沈阳：辽宁师范大学，2019.

资源交互和共享意味着组织的开放性，开放性的组织是处于变化之中的，具有持久性、转移性和创新性等特征。从这个角度来看，竞争力的提升和持续，需要两个组织都更加"开放"，这也正是知识联盟构建和存在的原因。而在这个过程中，组织之间资源和要素不断汇聚与有效整合，通过学习和内化，突破主体间的壁垒，充分释放彼此间"人才、资本、信息、技术"等创新要素，从而实现协同创新。

2. 选择合适的组织模式

各个组织的目标、规模、水平、价值理念以及所拥有的资源都各不相同，因此联盟成员之间或多或少存在着实力的差异。根据实力差异和力量对比的大小，一般可以形成同等联盟和非同等联盟。实力相当，水平相近的联盟被称为同等联盟；实力较弱者期待借助实力较强者带动的称为非同等联盟。在构建 J 组织与 H 高校联盟的过程中，组成了同等联盟，采用主题研究、一年两次、轮流坐庄的机制（见图 6-1），保障了两个组织对联盟的贡献力相当，成员间利益冲突较少，因此联盟发展相对稳定。

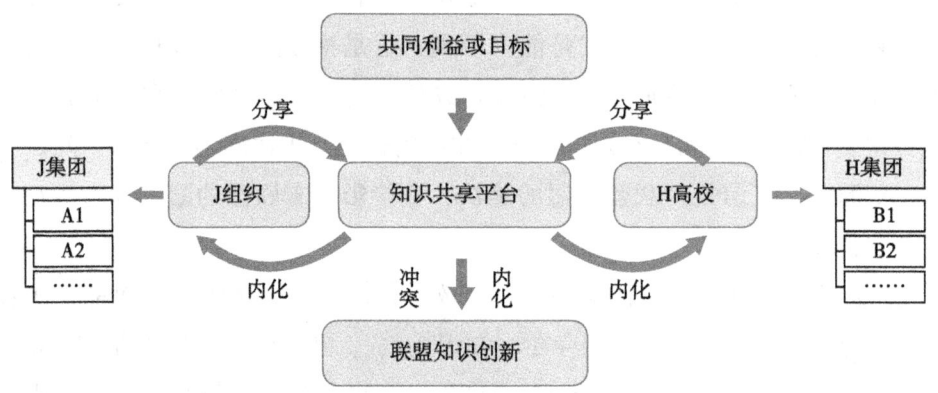

图 6-1 J 组织与 H 高校的知识共享机制

（二）构建 U-S 的知识共享机制

1. U-S 的知识共享形式

1896 年，芝加哥大学在哲学心理和教育系主任杜威的指导下创办了芝加哥实验学校，杜威将实验学校解释为系统研究的场域，是教育实验工作的理想场所。由此开启了教育研究机构与中小学的合作，不过真正的制度化合作却是在 20 世纪后才逐渐形成的。

1930 年 4 月，进步教育协会在华盛顿召开了第十届年会，会议讨论的主要议题是进步教育中训练的时间、地点和作用，涉及中等教育的考试、教师教育、大学入学考试以及教育与民主政治等。这些议题反映了进步教育协会在这个时期所关注的重心问题。经过长时间的讨论，大多数参与者认同进步教育协会应该成立一个研究中学和大学关系的委员会，专门调查和探讨有效协调中学和大学关系，并寻求达成一种赋予中学自由重建学校教育的协议。协会中有很多学者认为，美国的初等学校在课程和结构方面已发生了重大变化，学院或大学也出现了新气象，但中等教育依然承袭传统的升学模式。因此，必须对中等教育进行根本性的变革，而这种突破和变革都离不开与大学的合作。同年 10 月，进步教育协会正式成立了"大学入学与中学委员会"，后很快又改名为"中学与大学关系委员会"，其目的就是考察中学与大学紧密合作、相互衔接的途径和方式，具体就是分析如何使中学的高中阶段有更多的自由修订课程的机会和权利，同时又不影响学生进入大学的可能性。委员会的专家们都带着对进步教育的无限憧憬和忘我工作的热情，自愿地、无私地进行工作，他们经常不定期地会面，共同调查和讨论如何构建中学与大学的良性关系，这就是教育史上著名的"八年研究"，其研究方式和研究结论引起了教育工作者的广泛关注和兴趣。❶

此后，U-S 共生性合作作为教师教育改革和中小学教育改革的重要实践形式现身于各个国家和地区，并不断地开花结果，实践合作数量和研究均呈上升趋势。从 U-S 合作研究思路上讲，国际上主要存在三种取向，即理智取向、实践—反思取向以及生态取向；从 U-S 合作模式上讲，主要以英国的伙伴关系学校（TPS）和美国的教师专业发展学校（PDS）为典型代表。❷

尽管 U-S 合作取得了较为可观的成效，但也面临不少问题，其主要问题包括文化的冲突、激励机制的不完善以及沟通不足等。高秀贤、朱世诚指出，

---

❶ 吴艳. 基于"八年研究"的大学与中学关系述评：谈美国的一项教育改革实验 [J]. 外国中小学教育，2009（12）.

❷ 教育部师范司. 教师专业化的理论与实践 [M]. 北京：人民教育出版社，2003.

"U-S合作工作总是停留在经验的层面,没有深入理性的层面,其主要原因在于缺乏先进教育理论的支持;合作缺乏组织系统的安排;教师研究的主动性有待提高;教师自觉反思的氛围尚未形成。"[1] 同时,许建美指出,教师教育合作与我国现行的教师教育体制发生了冲突,主要表现为"专业建制、修业年限等因素限制U-S合作;文化的冲突将阻碍彼此之间的合作"[2]。此外,滕明兰在《从协同合伙走向"共同发展"——大学与中小学合作问题研究》一文中指出:"U-S的合作实践未能达到预期效果的主要原因是思想认同度低、组织机构不健全、合作目标不一致且合作领域狭窄、文化冲突以及支持环境脆弱等。"[3] 王凌、陈瑶在分析合作问题时指出,合作双方的关系不平等,"专家身份"和相互依赖性不强,合作研究的内容大多是"自上而下"[4]。

2. U-S的知识共享机制

J组织试图构建与区县、中小学校知识共享的"加速发展共同体",以现实中的儿童视角、知识创生、整体构建、探究对话为主要目标,不同主体参与对话、内化提高并作出不同贡献。这样的共同体建设是以知识共享为基础的,用专业交流取代行政命令。当代人类学家莱夫(Lave)和温格(Wenger),在当代语境下运用"共同体"这个术语时,"我们所指的并不是一些原始的文化共享的实体"。而且,"'共同体'这一术语既不意味着一定要是共同在场、定义明确、相互认同的团体,也不意味着一定具有看得见的社会性界限。我们假定,共同体成员拥有不同的兴趣,对活动作出不同的贡献,并且持有不同的观点。多层次参与是实践共同体的成员关系所必需的"[5]。

显然,当代语境下对学习共同体的探讨,应当站在包含协商、异质、脱域和多重互嵌的共同体意义视角上。而这种重新建构的共同体的社会学意义,恰恰和当代人类在知识和学习问题的认识论上达成深深的共识,知识创生已

---

[1] 高秀贤,朱世诚. 教师发展学校探索与实践[J]. 教育科学研究,2002(6).
[2] 许建美. 关于我国建设专业发展学校的思考[J]. 教师教育研究,2006(1).
[3] 滕明兰. 从"协同合伙"走向"共同发展":大学与中小学合作问题研究[J]. 教育发展研究,2008(22).
[4] 王凌,陈瑶. 大学与中小学合作伙伴关系的形成与发展:基于云南农村学校改革个案的分析[J]. 教育研究,2010(2).
[5] 汪火根. 社会共同体的演进以及重构[J]. 重庆社会科学,2011(10).

成为"共同体"的重要内容。加速发展共同体的研究可以分为三个水平：加速发展共同体的微观分析：实习场研究、加速发展共同体的中观分析：实践研究、加速发展共同体的宏观分析：发展研究（见图6-2）。

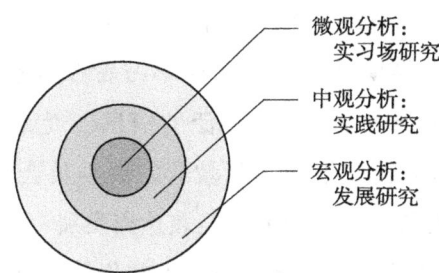

图6-2 加速发展共同体研究的三个层次

"实习场"是巴拉布和达菲提出的概念，所谓实习场的研究，是希望为学习者创设一个逼真的情境，以满足学习者在真实世界中的大多数需求。将学习活动融入其中，可以促进学习者体验真实问题的解决和培养批判性思维。[1] 实习场旨在模拟实践共同体中的各个要素，使学习者处于相互介入、解决共同的问题以及使用其中各种工具作为脚手架的过程中，逐步协商出有关知识在真实情境中的意义。

实践共同体作为一个完整的概念，最初是莱夫和温格在《情境认知：合法的边缘性参与》中提出的，用以表达一种"基于知识的社会结构"。借助于这一概念，产生了"学习即实践参与"（实践共同体中合法的边缘性参与）的观点。实践共同体是诠释情境认知教育观的一个重要术语，而参与实践共同体已经成为学习的重要隐喻。罗斯也指出：近些年来，实践共同体的思想作为一种理解认知和学习的分析工具已居主导地位。实践共同体的特征是共同的实践、对话、行为、道德标准、观点等。由于在实践共同体中，"知识在物理的、心理的和社会的情境中分布和情境化"，因此知识是合作建构的，意义是协商的，活动过程也是协商的，学校和课堂可以被看作多种共同体集中的场所。实践共同体的研究与设计正在引起广泛的关注。

所谓发展研究，是指共同体对更大的环境的嵌入，表明共同体本身并非

---

[1] 赵家春，李中国. 从实习场到实践共同体的组织[J]. 教育发展研究，2015 (9).

生存在一个社会与课堂之间的独立空间。加速共同体之间的彼此交叉，加速共同体对社会环境的嵌套，其实是实践共同体生存的一个必要条件。这实际意味着：期待重视实践共同体中的实践连续性的特征，以发展性或者说学习者隐喻每一个社会成员，为每一个个体形成一条完整的而非割裂的、系统化的、孤立的学习轨迹提供境脉的支持，使学习者在教室、学校、工作场所、家庭、社区以及其他社会环境中获得广泛的信息、资源和工具的支持。这一观念，其实早在联合国教科文组织国际教育发展委员会的著名报告《学会生存——教育世界的今天和明天》中就已经表达出发展（学习）共同体的意涵，比如，"每一个学校体系或校外体系都是个人和集体在其中取得进展的环境的一个组成部分，所以这种环境不仅决定学习化社会的范围和学习（教学）内容，而且也决定学习（教育）方法"。

按照三个水平来构建一套嵌套结构和分析体系，它们之间既有各自相对聚焦的研究领域，孕育着不同水平的意义协商，同时又存在内在的一致性关联，微观的分析为建构中观的实践共同体提供了一套操作的入口，中观的分析提示了学习性社会应该建立怎样的学习机制；宏观的分析为全体社会成员提出了一个终身学习的愿景，宏观和中观的分析都应是建立在学校基础上的学习共同体的构思所植根的背景。在加速共同体中关注上述三个水平的共同体的嵌套关系，关注正式组织与学习共同体的"双重编织"……在这样的背景下，宏观分析中重视学校教育与社会的关系，中观分析关注学校层面的发展，微观分析则形成教学指导、科研联系人等机制。

二、案例研究

● 案例1：京沪基础教育快线研究共同体建设[1]

2009年12月16日，"京沪教育快线"在北京正式启动。北京教育科学研究院基础教育科学研究所所长张熙研究员与华东师范大学基础教育改革与发展研究所所长杨小微教授共同完成启动仪式。

---

[1] 执笔人：左慧。

一、背景

进入21世纪,经济社会的发展发生了巨大的变化,对人才与教育的需求在改变,基础教育的发展也面临着新要求和新挑战。单打独斗式的发展模式,已很难适应纷繁复杂的环境变化,正如塞吉欧维尼(Thomas J. Sergiovanni)指出的:"尽管大部分校长、教育官员和教师都渴望做得更好并尽其所能为他们所服务于的每一个学生提供高质量的教育,然而这条道路却充满荆棘,进程极为缓慢。这一令人沮丧的局面的祸首就是在我们学校和社会中共同体的遗失。"[1]

北京和上海作为国内教育事业发展的标杆城市,理应主动肩负起搭建先进科学的教育理论与复杂多样的教育实践之间桥梁的责任,满足京沪两地教育交流互鉴的需求、满足研究机构与高校能力进阶的需求、满足中小学攻坚克难与品质提升的需求。基于此,以研究共同体建设为核心任务的"京沪教育快线"启动了,其目的是通过知识资源共享、研究过程互助、科研成果互鉴,实现区域教育科研水平和教育教学质量的整体提升。

二、定位点

"共同体"概念进入学科领域应以1887年斐迪南·滕尼斯(Ferdinad Tonnies)出版的《共同体与社会》(*Gemeinschaft and Ischaft*)一书为标志,德文"Gemeinschaft"表示任何基于协作关系的有机组织形式。而在教育领域中掀起的"共同体"建设浪潮,始于20世纪90年代初,其标志是塞吉欧维尼在美国教育研究协会的会议上,倡议将学校从"组织"转换为合作的"学习共同体",认为这样的转向将激发教师、学生、领导层的动机,为学校运营管理带来重要的变化。自此,"实践共同体"(community of practice)、"专业共同体"(professional community)、"学习共同体"(learning community)和"对话共同体"(discourse community)等各种共同体建设在教育领域开展得如火如荼。

(一)国内外研究现状述评

国外研究者主要围绕"实践共同体"与"学习共同体"两种核心理念来研

---

[1] SERGIOVANNI T J. Building community in schools [M]. San Francisco, CA: Jossey-bass Publishers, 1994.

究共同体。"实践共同体"最早由莱夫和温格在《情境认知：合法的边缘性参与》中提出，用以表达一种"基于知识的社会结构"，它包含三个基本要素：共识的领域、共同关注该领域的成员、成员为有效获得该领域知识而发展的实践。霍德等（Hord）以实践共同体为概念框架，提出了"学习共同体"，指出专业学习共同体包含五个主题或向度：相互支持和分享领导、分享价值观与愿景、集体学习与实践、提供支持性的条件、分享实践经验。而关于研究共同体建设的实践，国外主要有两种模式：一种是学校内的研究共同体建设；另一种是大学与中小学间的研究共同体建设，即经久不衰的U-S模式。

国内关于研究共同体建设的研究与实践，也以U-S模式及其扩展模式为主，如U-G-S、G-U-S、U-D-S、U-D＆I-S。[1] 在这些本土化、多样化的合作模式中，合作主体由二维拓展到三维、四维等多维；合作类型可大致分为智慧互补型、利益联合型、文化融合型；[2] 合作的形式有结对合作、团队合作、咨询合作、项目研究合作、实验推广合作等。

总体而言，国内外关于共同体建设以实践探索为主，普遍具有强针对性的特点，比如聚焦学校改进、课题攻关或教师成长，因此以项目或课题开展的形式居多，生命周期较短。

（二）"京沪教育快线"的定位

"京沪教育快线"作为北京、上海两地基础教育领域的研究共同体，源于教育高地交流互鉴的需求，源于研究机构/高校提升的需求，源于中小学发展的需求（见图6-3）。它并不只是为了解决某一具体问题而设，而是指向基础教育发展的多维主体的共生型研究共同体建设。多维主体包括教育科研机构、高校、地方政府、中小学。共生型是指运行模式，即合作关系紧密耦合，强调互动共生，采用基于共识的管理系统，有相对固定的组织实体与合作流程。研究共同体建设强调知识共享、实践共促。

---

[1] U：University，大学；S：School，中小学；G：Government，地方政府；D：District，教育行政部门；I：Institute，研究所。

[2] 吴康宁. 从利益联合到文化融合：走向大学与中小学的深度合作[J]. 南京师大学报（社会科学版），2010（3）：5-11.

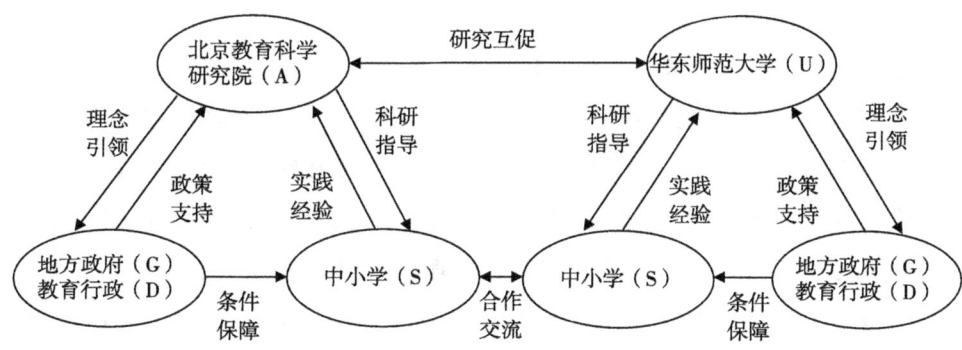

图6-3 "京沪教育快线"研究共同体

"京沪教育快线"成立的初衷是面对社会经济的变化和挑战,致力于形成知识联盟,组成研究共同体,共创共享知识的生产和转化。具体而言,就是通过教育理论与实验,进行本土化建构,探讨基础教育发展的规律、路径与策略,凝练有典范性、普适性因而具备推广意义的"北京经验"和"上海经验",丰富和发展基础教育改革的"中国经验"。

(三) 创新点

作为一种共生型研究共同体,"京沪教育快线"的创新之处主要体现在基于知识共享的合作模式上。知识共享既包括理论知识,也包括实践知识。合作模式纵向上有研究机构/高校、地方政府/教育行政部门、中小学之间的合作;横向上有跨区域之间的合作。

不同区域的研究机构/高校、地方政府/教育行政部门、中小学之间构成一种复杂的、调解型的网络化伙伴关系,即共生型伙伴合作关系(mutualism model)。共生型伙伴合作关系是一种制度层次的合作关系,合作主体数量大,甚至可以形成国际合作联盟。"京沪教育快线"正是基于这种网络化的合作联盟,构建了"研究、实践、发展"的共生型研究共同体。

三、发展历程和特点

"京沪教育快线"从2009年底启动,至2019年底,历时十年,共举办20次论坛。论坛聚焦共同关注的教育问题,轮流由北京教育科学研究院基础教育科学研究所和华东师范大学基础教育研究所承办。

（一）研究

鉴于北京、上海两地的基础教育几乎代表了国内的最高水平，"京沪教育快线"研究共同体所选择的研究主题或项目一般遵循三个标准：时代性、应用性、辐射性。具体而言：①时代性指所选主题或项目要解决教育教学的核心问题、要符合教育改革的发展趋势，即既具普遍的意义，更是时代的急需。②应用性指研究的过程与结果不仅能深化理论认识，也为中小学教育教学改革提供概念、框架，更能提供应用指南，对实践操作有所助力。③辐射性是指典型学校不是唯一的，而是个别中带有一般、独特中带有普通，其观点、工具、操作等能惠及更多的学校。

"京沪教育快线"的20次论坛，每次都有独立的核心议题，如"如何成为有影响力的学校""当代学校发展的文化反思""区域推进基础教育均衡发展与学校内涵提升""城市化进程中的学校发展""信息化新浪潮下的课程与教学改革""变革视野中的课程与教学""学校现代化2030：课程、教学与教师""为了公平与质量：聚焦学习的学校变革"等。

但纵观十年发展，可大致分为四大主题，每一阶段的主题均体现出与社会发展相契合的时代性、应用性与辐射性，并兼具领域聚焦与持续深入的研究特征，见表6-1。

表6-1 "京沪教育快线"论坛四大主题

时间	研究主题或项目
2009—2010 年	学校特色建设与影响力
2011—2013 年	区域基础教育均衡发展
2014—2016 年	信息化时代的课程与教学变革
2017—2019 年	聚焦现代化的学校变革

（二）历程

"京沪教育快线"在启动之初，旨在建立北京、上海两地的基础教育研究共同体，计划每年举办一次论坛，但在实践过程中，根据教育与学校发展的需求，也不断进行调整。

1. 时间调整

大规模的活动由每年一次增至两次，上半年由华东师范大学承办，下半年由北京教育科学研究院承办，形成"双城会"的固定形式。每次活动时间为1~3天，其中必有研讨交流的"北京时间"和"上海时间"。

2. 范围扩大

由名称可以看出，"京沪教育快线"最初只是北京与上海之间的合作，但随着活动影响力的扩大，主动要求加入的地区及学校越来越多。从2010年起，重庆、广东等地加入，到目前研究共同体中已有来自北京、上海、天津、浙江、重庆、江苏、广东、湖北、安徽、辽宁等省市的力量，逐渐从京沪走向全国。

3. 形式多样

共同体中的多维主体与网络化的合作关系决定了"京沪教育快线"的研究诉求是多元的，相应的活动形式也就丰富多样：学术研讨、主题培训、课题/项目推进、实践调研、学校现场等。

(三) 特点

"京沪教育快线"作为一种共生型研究共同体，首先，具有研究共同体的本质特征，即"基于问题的探索过程"和"开放性的经验分享"。其次，具备研究共同体的一般特性：①自愿性。不同于正式群体，它是研究主体自愿参与的群体，合作是建立在平等自愿的基础上的。②同一性。全体成员就信念和实践达成共识（如共同的目标、协商的意义、趋同的研究兴趣、基于合作的实践等）。③发展性。研究共同体以传承与创造知识为主要路径，最终促进各主体的专业发展。最重要的特点是互动共生，即学术上协作支持、理论上优势互补、实践上共同促进。

简而言之，"京沪教育快线"的特点可以概括为：多维主体、理念共识；问题导向、科研引领；互动共生、成果共享；紧跟时代、持续发展。

四、成效和影响

"京沪教育快线"历经十年，获得了丰富的研究与实践成果，影响力也由京沪走向全国。

（一）实践成效

作为研究共同体，"京沪教育快线"的成果不只是学术性和理论性的，最重要的是促进了一批参与研究的学校的发展与成长。如前文所述，"京沪教育快线"的研究主题具有很强的针对性、应用性与难度性，虽然每一阶段的侧重点有所不同，但始终聚焦学校发展这一核心领域，这也正是广大中小学所亟须的。

在"学校特色建设与影响力"研究阶段，最具代表性的有北京光明小学的"我能行"、通州第一实验小学的"发现教育"、十八里店小学的"武术"；上海七宝明强小学的"世界公民素养"、闵行实验小学的"蒙正教育"；宜昌实验小学的"首善文化"、绿萝路小学的"绿萝文化"。

在"区域基础教育均衡发展"研究阶段，最具代表性的有北京市的同行教育计划、上海市的融入教育、杭州市的名校集团化战略。

在"信息化时代的课程与教学变革"研究阶段，最具代表性的有：北京回龙观二小的"阳光e课堂"；上海卢湾一中心小学的"云课堂"、蔷薇小学的"电子书包"。

在"聚焦现代化的学校变革"研究阶段，最具代表性的有：北京教育科学研究院的实验学校联盟；上海虹桥小学的"学校管理团队建设"；合肥市六十八中的"深度教学"、翡翠学校的"合作教育"。

（二）辐射影响

"京沪教育快线"以北京教育科学研究院基础教育科学研究所和华东师范大学基础教育研究所为主导，从最初的只在北京、上海举办论坛，后扩展至杭州、宜昌、合肥、太仓等地，北京、上海、天津、浙江、重庆、江苏、广东、湖北、安徽、辽宁等省市的地方政府、教育行政部门、中小学广泛参与。

每次活动均有专题报道，部分研究成果在《教育发展研究》《中国教育报》等刊物上公开发表。研究共同体中的成员多次在全国性的会议上进行学术交流、现场展示。

十年间，"京沪教育快线"坚守初心、奋力前行，未来仍将坚持初心不变、使命未改，追求理论转化、实验创新，为创造"人人出彩"的学校不断努力、不懈奋斗！

● 案例2：学校影响力

"学校影响力"论坛是J组织所举办的学校发展领域年度盛会，汇集了当年北京市学校发展研究最新思想、最新趋势、最新成果，成为展示、交流、促进首都学校发展的代表性活动。

一、背景：学校发展对知识共享网络的需求

深综改以来，北京市中小学学校发展探索与创新进入新阶段，"丰富、多元、贯通、关联"等理念对学校发展的自主性和专业性提出了更高的要求，学校需要在课程、教学、管理、资源、环境、服务各个方面都回应时代需求。在这个过程中，学校越来越发现仅依靠自身力量推进发展具有局限性，因为越来越多的学校都有其独特和擅长之处，而一所学校很难同时在各方面都取得突破，因此迅速掌握学校发展各领域最新动态，获取可学习借鉴的信息，及时补充完善本校思路与举措，才能快速、全面提高本校发展实力。如何通过知识共享来有效获取外部新知识成为学校知识战略管理中的重要内容。为实现知识共享的目标，学校必须与外部知识环境形成动态沟通，学校所处的社会网络就变成了学校进行知识搜寻的路径与平台。学校已存在的社会网络大致有以下几种：个别学校间非正式网络；临时性专题网络（如某次论坛）；固定性专题网络（如某个课题组）；固定性综合网络（如学区、集团、名校及其分校）。这些社会网络能够为学校提供知识共享路径与平台，但它们各有优势，也各有不足，如果能建立一个更为全面、权威、持续的网络，学校间的知识共享将达到更高水平。

二、定位：首都学校发展高水平知识共享平台

为满足学校发展需求，发挥教科研部门的引领和服务作用，J组织在前期"名校影响力"论坛的基础上，于2014年正式推出"学校影响力"年度论坛。所谓影响，是促进学校心智图式的改变，是推动学校行为的跟进，是激励学校对专业发展的追求……"学校影响力"论坛聚焦学校影响力的产生、发展和扩散，通过J组织的引领平台，展示本年度具有时代性、创新性、典型性的教育探索，从实践操作和理性认识两个层面，为每所学校提供自主选择、自我规划、主动发展的能量，彰显每所学校对首都基础教育以及社会发展的

独特影响。"学校影响力"是首都学校发展的高水平知识共享网络平台,这个平台将所有有利于基础教育领域学校建设的条件汇聚在一起,在自媒体高度发达的时代为学校发展提供充足的资源。

(一)结构上"学校影响力"以J组织为网络中心

处于网络中战略性位置的参与者,能传播更多且高价值的资源,因而能对决策者施加更大的影响力。❶ J组织是"学校影响力"论坛的核心,它不仅是一个组织者,更是一个加工者——它不是简单传播学校实践经验,而是在一系列调查、选择、提炼后形成整体的年度发展判断以及预测,形成鲜明的学校发展主张,进而呈现最有代表性的学校探索成果,发出学校发展的"北京声音"。J组织将学校发展理论与实践进行了连接,为不同类型学校明确发展方向和策略提供知识信息。网络中,J组织占据明显的信息优势,拥有更广泛的联系,与网络中其他成员分享更多的共同知识和信息,从而更易理解双方语言信息和知识,更有利于知识转移,也使知识更具有权威性。

(二)规模上"学校影响力"具有全市典型覆盖的广泛性

网络规模是指网络包含的节点数量,网络中具有不同资源的组织数量越多,其中蕴藏的有利于组织成长的资源就越丰富。"学校影响力"站在全市层面,从学校发展要素出发,通过市级教科研项目推荐和区教科研部门调查遴选两条路径,选择各区、各类型、各方面具有代表性的学校加入,每年约有200所以上学校参与,约有数十所学校在论坛中进行交流。在全面性、丰富性方面体现了较高的规模程度,反映了北京市中小学学校发展探索年度成就。可以说,"学校影响力"是深综改先锋学校的集合,每所学校不仅是优质资源的贡献者,也是发展动力强劲、学习热忱高涨的继续探索者,这些学校之间的相互借鉴与交流能够带动北京市学校的整体发展。

(三)方式上"学校影响力"保持与学校适当的联结强度

社会网络联结的强度,按其频繁程度分为强联结与弱联结两种,强联结是指网络成员间情感密切或频繁互动所形成的联系;弱联结是指网络成员之

---

❶ MARTIN R. Differentiated knowledge bases and the nature of innovation networks [J]. European Planning Studies, 2013, 21 (9): 1418-1436.

间比较松散的联结。对于哪种网络强度更好,有学者强调强联结不仅有助于形成信任的社会环境,而且有利于形成成员间共同的语言,而这些对于帮助个体理解和吸收新知识是不可或缺的;❶ 也有学者认为由于弱联结所联结的网络成员有异质的背景、知识和技能,有利于获取新颖知识和多样化的信息。❷ "学校影响力"所构成的社会网络显然不是强联结,它并没有频繁的学校互动和情感交流,成员之间独特性突出,相互依赖性存在于一个相对较低的程度。同时,"学校影响力"所构成的社会网络也不是松散的弱联结,在筹备过程中,市区教科研部门对学校进行调研、指导,在系统的工作程序中保持着一定的业务交往。因此,学校间独立、学校与教科研组织间关联成为"学校影响力"这一学校发展社会网络的联结特点。

三、过程与特点:多维度高水平发挥影响力

"学校影响力"论坛是首都基础教育学校发展高水平知识共享的网络平台,它从四个视角、五个方面多维度发挥对学校发展的影响力,其过程体现出六个特征。

(一)"学校影响力"论坛的四个视角

1. 论坛坛主——北京声音

"学校影响力"主办方,即坛主,是北京教育科学研究院基础教育科学研究所。该所开展北京市基础教育发展政策研究、学校发展研究、教育实验研究等工作,承担服务行政、繁荣学术、引领实践的职能,是北京市基础教育发展政策与实践的思想库、智囊团、领路人、宣传队、生力军,具有专业的权威性和影响力。在"学校影响力"年度论坛中,J组织作为主办方,通过主题报告,从全市整体视角出发,总结提炼一年来基础教育学校发展的新特点、新动态、新经验,在纷繁的实践中厘清主要思想、主要架构、主流趋势,呈现首都基础教育学校发展变革的年度重点与成就,为学校发展提供参照坐标。

---

❶ FADYEN M, CANNELLA A. Social capital and knowledge creation: diminishing returns of the number and strength of exchange relationships [J]. Academy of Management Journal, 2004, 47 (5): 735-746.

❷ BURT R. Structural Holes and Good Ideas [J]. American Journal of Sociology, 2004 (110): 349-399.

2. 专家学者——时代进程

"不谋万世者，不足谋一时；不谋全局者，不足谋一域。"❶ "学校影响力"强调学校要树立宏观视野，从社会变革背景和教育发展大势出发思考目前学校教育的立足点与突破点，使学校发展具有未来主动性。因此，学校需要拓展认知层面，把握教育大局。"学校影响力"论坛邀请全国知名专家、学者，从"学校教育如何应对未来挑战——教育发展方式转变与教育治理变革""学生核心素养及其培养——校长领导力与教育治理""学校创新人才培养与教育创新发展""国际组织教育研究动态"等方面明晰基础教育发展的时代进程。

3. 专题/项目组——领域进展

学校发展是一个综合过程，但由于着力点不同，可以通过各类专项分别促进学校不同路径的发展。深综改以来，北京市推出了一系列提升教育质量、促进学校优质均衡发展的政策，与此相配套，市教委和J组织分别出台了若干专项以引导学校深化各领域改革，这些专项是该阶段学校发展的重要内容。"学校影响力"选择持续性、关键性突出的学校发展专项，邀请项目组在论坛介绍项目进展，实现了项目成果的推广与辐射，提升了项目社会效益，也凝聚了学校发展各领域的优秀资源。几年来，"高中多样化发展""九年一贯制学校建设""教科研部门支持中小学发展""区域教育科研创新"等众多专项成果得以在论坛分享。

4. 先锋学校——典型探索

"学校影响力"社会网络平台的主体节点是学校。每年在年终论坛发言的学校都是J组织和区县教科所按照年度论坛标准通过推荐、自述、考察、指导等程序严格筛选产生的。它们既有传统名校，也有新优质学校，共同特点是学校形成符合时代教育需求的教育思想，灵活运用教育理论，在办学和育人方式上有所创新，取得了明显成效，并且能够将自身经验进行系统梳理与提炼，形成具有迁移性、推广性的显性知识。论坛中不发言学校也需要具备一定资质，它们或是全校具有浓厚研究氛围、形成一定研究成果的教育科研

---

❶ 此语出自清代陈澹然的《寤言》。

先进学校，或是针对某一领域或某一课题（专题）正在积极探索的项目学校。即所有参与"学校影响力"论坛的学校都是积极行动、致力改进与变革的先锋学校，形成强有力的网络合力，共同推动首都基础教育学校发展。

（二）"学校影响力"论坛的五方面议题

"学校影响力"论坛以学校发展五方面议题为架构展开，各年度、各主体的发言都涵盖于这五方面之中，体现了学校发展的核心内容。

一是学校发展方式问题。学校发展方式问题是学校发展中相对宏观的问题，涉及学校发展的理念以及理念之下学校相应的布局设计。党的十八大以来，"优质均衡"成为义务教育学校发展的核心理念与目标，为此，北京各区进一步深化综合改革，盘整资源，横向联合、纵向贯通，通过新建、引入、对口、联合等多种方式，进一步丰富优质教育资源，满足人民更高、更深层次的教育需求。新建校发展、学区制改革、一贯制学校、集团化办学、名校办分校、盟贯带一体化、手拉手合作……均衡理念下多样化的学校发展方式在"学校影响力"论坛中得以展现。

二是学校发展质量问题。学校发展的直接目标是通过培养合格的学生来达到教育目的，因此，教育质量可以理解为学校在一定时间和一定条件下达成培养目标的程度。教育质量是学校发展的核心，是教育发展的生命线，保证教育教学质量是中小学校任何时期、任何情况下都要重视的首要任务。在新时代，如何让立德树人、五育并举落地、落细、落实，课程、教学如何重构，学校特色如何深化，育人方式如何多样化……"学校影响力"论坛对此一一做出了回应。

三是学校发展动力问题。在社会科学中，动力指对工作、事业等前进和发展起促进作用的力量，具有动机（dynamic）与能量（power）的双重含义。国内对学校发展动力的研究在2000年左右蓬勃发展，2006年达到高潮，之后，总体上一直维持较高数量状态。"学校影响力"关注现实中学校发展的动力来源以及作用方式，揭示出教育科研、教师研修、信息技术等主要动力转化为学校发展成果的内部机制与实践策略。

四是学校发展历程问题。从组织行为学角度来说，学校本身具有生命周期。一所长期保持优质的成功学校，必然不断获得带领学校再次腾飞的"第二曲线"。那么,这些学校发展的阶段特点是什么,它们是如何在不同阶段获得新发展的,它们的成长历程反映出教育内涵怎样的变化,学校如何进行发展研判……学校发展历程问题不仅帮助学校回顾了历史,更提高了学校展望未来的能力。

五是学校发展方向问题。如果说前四方面的问题主要由学校实践给出答案,那么学校发展方向问题主要通过坛主、专家学者以及项目组等专业研究人员分享研究成果。他们站在国内外动态综览、学术与政策前沿以及实践全局信息分析与判断的基础上,为学校发展的未来走向提供引导和建议。

(三)"学校影响力"论坛的六个特征

"学校影响力"论坛之所以能够成为学校发展高端平台,不仅因为它由J组织这一权威机构主办,也因为它凝聚了北京市学校发展的先锋力量,更是因为它的设计与运行体现了以下六个特征。

一是科研思维。科研思维的基本要点是事实与逻辑。即从事实出发,尊重事实、观察事实,以事实为依据并由此及彼,由表至里,在事实依据的基础上,从形式逻辑方面进行科学、合理、缜密的推理并对其进行验证,做到"环环相扣、步步衔接"。在学校参与的各类社会网络活动中,讲述举措经验的活动相对丰富,但"学校影响力"在获取经验的同时更强调逻辑,追问"说明什么""因为什么",强调面对问题、基于逻辑的创新思考与举措,将"工作"提升到"研究"的高度。

二是前沿探索。所谓"前沿",体现在"学校影响力"所探讨问题的引领性、价值性、紧迫性和发展性方面,它既是学科自身建构中的新问题,也是对学科实践价值的新突破,是学科前沿与实践前沿的整合。"学校影响力"力争成为学校发展的风向标和培育器,在理论研究基础上发现实践中可能代表发展趋向的萌芽,并对其进行挖掘和培育,通过年终论坛平台推出新的研究与实践关注点。

三是鲜明主张。发言学校的经验与举措具有很强的感染力与可借鉴性,深受参会学校欢迎。"学校影响力"为学校搭建了各取所需的资源平台,但同时,它又是一个"资源超市",有责任与义务帮助学校在纷繁的实践中辨明最具有借鉴价值的关键信息,提炼出不同学校实践经验所蕴含的共性发展规律或发展态势，帮助学校在论坛主办方的鲜明主张中把握学校未来发展的大局。

四是难点回应。在前沿引领的同时，"学校影响力"论坛没有回避教育实践难点问题，敢于直面困难，与学校一起努力探索。无论对于类似"新高考背景下选课走班"这类新难题，还是"如何减轻学生学业负担"这类长期存在的难题，都锲而不舍地探求更为有效的解决之道。

五是精彩表达。影响力是用一种为别人所乐于接受的方式，通过与其他主体的交互活动过程影响和改变他人的思想和行动的能力。办好一所学校，必须有三方面的影响力，即思想上的影响力、实践上的影响力、产品上的影响力。"学校影响力"认为，大会发言是对学校日常工作的提升提炼，校长和教师都要"争当三好生"：想得好，工作有想法，有思路；做得好，有做法，能落实，有实效；说得好，有说法，会表达，讲得精彩。

六是悉心筹备。为了保证"学校影响力"论坛的高质量，相关筹备工作周期达到半年以上。年度主题按筹备组发起、J组织全体成员讨论、J组织委员会再次论证的程序反复推敲决定。发言学校通过当年北京市科研先进校、北京市优秀课改论文评审一等奖、北京市重点专项项目学校、北京市各区教科研机构推荐、北京市其他重大教育活动或媒体推介等途径产生，经过初选、考察、交流、指导等环节最终确定，每一次发言都是J组织研究人员和学校共同努力的结晶。

经过多年的坚持与不断优化，"学校影响力"成为首都基础教育学校发展的重要业务活动，受到教育行政部门、教育科研部门、教育媒体以及广大学校的广泛关注。每年论坛参会学校数量约占全市中小学总数14%以上，6年来共有100多所学校在论坛中发言，约占全市中小学总数的7.5%。论坛成为学校发展的优质资源平台，为解决学校发展热点难点问题、引领学校发展方向提供了有力的专业支持与服务。

● **案例3：聚智讲坛**[1]

聚智讲坛来源于"聚各家所长，助教育之智"，旨在汇聚专家、学者的智

---

[1] 执笔人：艾巧珍。

慧，在沟通碰撞中发展。

一、讲坛背景

（一）教育改革需要前沿探索

随着社会的飞速发展，国际竞争的日益激烈以及全球化的日益深入，科技发展和信息技术变革对人才培养提出了更高的要求，教育发展也面临着巨大的挑战和冲击。面对一系列新问题和新挑战，教育必须不断变革，从某种程度上说，当今的教育改革永远在路上。而这也赋予了教育科研工作者更加重要的责任和使命，要求我们立足前沿，不断探索新问题，揭示新的教育现象背后的规律，把握教育发展的时代脉搏，为新时代教育发展和人才培养提供智力支持。

（二）教育实践需要科研引领

社会的变革以及教育改革给教育实践工作者带来了诸多新的难题和困惑，让一线教师在教育教学中感到无所适从，他们极度渴望得到专家的引领和指导，希望借助最前沿的研究成果和实践探索经验，解决其教育教学中的真实问题和困难。学校是育人的专门场所，教师在培养创新人才和培养民族创新精神方面肩负着特殊使命，而这一切的前提必须以科研为先导，以科研为引领，促进教师将前沿的科研成果转化成教育教学的自觉行动，真正实现科研兴校、科研兴教！

二、定位：汇聚专家　理论引领

为了能够在专家和基层教育工作者之间架起沟通的桥梁，搭建专家汇聚的平台，让理论研究和探索能够更好地服务于基层科研和教育教学实践，北京教育科学研究院基础教育科学研究所与北京市教育学会中青年教育理论工作者研究会联合举办了"聚智讲坛"。论坛以年度主题为主线，选取与教育研究和实践密切相关的重要主题和前沿领域，定期邀请活跃在学术前沿的中青年学者分享最新研究成果以及实践探索的经验，面向北京市一线科研人员与教育实践工作者，旨在为大家提供高端学习平台，开阔研究视野，"聚"专家学者、科研人员、一线教师之"智"，促进理论与实践的交流、对话与碰撞，提高教育科研与教育教学水平。

讲坛聚焦基础教育改革理论及实践的热点与难点、前沿与趋势，确定了学生核心素养培养的理论与实践、国际化视野中的教育经验与趋势、信息化浪潮中的教育改革与探索三个年度主题，开展了16期系列讲座，汇集了相关领域专家的理论成果以及在实践当中探索出来的经验、策略和做法。既促进了广大一线科研人员和教师对教育理论与研究的深度认识和反思，加深了对改革前沿和趋势的及时了解和把握，也为学校教育教学工作和基层教育科研的开展起到了推动作用。

三、实施过程与特点

为保证讲坛能够顺利、高效地运转，达到预期的目标，项目组对讲坛进行了周密的设计和筹划。在内容上，以年度主题为主线，将全年讲座有机地连成一个整体；在专家邀请方面，克服零散和随意性，围绕主题有针对性地邀请在相关领域有专长的专家和机构合作；在组织运行上，绘制详细的流程图，确保每个环节和细节都落实到位。

（一）运行模式：系统设计　主题突出

讲坛由J组织项目组运行。项目组设计了讲坛的工作流程、人员分工以及讲坛现场的各个环节设置，以保证讲坛圆满顺利地实施。项目组在年初集体讨论并确定本年度的主题，并根据确定的主题选择最合适的专家学者或机构，尽可能保证讲座的质量。具体流程如图6-4所示。

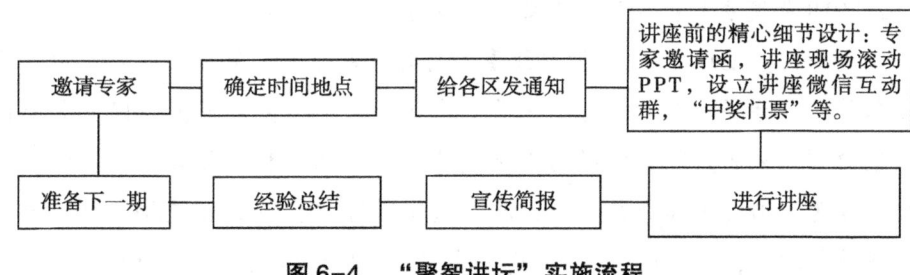

图6-4　"聚智讲坛"实施流程

开展讲座过程中，还设置了现场互动微信群，以便听众随时在群里分享自己的感悟和观点，也可以提出疑问和困惑，还能让参与者之间进行即时的交流和探讨。这就突破了以往讲座"台上讲，台下听"的单向互动模式，最大化地实现了讲座的观点碰撞、思想交融、理论与实践对话的目标。

(二) 年度主题及主要内容

1. 2017年度主题：学生核心素养培育的理论及实践

选题缘由：近年来，基于学生核心素养的教育逐渐引起全球关注，并且成为很多国家或地区制定教育政策、开展教育实践的基础。2016年9月，中国学生发展核心素养研究成果发布会在北京师范大学举行，会上公布了中国学生发展核心素养的总体框架及基本内涵。核心素养成为新时代我国落实立德树人的一个重要目标，反映了我国的现实国情以及对人才培养的未来诉求。因此，2017年的主题为"学生核心素养培育的理论与实践"，以借助专家研究和探索帮助基层科研工作者和一线教师更好地了解和掌握学生核心素养的理论内涵，引导和帮助他们在实践中让核心素养落实。

主要内容：围绕"学生核心素养培育的理论及实践"的主题，2017年组织了六期活动，包括"精致编码与学生培养""记忆的机制及其运用""基于教学行为数据的精准化教学实践""思维训练提升学生学习力""中小学生财经素养培养的必要性与方法途径""困难儿童的教育和个案诊疗"。来自各高校、科研机构以及企业界的专家学者们从不同角度和层面深度解读了核心素养的理论背景、丰富内涵、培养途径以及实践案例，为核心素养培育提供了理论支撑和经验的借鉴。

2. 2018年度主题：国际化视野中的教育经验与趋势

选题缘由：全球化是21世纪最重大的时代潮流，任何一个国家或地方的发展都将是"世界的"，在此背景下，教育也越来越多地走出国门、走向世界，教育国际化成为教育发展的必然趋势，也是实现我国教育现代化的必由之路。作为全国的国际交往中心，北京教育国际化在首都发展和国际交流中亦占据重要地位，"国际化"已经成为北京市、区两级教育发展规划中的高频词，在首都教育的现代化进程中，不断学习和借鉴其他国家的先进经验和做法，扬长避短，以推动首都教育更好地发展。因此，2018年，论坛主题确定为国际化视野中的教育经验与趋势，目的是帮助基层科研工作者和教师了解世界各国尤其是发达国家的教育改革动态以及教育教学探索经验，以实现"他山之石，可以攻玉"，在比较借鉴、批判反思中形成符合自身实际的策略。

主要内容：围绕"国际化视野中的教育经验与趋势"的主题，本年度举办了5场讲座,包括"日本教育共同体的建构——来自中国家长的观察""海外基础教育发展经验的借鉴与反思""创新人才培养方式变革与学校改进""有效利用信息技术促进教育教学工作——基于国际教育信息化的视角""中国教育创新的实践与经验"。专家们用国际化的视角探讨了教育共同体、教育评价及政策趋势、创新人才培养方式的变革、国际上信息技术在教育教学中的运用、教育创新的中国道路和本土探索,为大家呈现了不同国家和地区的教育经验和创新实践。

3. 2019年度主题:信息化浪潮中的教育改革与探索

选题缘由:在科学技术日新月异的今天,信息技术已经深刻地影响到人类生活的各个领域,信息技术的变革也为教育发展带来了新的挑战,并且对教育教学的革命性影响已经初步显现。2018年,教育部发布了《教育信息化2.0行动计划》,以支撑、引领教育现代化发展,推动教育理念更新、教育模式变革、教育体系重构,积极推进"互联网+教育"的发展。为此,2019年,我们邀请了在教育信息化领域有卓越研究以及实践探索中有实际经验的专家和机构来现场分享和交流,帮助一线教师和科研人员了解最新的研究成果以及如何在教育教学实践中更好地运用信息技术,促进教育教学与信息技术的深度融合,真正助力学生的发展,提高教育质量。

主要内容:围绕"信息化浪潮中的教育改革与探索",2019年开展了五期活动,包括"虚拟现实/增强现实的教育探索及实践运用""走进百度看人工智能与教育运用""基于大数据的课堂教学研究""基于信息技术的教育教学变革""包容传统的未来教育"。不仅为大家呈现了关于信息技术的前沿理论,还带领大家走进了中关村教育创新工场,现场感受未来教室的样态,走进百度教育科技公司,触摸最先进的教育科技产品,让大家全方位地感受和体会信息技术与教育的融合。

四、成效与影响

(一)高端专家资源库的搭建

自2017年聚智讲坛推出以来,迄今已举办了16场讲座,邀请来自高校、科研院所、企业及机构等各方面的专家(团队),形成了一个来源广泛、层次多元的专家资源库。通过讲坛,让我们了解了更多专家的研究专长和领域,并建立了密切的联系，为本所在承担相关课题或项目时提供有力的专家支持，也可以为北京市广大学校和教师提供相应的智力支持和专业服务。目前，专家库已聚集了来自北京师范大学、首都师范大学、中国科学院、北京开放大学、学霸君和百度科技公司等共计20多位专家，他们虽然来自不同单位，侧重不同的研究领域和方向，但都在各自的研究中为教育改革和学校发展贡献着自己的智慧。

（二）基层科研影响力的形成

三年来，聚智讲坛共举办了16场讲座，约1200人次的基层科研人员和一线教师参与其中，面对面地聆听了专家讲座并进行现场互动。经过三年的发展，聚智讲坛已成为一个具有广泛影响的学术品牌，得到了各方的认可和好评：来自北京市各区教科所的教研员及学校教师表示讲坛让他们开阔了视野，提升了专业素养，给教育教学工作带来了有益的启发和思考；专家们认为通过这个平台拓宽了理论与实践对接的途径，加强了研究者与实践工作者的对话和互动；还有来自我院兄弟部门的同事以及院领导的好评和赞誉，马谊平书记在参加聚智讲坛"走进百度看人工智能与教育运用"时给予了高度评价，指出"活动很开阔眼界，令人反思，催人奋进！"。

第七章
结语与展望

2020年，庚子年。

在经历了海德格尔所说的"痛苦得要死"的过程以后，本书终于暂告一段落，尽管还很不完美。用德国大作家托马斯·曼在纪念席勒100周年时写的《沉重的时刻》里的一段话来做自我安慰吧："终于完成了，它可能不好，但是完成了。只要能完成，它也就是好的。"

就像许许多多哲学问题一样，"知识是什么"在日常生活中很少会提到，在理论上也是难以回答的。从经验的角度出发，没有人会怀疑运动健将阿基里斯能够追上慢吞吞的乌龟，但是当我们运用理性对种种合理前提进行推断后发现，阿基里斯追不上乌龟却成为一个难以反驳的理性结果。类似地，对于这个丰富的世界，我们显然拥有着丰富的知识，作为研究者的我们也正在创造、创新知识，但是，我们却很难回答诸如"知识究竟是什么""什么知识更有力量""我们正在生产什么样的知识"之类的简单问题。本书就是想讨论和呈现J组织是如何认识知识、如何以知识为视角进行组织变革的。

通常，在著作的结语里作者总会花费一些笔墨归纳和总结每一部分所得到的粗浅认识，强调和着重说明本书所获得的真理性结论。但是在本书结语里笔者并不想过多地做这类稍显絮叨的回顾，而更想表达一点真实的内心感受。

毋庸置疑，追溯一个组织的发展历程是非常有意义的。作为一个知识密集型的组织，就应当对知识、知识生产进行更多的理性追问，毕竟知识生产是这类型组织赖以生存和发展的基础。"基础不牢，地动山摇"这句俗语实际就已经很直白地说明了研究这个问题的价值和意义。尤其是在"十四五"规划前夕，认真回顾和总结发展时间长、变动调整多的 J 组织的变革与成长，对该组织的进一步提升无疑具有深远的意义和重要价值，同时也给同类组织的发展提供了有益的借鉴。

与此同时，追溯一个组织的发展历程必定伴随着一种无奈，那就是当事人面对真实情境的所思所想实际上很难留存下来，而后人仅仅凭借一些资料就穿凿附会地揣测当时情况，往往会流于表面，甚至会方凿圆枘。J 组织的发展就是典型例子，他人可能觉得曾经让 J 组织头疼的问题是那样轻松和简单，或者可能认为是 J 组织解决问题的能力过于低劣和笨拙，这两种倾向的共同结果就是不能看见 J 组织在面临危机时所表现出来的独特气质——少年气！就是一种不低头、不认输的蓬勃向上的力量，就是勇于不断寻找自己的可能性的精神。J 组织从成立起就在不断拓展新的领域，创造新知，一度在全国享有良好的声誉，正是由于这种气质，J 组织才能化危为机，凤凰涅槃。这也是 J 组织发展的同一性，是根本。这种气质本身固然值得研究，可更值得注意的是，努力付出、不断耕耘的人们并不咋咋呼呼，依然保持着淡定从容；更不自诩在做伟大之事，只是每天老老实实地做那些虽然领导没布置，但自己认为该做的琐琐碎碎的事情；冷静中显示出组织共同性——尊严和自信。

不得不讲，追溯一个组织的发展历程不是很讨喜的事情。由于 J 组织只是一个谈不上有惊天动地大业绩的普通组织，也由于研究者身在其中、价值有涉，更由于距离过去的时间尚短，不能规避认识上存在的偏差和浅薄……因此，研究对象的代表性、发展过程的完整性、组织行为的理性与行动的先后秩序等都有可能成为人们疑问的内容。但是，以知识生产为线索，我们认为本书的追溯是完整的。科学的研究方法不仅呈现了八年前 J 组织变革面临的困境，而且呈现了 J 组织的发展阶段、变革重点以及员工与组织结构的变化。与此同时，追溯也一定有不完整性。因为在这么短小的篇幅里，我们不可能把 J 组织的发展细节一一呈现出来，期待今后还有机会用亲历者口述的方式进行研究。

结语里还想说说遗憾。

一是本书并未着眼于 J 组织与外部环境互动的"大情境"，而更关注 J 组织面对外部要求做出应答的"小故事",因此没有用大量篇幅呈现国家、北京市以及北京教育科学研究院的要求和所提供的支持。比如,教育部部长袁贵仁在2013年1月的全国教育科研工作会议上,就对教育科研工作的重要功能做了明确的规定和阐述,他认为教科研工作的主要功能是创新理论、服务决策、指导实践、引导舆论,具体来说,就是探索教育规律、创新教育理论;提出政策建议、服务教育决策;开发教育策略、服务教育实践;引导教育舆论、更新教育观念。北京教育科学研究院院长方中雄曾经在中层干部会上,归纳了其精神实质,也将其作为教科院的核心功能和奋斗目标,即关注基础理论研究,努力成为探索教育规律、创新教育理论的"思想库";以服务市委、市政府教育决策为重点,努力成为提出政策建议、服务教育决策的"智囊团";聚焦提高教育质量主题,努力成为提升教育质量、服务教育改革实践的"领路人";普及科学的教育理念和知识,努力成为更新教育观念、引导教育舆论的"宣传队";服务首都国际交往中心建设,努力成为首都教育对外开放领域讲好北京故事的"生力军"。显然,J组织变革是在这样的背景下进行的,是方中雄院长支持下的一种新型发展路径的积极探索。

二是本书选择从知识流生产和组织变革角度研究J组织,显然只是选取了J组织的部分而不是全部研究成果,这并不意味着抹杀其他研究对学术、组织发展的意义和独特价值。例如,本书并未选取对实验学校发挥巨大指导作用的系列集体成果《学校第一年》《学校第二年》和《学校第三年》,未选取讨论未来学校建设空间问题的个人成果,也未选取一份份提交给教育部、北京市两委一室的报告,等等。此外,本书更着眼于事实的陈述,而不是成绩的描述。例如,"枣形模型"和"优质加速模型"都分别获得了北京市教育教学成果奖一等奖和二等奖;又如,J组织研制的"A-S-K"课程实验被国家专利局认定,并成功地以竞标方式被史家集团采购……尽管这些都是教科院历史上的第一次,但是本书中都只作为案例的一部分呈现。应该讲,本书试图用很多精力来梳理八年来的变革和成果,用白描的方式对组织成长规律进行清晰的陈述,心向往之却力有不逮。

本书涉及部分研究报告,每一份报告都是个人和组织智慧的结晶。本书对这些成果的内容进行再次描述、对成果的意义进行再次追问,皆怀有深深的敬意。下编的案例研究就是在这些研究报告的基础上完成的,均由当时的主要参与人进行再次提炼,蔡歆老师执笔完成了 SAP 学校加速发展计划案例研究、名校品牌提升案例研究、"学校影响力"平台案例研究以及教育科研绩效与评价指标;拱雪老师执笔完成了 A-S-K 课程实验案例研究、系统分析支持区域教育发展规划案例研究、九年一贯制对学生认知、非认知和知觉发展的实证研究以及同行教育案例研究;李海波老师执笔完成了减轻中小学课外负担案例研究和劳动教育案例研究;殷桂金老师执笔完成了普通高中教育发展路径案例研究和高中育人方式变革案例研究;左慧老师执笔完成了义务教育特色模型与应用案例研究和京沪快线案例研究;汪志广老师执笔完成了研究型学校的建设案例研究和基层科研骨干的培养案例研究;佟德、蒲阳、李海燕、艾巧珍老师分别执笔完成了区域教育科研队伍建设案例研究、教师职业认同的学校影响因素及提升策略案例研究、教师情绪工作的探索与实践案例研究以及聚智讲坛案例研究。张熙老师确定了本书的主要目标,设计了全书的写作框架、体例和细目,完成了上编四部分和下编除案例研究部分以外的所有撰稿,通读修订全文和定稿。

J 组织在八年发展中有过低谷、有过困难,但一直秉持"每一个都重要、每一个都有作用、每一个都能为集体做贡献"的价值观,保持和艰苦做斗争的决心,保持"思变"的勇气,我们对每一位组织成员表示深深的敬意,哪怕现在已经离开,一定也记得在一起奋斗的日日夜夜。八年来的新年献词里,我们激励自己"理想永远都年轻""风在前不惧""成为超级个体""团队伙伴彼此珍惜""走光荣之路""创向未来"。再次感谢支持 J 组织的领导、专家和学术同人,相信未来,我们的征途将是星辰大海。

参考文献

一、中文参考文献

[1] 张熙,拱雪,左慧."同行教育"促进每一个学生适性扬长[J].北京教育(普教版),2014(6).

[2] 殷桂金.分类选择 自主发展:普通高中发展模式新探索[M].北京:知识产权出版社,2018.

[3] 蒲阳.教师职业认同的意义与现状[J].人民教育,2018(8).

[4] 李海燕.中学教师情绪的工作:从认知到实践[M].北京:知识产权出版社,2019.

[5] 和学新,李平平.流动人口随迁子女教育政策:变迁、反思与改进[J].当代教育与文化,2014(11).

[6] 柳春霞.九年一贯制办学模式的若干思考[J].教育科学研究,2001(10):27-29.

[7] 徐丽敏.农民工随迁子女教育融入研究:一个发展主义的研究框架[D].天津:南开大学,2009.

[8] 李永浮,鲁奇,周成虎.2010年北京市流动人口预测[J].地理研究,2006(1).

[9] 尹宏.流动儿童学习适应问题及学校管理对策研究[D].成都:四川师范大学,2011.

[10] 冯金兰.流动儿童学业成绩及其影响因素分析[D].南京:南京师范大学,2011.

[11] 何玉玺.北京市农民工子女社会适应及其与心理健康关系的研究[D].郑

[12] 中央教育科学研究所课题组. 进城务工农民随迁子女教育状况调研报告 [J]. 教育研究, 2008 (4).

[13] 徐丽敏. 农民工随迁子女教育融入问题的原因与对策: 基于从农村劳动力转移的视角 [J]. 生产力研究, 2011 (12).

[14] 宋世云, 张纪元. 九年一贯制办学模式探究 [J]. 中小学校长, 2015 (6): 4-9.

[15] 边新灿. 新一轮高考改革对中学教育的影响及因应对策 [J]. 中国教育学刊, 2015 (7).

[16] 石中英. 推进新时代普通高中育人方式改革要处理好三个关系 [J]. 中国教育学刊, 2019 (9).

[17] 杨志成. 用生涯规划课程引领高中育人方式变革 [J]. 北京教育, 2019 (9).

[18] 林玮. 普通高中育人方式改革的方向、路径与生成逻辑 [J]. 教学与管理, 2020 (1).

[19] 王帅, 等. 普通高中育人方式变革的经验、困扰与建议 [J]. 教学与管理, 2020 (2).

[20] 程素萍. 九年一贯制办学改革: 现状与对策: 基于北京市 D 区 16 所学校的问卷调查 [J]. 天津市教科院学报, 2017 (1): 49-53.

[21] 魏淑华, 宋广文, 张大均. 我国中小学教师职业认同的结构与量表 [J]. 教师教育研究, 2013, 25 (1).

[22] [美] 帕克·帕尔默. 教学勇气: 漫步教师心灵 [M]. 上海: 华东师范大学出版社, 2005.

[23] 王洛忠. 保障流动人口随迁子女的平等受教育权 [J]. 探索与争鸣, 2014 (1).

[24] 北京市教育事业统计资料（2015—2016 年）.

[25] 2016 年北京市公务员考试申论题案例。

[26] 毛礼锐, 沈灌群. 中国教育通史（第六卷）[M]. 济南: 山东教育出版社, 2005.

［27］现行教育法规与政策选编［M］.北京：教育科学出版社，2002.

［28］陈静.从"体力教育"到"能力教育"：我国劳动教育政策的发展与变迁［J］.中国德育，2015（16）.

［29］张德伟.国际中小学劳动教育初探［J］.中国德育，2015（16）：39-44.

［30］王琳.技术教育的国际比较研究［D］.武汉：华中师范大学，2005.

［31］王恩发.教育面向劳动世界：美国生计教育及其给我们的启示［J］.国际观察，1993（5）：38-42.

［32］姚静.德国中小学的劳动技术教育及启示［J］.基础教育参考，2007（10）：26-29.

［33］丁邦平.瑞典中小学劳动和职业教育初探［J］.外国教育研究，1996（2）：33-37.

［34］杨铭.日本中学的劳动教育［J］.外国教育动态，1983（1）：24-27.

［35］桑廷洲，倪维素.日本的劳动教育［J］.外国中小学教育，1987（5）：47-48.

二、外文参考文献

［1］SCHWARTZ A E, STIEFEL L, RUBENSTEIN R, et al. The Path Not Taken: How Does School Organization Affect Eighth-Grade Achievement? ［J］. Education Evaluation and Policy Analysis, 2011, 33（3）：293-317.

［2］ROCKOFF J E, B B LOCKWOOD. Stuck in the Middle：Impacts of Grade Configuration in Public Schools ［J］. Journal of Public Economics, 2010, 94（11/12）：1051-1061.

［3］SCHWERDT G, WEST M R. The Impact of Alternative Grade Configurations on Student Outcomes through Middle and High School ［J］. Journal of Pubic Economics, 2013, 97：308-326.

［4］DHUEY, ELIZABETH. Middle School or Junior High? How Gradelevel Configurations Affect Academic Achievement ［J］. Canadian Journal of Economics, 2013, 46（2）：469-496.

［5］HONG K, R ZIMMER, J ENGBERG. How Does Grade Configuration Impact

Student Achievement? Evaluating the Effectiveness of K-8 Schools. Available at SSRN: http://dx.doi.org/10.2139/ssrn.2681232.

[6] BEDARD K. Are Middle Schools More Effective? The Impact of School Structure on Student Outcomes [J]. Journal of Human Resources, 2005, 40 (3): 660-682.

[7] MIDGLEY C, FELDLAUFER H, ECCLES J S. Student/teacher Relations and Attitudes toward Mathematics before and after the Transition to Junior High School [J]. Child Development, 1989, 60 (4): 981-992.

[8] ELIAS M J, GARA M, UBRIACO M. Sources of Stress and Support in Children's Transition to Middle School: An Empirical Analysis [J]. Journal of Clinical Child Psychology, 1985, 14 (2): 112-118.

[9] COOK P J, ROBERT M C, CLARA M, et al. The Negative Impacts of Starting Middle School in Sixth Grade [J]. Journal of Policy Analysis and Management, 2008, 27 (1): 104-121.

[10] ANDERSON T W, HERMAN R. Statistical Inference in Factor Analysis [M] //In: Neyman, Jerzy (Ed.), Proceedings of the Third Berkeley Symposium on Mathematical Statistics and Probability, Vol. 5. Berkeley: University of California Press, 1956.

[11] MUTHEN B. Latent Variable Structural Equation Modeling with Categorical Data [J]. Journal of Econometrics, 1983, 22 (1-2): 43-65.

[12] HIRANO K, GUIDO W, GEERT R. Efficient Estimation of Average Treatment Effect Using the Estimated Propensity Score [J]. Econometrica, 2003, 71 (4): 1161-1189.

[13] MROZ T A. Discrete Factor Approximation in Simultaneous Equation Models: Estimating the Impact of a Dummy Endogenous Variable on a Continuous Outcome [J]. Journal of Econometrics, 1999, 92 (2): 233-274.

附　录

图 1-1　知识管理二阶段

图 1-2　知识管理三阶段

图 1-3　知识管理四阶段

图 1-4　PPTM 政府知识管理框架 27

图 1-5　战略知识管理框架

图 1-6　金字塔知识管理框架

图 2-1　J 组织内部机构（1988）

图 2-2　战略管理三阶段

图 2-3　"五力"模型

图 2-4　SWOT 分析法

图 2-5　SWOT 分析综合结论

图 2-6　科研价值链

图 2-7　不同时期的科研价值链比较

图 2-8　直线制组织结构

图 2-9　"U"形组织结构

图 2-10　矩阵式组织结构

图 2-11　知识四分法

图 2-12　个人知识与组织知识的转化

图 3-1　第二生命发展曲线
图 3-2　战略发展可能性方向
图 3-3　战略发展路径可能性
图 3-4　产品、组织与知识关系的概念模型
图 3-5　基于任务的组织演化过程
图 3-6　战略转型能力结构模型
图 3-7　J 组织变革战略地图
图 3-8　科维"四象限"
图 3-9　J 组织防御型战略地图
图 3-10　防御型战略重点领域
图 3-11　组织效能感的形成过程和实施要点
图 3-12　知识型员工成长模式
图 3-13　防御型战略组织结构
图 3-14　J 组织多元型战略地图
图 3-15　"知识流"三阶段
图 3-16　需求—能力—创新模型
图 3-17　战略联盟模式 1
图 3-18　战略联盟模式 2
图 3-19　J 组织结构（2018）

图 4-1　新知识流的三个表现
图 4-2　新知识流生产机制
图 4-3　枣形模型
图 4-4　"三力合一"的运行机制
图 4-5　"优质"的基本属性
图 4-6　优质加速发展模型
图 4-7　发展系统结构

图 5-1　成为"证据"的知识特征

图 5-2　新优质校建设过程中组织学习进阶模型
图 5-3　成为"改善实践"的知识特征
图 5-4　2014—2019 年论文数量统计
表 5-1　中小学校教育科研绩效结构

图 6-1　J 组织与 H 高校的知识共享机制
图 6-2　加速发展共同体研究的三个层次
图 6-3　"京沪教育快线"研究共同体
图 6-4　"聚智讲坛"实施流程
表 6-1　"京沪教育快线"论坛四大主题